解码
生物电

下一场生命科学革命

[美] 萨莉·埃迪（Sally Adee）著

风君 译

中信出版集团 | 北京

图书在版编目（CIP）数据

解码生物电：下一场生命科学革命 /（美）萨莉·埃迪著；风君译 . -- 北京：中信出版社，2025.5.
ISBN 978-7-5217-7222-7

Ⅰ . Q-331

中国国家版本馆 CIP 数据核字第 2024FZ6513 号

WE ARE ELECTRIC： Inside the 200-Year Hunt for Our Body's Bioelectric Code,
and What the Future Holds by Sally Adee
Copyright © 2023, Sally Adee
Copyright licensed by Canongate Books Ltd.
arranged with Andrew Nurnberg Associates International Limited
Simplified Chinese translation copyright © 2025 by CITIC Press Corporation
ALL RIGHTS RESERVED
本书仅限中国大陆地区发行销售

解码生物电——下一场生命科学革命
著者：　　［美］萨莉·埃迪
译者：　　风君
出版发行：中信出版集团股份有限公司
　　　　　（北京市朝阳区东三环北路 27 号嘉铭中心　邮编 100020）
承印者：　河北鹏润印刷有限公司

开本：787mm×1092mm 1/16　　印张：19.25　　字数：244 千字
版次：2025 年 5 月第 1 版　　　　印次：2025 年 5 月第 1 次印刷
京权图字：01-2025-0093　　　　　书号：ISBN 978-7-5217-7222-7
　　　　　　　　　　　　　　　　定价：69.00 元

版权所有·侵权必究
如有印刷、装订问题，本公司负责调换。
服务热线：400-600-8099
投稿邮箱：author@citicpub.com

目 录

01　引　言

001　第1部分　生物电领域的开端

003　第1章　人造电与生物电：伏特和伽伐尼的"夺电之争"

007　新希望
011　意图窥探上帝秘密之人
017　野心勃勃的电学家
019　伏特大变脸
028　余波

029　第2章　夺人眼球的伪科学

031　阿尔迪尼的招数
037　伊莱沙和庸医
040　电疗的堕落
043　青蛙电池

047	**第 2 部分　生物电和电子组**
049	**第 3 章　电子组和生物电密码：我们身体的电子语言**
051	神经传导入门
058	"离子侠"
061	离子俱乐部
064	40 万亿节电池
066	电子界
068	生物电密码
071	**第 3 部分　大脑和身体中的生物电**
073	**第 4 章　给心脏通电：如何在电信号中发现有用的模式**
074	泄密的心
077	一个电控泵
078	心脏起搏器的掌控力
080	贯穿心脏的"闪电"
083	**第 5 章　人工记忆和感官植入物：探寻神经密码**
084	从心跳到神经密码
089	汉斯·贝格尔对大脑密码的探索

093　我们如何确信大脑就是一台电脑
098　大脑的起搏器
104　读取神经密码
107　重新编程大脑
110　记忆制造者
113　脑芯片的未来

119　**第 6 章　治愈的火花：脊髓再生的奥秘**

121　莱昂内尔·贾菲的实验室
123　神经技术的突破性进展
133　"叛教者"
137　路的尽头
141　人体内充满了电池
145　操纵电场
148　电疗愈

151　**第 4 部分　生物电与生死**

153　**第 7 章　生之初：创造新生与再生的电**

153　薛定谔式的手指头
155　生命的火花
160　电学的发展
161　供"一人"使用的组装说明

165　鬼脸青蛙
170　像蝾螈一样再生
173　破解人体之图
175　令人振奋的再生医学

179　**第 8 章　生之末：让人身亡命殒的电**

179　无法愈合的伤口
180　癌症的指示灯
182　听起来简直像科幻小说
185　癌症的专用离子通道
191　抗击癌症的新盟友
193　生物阻抗
196　黑障区
197　细胞社群

203　**第 5 部分　生物电的前景**

205　**第 9 章　将生物纳入生物电学**

207　电子药物的兴衰
210　植入物的麻烦
213　如何与细胞对话
216　鱿鱼电子学
222　青蛙机器人和真菌计算机

227　第 10 章　我们将借助电化学获得全新的大脑和身体

235　一切都似曾相识
237　试飞员
241　不要肆意摆弄电
245　学科筒仓
247　我们正处于"生物电世纪"

253　致　谢
257　注　释

引　言

　　我又一次回到了检查站，交通状况与往常无异。看上去百无聊赖的士兵挥手示意步行的平民、满是尘土的汽车，以及因装满了牲畜和农产品而开得有些颤颤巍巍的卡车——通过检查站。一切如常。

　　然后，大门前的悍马车突然爆炸了。

　　从灼眼的爆炸火球之中，我看到一个男人全速向我跑来的身影。他还穿着一件自爆背心。我一枪放倒了他。

　　随后，我飞快地向左边瞥了一眼，发现一个刚刚举起枪的狙击手。不过他的枪没我的快。

　　这时有一大群人蜂拥而至，也许是7个人？他们突破了检查站，所有人都端着机枪。我扫了这群人一眼，以确定谁离我最近，我需要先干掉谁。这只是个顺序问题。

　　又有3个人从可以俯瞰检查站的一座低矮建筑的屋顶上飞奔而过。反正我也看到他们了。于是我又"砰砰砰"3枪搞定了他们。

　　之后，便没有更多来犯之敌了，只有沙漠之风在轻吟。我仍然严阵以待，冷静而警觉地扫视着地平线。

　　灯亮了，技术人员走了进来。

　　"这是怎么了？"我问。

　　"没什么，"技术人员有点惊讶，"你完成了。"

"你什么意思,完成了?"我很失望。我在模拟环境里待的时间应该还没超过3分钟。"我能继续吗?"

"不,都结束了。"

"我干掉了几个人?"我问道,边说边交出了我的步枪和头盔,切断了那股流经我大脑的电流。

她耸了耸肩:"所有人。"

当然,我身处之地是南加州一个单调乏味的办公园区,远离任何冲突中的检查站。我手中的是一把改版的M4突击步枪,可发射二氧化碳弹,不过那些弹药只能给出一点后坐力,而没有任何杀伤性。我所射击的对象也不是真人,它们只是由程序员们设计出来的墙壁大小的军队训练模拟器所生成的图像。

但我头上戴着的电刺激装置是真家伙。我已经签署了相关同意书:让1节9伏电池产生的数毫安电流穿过我的头骨,以测试它能否提升我的射击能力。科学家们的假设是,这种电流会重新校准我大脑中另一种不同的电流——我们的神经系统自然产生的赖以交流的生物电信号。他们希望通过对我大脑的执行部分进行人为的电击来压制这些微妙的自然电流,从而使我的大脑进入一种全神贯注的状态——这刺激足以将我这个习惯于慵懒瘫坐在桌前的记者,变成一个随时投入战斗的刺客。

这一幕发生的时间要回溯到2011年,当时我还是《科技新闻》杂志的撰稿人兼编辑。这是我梦寐以求的工作,为此我不惜漂洋过海前往英国。在此之前,我曾为美国的《IEEE频谱》工程杂志报道微芯片和神经技术,这份工作和我的童年经历倒也相称。我父亲曾是一名无线电工程师,他在我们家的地下室里堆满了各种有趣的玩意儿:电路板、糖果色外皮包裹的电线、电烙铁,以及一本相当齐全的20世纪中期科幻杂志《类似体》的旧作品目录。我日后成为一名科普作家,部分原因便是想要目睹那些旧的科幻故事中的想法如何蜕变成真正的科学。

这也解释了为什么我第一次听到这个令人难以置信的军方大脑刺激实验就着迷不已。这种被称为经颅直流电刺激（tDCS）的技术已在科学媒体上火了好几年，我一直保持关注。这一技术展示了一些引人入胜的结果，让人感觉它似乎无所不能，从改善难治性抑郁症到提升数学技能均不在话下。根据给我进行接线的科学家的说法，这种电流可能会改变我大脑中神经元之间的连接强度，使它们更有可能协同工作。神经元间的自然同步是所有学习的基础，而用电场加速这种同步，理论上会加快我学习一项新技能的速度（在这个例子中，它把我变成了詹姆斯·邦德这样的超级特工）。

2009年，当我初次窥见这种不同寻常的全新"用电"方式时，它还只涉及一些鲜为人知的医学试验和秘密军事项目。而今天，在头上戴一个电刺激器的想法已不像当时那么怪异；要是硅谷的某些怪才为了获得一点额外的智力优势，除了间歇性断食或服用微剂量的裸盖菇素*，还会给自己做个与此类似的"电疗"——这幅情景也并非完全不可想象。

但这种方法不仅仅是用1伏的电压来提高你的智力（电还有许多其他的应用方法），也可以用来治疗身体和精神上的疾病。以治疗帕金森病的最后手段，脑深部电刺激为例，在这种治疗中，两个大小和形状都接近生意面的电极被植入患者大脑的最深处，以缓解疾病的破坏性症状。在取得巨大成功之后，科学家们正在测试其他疾病的电刺激治疗方法，包括癫痫、焦虑症、强迫症和肥胖症。另一个例子是"电子药物"的兴起：这些米粒大小的电子植入物被固定在身体的神经周围，据说可以中断神经信号。在以老鼠和猪为对象的试验中，这

---

* 裸盖菇素，化学名磷酰羟基二甲色胺，一种提取自蘑菇、具有致幻作用的神经毒素。——译者注

种药物似乎可以治疗糖尿病、高血压和哮喘。2016年，它在人体试验中取得了出色的早期结果（似乎可以治疗类风湿性关节炎），促使谷歌的母公司Alphabet与一家跨国制药公司合作，投资5.4亿英镑，尝试利用人体电信号治疗克罗恩病*和糖尿病等。[1]

因此，当我发现有机会亲自做一次美国国防部项目的小白鼠时，我欣然从命，而且我并没有乘兴而往、失望而归：我自己的tDCS经历堪称一次颠覆。通过让我的神经细胞经受电场的洗礼，我的专注力立刻得到了提升，这带来了射击技巧的相应提升。这给人的感觉颇为不可思议，就像有人终于关掉了我脑海中所有让我分心的自言自语一样，而在那一刻以前，这些消极的自我对话一直就像商场播放的背景音乐一样让我不堪其扰。这段经历让我就此转变，我愿向任何愿意听我说话的人宣扬电的积极力量。

当我将详细描述这段经历的故事发表在《新科学家》杂志上时，它像病毒一样传播开来。时机非常完美：21世纪第二个十年初，硅谷的神奇思维正在兴起，每个人都渴望成为一个仅靠Soylent流食代餐维生的高产超人。这些超人类主义者迫切需要新方法来升级他们孱弱的肉身。现在，"电"也已准备好加入这一全套提升工具之中，来帮助人们超越人类的根本局限性。这篇文章成了"DIY tDCS"论坛上的置顶内容，业余神经工程师在这里交换电路设计和设备规格，让他们在地下室里对自己的大脑进行超频。媒体看到了由此而来的希望，当然也有与之相随的巨大危险：科学播客"Radiolab"的制作人对tDCS设计人工禅宗的能力很感兴趣。作家兼人类学家尤瓦尔·赫拉利将我的故事写进了他的书《未来简史——从智人到智神》中，作为一个警世寓言，一个对人类试图将自己改造成神的可怕警告。韩国纪录片制片人想让我推测神经刺激是否会改

---

* 克罗恩病，又称"节段性肠炎"，以腹痛、腹泻、体重减轻为主要临床表现。——编者注

变人类的状况。一位采访记者还称我为"tDCS 的雅芳女士*"。

对于这种操纵人体自然电的方式，我并不是首个对其前景加以探寻的记者。自 21 世纪初以来，成千上万的研究（其中许多是在牛津大学、哈佛大学和柏林夏里特医学院等著名大学进行的）均指出 tDCS 是一种改善思维的方法。给自己的脑子加上一点儿电，可以增强我们的记忆力、数学技能、注意力、专注力和创造力——它甚至有望治疗创伤后应激障碍（PTSD）和抑郁症。相关数据和头条新闻已经为此做了多年铺垫，但我的这段奇异经历让它从枯燥的临床材料变成了一种"身临其境"般的体验。值得期待的实验结果，加上日益增长的公众兴趣，让富有创业精神的初创企业从这两者的结合中嗅到了商机，开始迅速兜售起自己商业版本的大脑增强头戴设备——我已经对此进行了实际测试。这些造型小巧可爱的可穿戴设备要花上你几百美元，它们与国防部手提箱里那些价值 1 万英镑的装备几乎风马牛不相及。尽管如此，它们还是很快就被那些寻求额外智力优势的人采用，其中也包括高水平运动员。金州勇士队是一支十分强大的球队，却被指责正在"毁了篮球"。这是因为在每场比赛之前，金州勇士队队员都会在训练中戴上这种设备，让他们的大脑进入状态。[2] 美国奥运滑雪队也在训练中使用此类头戴设备，这引发了对他们使用"大脑兴奋剂"的指控。[3]

随之而来的是不可避免的反对和抵制之声。怀疑论者开始质疑这一切是否被描绘得太过理想，结果却是骗局。治疗抑郁症？更高的专注度？更长期的记忆？代数水平的提升？很快，一批研究开始揭穿先前大量前景诱人的发现：为了证明 tDCS 中涉及的电流对神经元不存在可能的影响，一组人对一具尸体进行了电刺激，并得出结论，所谓

---

* 雅芳女士，即对雅芳为推销自己的化妆产品而起用的大量女性销售代表的统称，后泛指各类销售人员。——译者注

tDCS 就是伪科学的胡扯；另一项研究则以元分析方法考察了数百项 tDCS 研究的所有效果，并得出结论，如果你对其所有效果取平均值，你将一无所获。

怀疑论者有史可鉴，他们指出，200 年来，所谓电疗法的骗局层出不穷。各个时代的江湖郎中均声称，他们的各种电腰带、电手环、电浴器和其他新奇装置可以包治百病，从便秘和癌症等长期疾病到"男性活力"丧失和过度手淫等更具维多利亚时代风格的抱怨。对批评者来说，这证明了今天这些宣扬脑电刺激好处的人并不比 19 世纪 70 年代那些兜售电动阴茎带的江湖骗子更有科学依据。

于是人们一致认为，tDCS 即使不是彻头彻尾的骗局，也肯定与此相去不远。他们是对的吗？我是不是成了安慰剂效应的最新受害者？难道让我信以为真的，只是改头换面一番，披上了"硅谷"的闪亮外衣，但实际上已经演了 200 年的江湖套路？

我自己也开始对这一点有所疑惑。当我还因初次 tDCS 带来的脱胎换骨之感而欣喜万分时，我很快开始尝试其他实验室提供的颅部实验。我发现牛津大学的实验心理学系正在研究 tDCS 在提高数学能力方面的潜在作用。由于数学不是我的强项，这将是检验我是否遭遇潜在安慰剂偏差的完美方式：通过重复实验，看看电刺激有多好。

我走进那个地方，期待着自己能展现精湛的运算技艺。我想象着在脑电刺激后，我自己也可以捏住一支粉笔在黑板上肆意挥洒一番，在上面写满你在《心灵捕手》和《美丽心灵》影片*中看到的一大堆方程式。我兴冲冲地去了。但几个小时后，当我离开实验室时，我身上唯一和"灵光一现"的状态搭调的只有我涨得通红的脸，因为这几个小时的公开考试基本上一团糟，让我羞愧不已。当我戴着愚蠢

---

* 这两部影片的主人公均在数学方面展现出极高天赋。——译者注

的电极帽时，我没能释放我内在的数学天赋。也许这一切真的都是胡扯。

但如果这纯属江湖骗术，为什么它似乎仍然对如此广泛的疾病有效？那些医生肯定不会都错了吧？当时，除了查找相对无害的tDCS小电击，我四处查找医学领域的电研究。我了解到植入脊柱的侵入性刺激器帮助瘫痪的人重新行走；它们也被植入大脑，帮助罹患难治性抑郁症的患者重新振作；它们还被植入迷走神经，以治疗类风湿性关节炎。电的本质是什么？它是用什么机制来治愈身体的？我的脑海中一直萦绕着一个问题：电和生物学之间的关系到底是什么？

即便这项技术当真有用，我也只知其然而不知其所以然。所以我决定搞明白这个问题。而从我开始钻研这个领域起便一头扎了进去，足足花了10年的时间才爬出来。在过去的10年里，我一直被这些问题和它们的答案激励，现在我想把这种激励传递给你们。

《解码生物电——下一场生命科学革命》讲述的是在我们全身涌动的自然电流的故事，以及如果我们学会如何操纵它，世界将会发生何等翻天覆地的改变。在接下来的文字中，我将为你呈现一种贯穿所有生物的生与死、支撑它们的一举一动和意图的物质：电。这种自然电流的存在早于我们的神经系统，甚至早于人类本身；早在第一批鱼类突变体登上陆地之前，它就已经在我们祖先的身体里肆意穿梭了。这是关于我们的最古老的存在，也是关于生命本身的最古老的存在之一。

我对职业射击的短暂客串只是一个例子，它展示的是对我们身体中蕴含的自然电加以利用所带来的机遇与危机。我们本质上是带电的生物，但我们"电气化"的程度会让你感到震惊。毫不夸大地讲，你的每一个动作、感知乃至思想均完全地、彻底地由电信号控制。你体内的电并非来自电池的电，也不是那种点亮灯泡或给洗碗机供电的电。生活中常见的电是由电子（一种在电流中流动的带负电荷的粒子）构成的。

人体所运行的电是一个完全不同的版本："生物电"。这些电流不是由电子产生的，而是由钾、钠和钙等大多数带正电荷的离子的运动产生的。这就是所有信号通过神经系统在大脑内部以及大脑和身体各器官之间传递，从而实现感知、运动和认知的方式。它是我们思考、沟通和运动的基础，是我们跌倒后膝盖擦伤的原因，也是擦伤的皮肤愈合的原因。它可以解释为什么小熊软糖尝起来是酸的，为什么我们可以拿起一杯水来漱掉这味道，以及我们如何知道自己渴了。

你从墙上插座里引出的电流是由发电厂产生的，而对你体内的电流来说，发电厂就是你自己。你体内的40万亿个细胞中的每一个都是一节小电池，有自己的小电压：当处于静息状态时，细胞内部的负电荷（平均）比细胞外的液体高70毫伏左右。为了保持这种状态，细胞不断地让离子进出包围它的膜，总是努力保持–70毫伏的电压。所有这些电压对你来说可能听起来太过微弱，根本不值得加以注意。是的，在我们生命的尺度上，70毫伏的差异是微不足道的，这大约是助听器所需电量的1/1 000。但从神经元的角度来看，这就完全是另一码事了。当神经冲动沿着神经纤维呼啸而下时，神经元中的通道就会打开，数百万离子立即被释放到细胞外的空间，而且带着它们所有的电荷。这种大规模电荷迁移产生的电场约为每米100万伏，在这种电场规模下，感觉就如同一整道闪电从你伸出的一只手传递到另一只手上。这就是你身体里的每一个神经元在你生命中每一刻的感觉。

生物学家一直都知道，这些生物电信号负责大脑和神经系统之间的所有通信：你可以把它们想象成电话线，帮助大脑的指挥中心与你的肌肉沟通，控制你的四肢。

但是生物电并不局限于我们的大脑。在过去的几十年里，我们已越来越明确的是，你身体的每一个细胞都在使用这些信号，而不仅仅是那些控制你的感知和运动的细胞。

你的每一个皮肤细胞都有自己的电压,它与邻近的细胞结合形成一个电场。你甚至可以用电压表测量皮肤的电压值:只要拉伸一块皮肤并将其连接到电极上,"皮肤电池"就会点亮一个灯泡。你也可以用前列腺电池或是胸部电池给同一个灯泡供电。当这个电场被组织损伤破坏时,你能感觉到。你咬到舌头或脸颊内侧时,是否会感到一种刺痛感?这是伤口的电流在召唤周围的组织来提供帮助。

同样,你骨头里的细胞也是带电的。你的牙齿是带电的。你的器官是带电的,包裹每个器官的上皮组织也是如此。还有血细胞。每个细胞个体都是一座微型发电厂,产生微小的电压,以此在它们内部和彼此之间进行交流。

我们过去认为那些非神经系统细胞主要使用生物电信号来完成琐碎的清洁和维护任务,如废物处理和能源管理。但新的研究越发表明,它们的作用远不止于此。我们比一般人所认为的更"来电"。

最近,科学家们发现,当我们在子宫里成长时,电信号也会发出指引,以引导我们形成最终的形状——两条胳膊、两条腿、两只耳朵、一个鼻子。当这种信号在子宫内被中断时,事情就会变得一团糟,所以科学家们现在正在研究通过重新调整我们的电流来防止出生缺陷的方法。电对出生如此重要,对死亡亦是:癌细胞有其非比寻常的电压,最近的证据表明,它们使用电信号来与宿主环境进行交流,而破坏这些信号可以阻止癌细胞转移。

这种自然电也并不局限于动物体内——从藻类到大肠杆菌,同样的信号在所有的生物体中都能被检测到。植物利用电在自身相距甚远的各个部位间传递信息,发出捕食者到来的警告并开启防御机制。当真菌纤细的卷须找到优质的食物来源时,它们就用电交流。细菌用电来决定何时将它们的菌落培养成耐抗生素的据点。即使是那些我们还没有完全弄清楚如何分类的生物（被我们一股脑塞进一个标有"原生生物"的笼统分类框里的生物）也会使用这些电子通信信号。

我告诉你这一切，是为了强调"生物电"不是一个晦涩的隐喻，也不是对一个乏味的生化事实的夸大。你和我真的很来电，而且是字面意义上的"来电"。所有生命的基础都是电。当我们的细胞电池耗尽时，我们都难免一死。

那么，如果我们学会了如何控制这个电开关，又会如何呢？

如果你仍然对我所说的不明所以（或者对我热情洋溢的论点持怀疑态度），那我得说，在这方面你并非形单影只。贯穿整个生物电历史的最显著标志，或者说在某种程度上界定这门学科的关键要素，便是其中充斥的怀疑态度，这些怀疑既来自物理学领域的研究人员，也来自生物学领域的相关人士。

在历史上，生物学家在试图证明生物现象有其电基础时多要面临艰苦的斗争，讲述他们遭遇的故事可谓不胜枚举。今天，我们已经习惯通过脑电图观察大脑活动，但可能不知道它的发明者汉斯·贝格尔曾因此备受嘲笑，也不知道他最终在1941年自杀身亡，他甚至未能见证他的设备如何改变了世界。即使是身体中最日常的电功能，也是在一场激烈论战之后才广为接受的；20世纪60年代，彼得·米切尔花了整整10年时间，耗费其大笔资金建立了他自己的实验室，以使科学界相信电是细胞产生能量的核心方式。（他于1978年获得诺贝尔化学奖，是为数不多的能够活着看到自己的想法获得赞誉的人之一。）

也许所有这些怀疑都可以追溯到生物电起源故事中发生的那场论战。路易吉·伽伐尼在18世纪晚期发现，电可以让我们的肌肉运动，这也许是最早围绕生物电展开的论战；你可能听说过他电击青蛙的实验，但你可能不知道，对他这一发现的怀疑引发了一场科学界的战争，并分裂了整个欧洲。这个生物电起源的故事深刻塑造了后几代科学家探究这个课题的方式,尤其是塑造了科学本身的结构。其结果便是,关于生命电基础的科学知识如今支离破碎地分散于众多学科中,其中许多学科彼此攻讦,认为其他学科都是在胡说八道。

即使到了今天,许多生物学家也可能对生物电一知半解。1995年,当伦敦帝国理工学院的癌症研究员穆斯塔法·迪加哥兹首次提出电信号与癌症有关的理论时,他的同事公开驳斥了他的观点。即使到了现在,虽然早已获得了诸多研究奖项,迪加哥兹仍会发现自己时不时需要对自己的研究再做一番解释,并且需要从头开始,因为有时对于同一个概念,一个研究人员会觉得"嗯,显而易见",而另一个研究人员认为这听起来如同科幻小说。

这种现象反映了一套在科学框架中的僵化观念:生物学家固守生物学,至于电学研究,那就留给物理学家和工程师吧。不同学科的研究者之间简直就是鸡同鸭讲。另一位癌症生物物理学家理查德·努奇泰利曾说:"如果你主修生物学,你可能只会有半个学期的物理课程。你连电气工程这门课都不会碰到。"至于电脑科学,那更是想都别想。这似乎是一个显而易见、毫无问题的分工,但这意味着有抱负的物理学博士们只会学到特斯拉和他的交流电,而无从了解他们自己身体中运行的生物电,生物学的学生则两者都学不到。这种每个领域都应该"各行其道"的默认假设几十年来一直限制着生物学乃至科学的进步。我们需要的是一个全新的科学框架,以便将身体不同的电参数集于一堂,并以连贯整体的方式研究它们。

我们可以称这个整体为"电子组"*。

基因组和微生物组的确立是我们理解生物整体复杂性的关键步骤,而一些科学家认为,现在是时候绘制"电子组"的轮廓了:它包

---

* 电子组是指涵盖生物体内所有层次组织电活动总和的研究范畴,其命名"electrome"类似于系统生物学方法中的其他"组学",如"基因组""蛋白质组"。——译者注

含细胞的电维度与特性、它们合作形成的组织，以及被证明与生命的各个方面均有关的电动力。正如破译基因组使我们了解了眼睛颜色等信息在 DNA（脱氧核糖核酸）中编码的规则一样，生物电研究人员预测，破译"电子组"将帮助我们解码人体的多层次通信系统，并为我们提供控制这些系统的相应方法。

在过去的 10~15 年，实验表明，我们不仅可以破解这些密码，甚至可以自己学习编写这些密码。研究人员正在寻找精确的方法来调试我们细胞内的电路，而这些电路负责我们的身体从愈合到再生再到记忆的一切。例如，当健康细胞癌变时，它们的电信号会发生根本性的变化。但是如果将这些电子信号恢复到正常状态，则会使肿瘤细胞发生逆转，恢复为健康细胞。其他实验表明，大脑中特定的电活动模式形成了特定的感官体验，这些体验可以被记录和覆盖。这将有助于我们实施先进的修复术，使人能够像感受到他们出生时的皮肤那样感受修复后的组织。如果细胞在它们的生物电通信中确实携带着不同种类的信息，那么破解其生物电密码可能会解决一些此前我们用所有遗传和化学干预手段都无法解决的问题。这就像是打开一个电器箱，随心所欲地给我们的身体系统重新布线一样。

如果我们可以从生物电的源头对其加以操纵，其后果将令人震撼不已。我们能否很好地解读这些密码，从而在我们的生物机体出现故障时进行修复？一些生物电研究人员甚至宣称，学习这种软件的编码规则，便可以让我们的身体和思想像硬件一样可编程。他们提出了各种各样的可能：编辑人的电子密码来提高智力，改变麻烦的人格，使截肢的肢体再生，或者干脆重新绘制身体的蓝图。如果我们真的由电驱动，那么我们应该在细胞的层面上都是可编程的。

但是，当我们开始使用生物电知识来获得更好的成绩，而不是治疗癌症时，会发生什么呢？基因编辑技术 CRISPR 带来了一系列关于设计婴儿的担忧，我们编辑生物电密码的能力也会让人在这方面有同样的顾虑。在一项研究中，研究人员仅仅通过对电子组进行简单的调整，就能让青蛙的屁股上长出功能正常的眼睛，而在另一项研究中能让蠕虫长出两个头。[4] 不管是青蛙、蠕虫还是人类，电子组和身体形状之间都存在明显的相关性，所以在有人为扩大社交媒体影响力而给自己培养出第三只眼睛之前，我们需要对此进行更多的探讨。

生物电研究也很容易因一种模糊不清但又不可否认的冲动而误入歧途，它主张人类的肉体低劣而苦弱，唯有通过对"软硬件"的强化和替换才能令其得到提升。有一种观点是，总有一天我们会将自己的意识都上传到"云端"这个由硅晶片构成的无瑕天堂。那么，我们应该对人类的升级或改造设置哪些限制呢？谁来管理重新绘制人体电路的规则？如果每个国家的国防部都让自己的士兵接受我在加利福尼亚州做的训练，又会如何？

本书将帮助你了解生物电，无论是传统认知范畴中它在大脑和神经系统中所承担的工作，还是如今我们发现的它在更为广阔、更出人意料的情境之中所扮演的角色。本书将阐明为什么我们一直以人造电模拟生物电的工作原理。你还会看到研究人员是如何超越人造电刺激，构建可以用生物电的自身语言与我们的身体交流的新植入物——从由青蛙细胞制成的机器人到由虾甲壳素制成的新型电子植入物，不一而足。如果我们想要操纵人体，我们至少应该按照它自己的运行方式来操纵它。这些方式是经过数百万年的进化磨砺出来的，而不是我们发明的头戴设备运行出来的。我们已经进入了生物电的新阶段。"在生物电领域，我们现在所立足之处，就相当于天文学领域在伽利略发明望远镜时的阶段。"正在探寻未知领域的癌症研究人员迪加哥兹如此说道。如果19世纪曾被称为"电的世纪"，那么21世纪将被称为"生物电的世纪"。

第 1 部分

生物电领域的开端

思想：英雄延宕自己，连他的阵亡

也只不过是存在的托词，他最近的重生。

——勒内·马利亚·里尔克，《第一哀歌》

    通常情况下，我们很难从所有文化和历史所编织成的复杂脉络中拼凑出一个连贯的故事，并将其作为某个事物今日所呈现样貌的成因。但在关于生物电历史的混乱叙述中，确有一条可识别的因果关系链：曾有一场野蛮的争斗，将科学分裂成我们今天所见的学科分野，彼时的生物学家和物理学家曾在这场生死决斗中相持不下，为的是最终决定谁将获得对电的"监护权"。最终生物学输了，而物理学赢了，其后果将波及未来 200 年的科学。而这场最初的分裂也深刻地影响了往后数代科学家对电在生物学中作用的看法。

第1章

人造电与生物电：
伏特和伽伐尼的"夺电之争"

亚历山德罗·伏特对自己读到的内容大吃一惊。他手中攥着一份手稿的早期印本，其作者声称已经解开了一个亘古的谜团：是什么物质贯穿了所有生物存在，并支撑着它们的每一个动作和意图？

答案便是电。

伏特是一位身材矮小但充满了斗争精神的人，喜欢华丽的高衣领，浓密的黑发总是把额头遮得严严实实，他觉得自己是唯一有资格评价这位作者的主张的人。1779年，他发明了一种可以随时释放静电的新工具，随后他便被擢升为帕维亚大学实验物理学教授。这一工具被其他科学家广泛采用（并为日后令他真正留名青史的装置的发明埋下了伏笔），但他们的寥寥掌声还不够。伏特想要更多的赞誉。他也理应得到更多的赞誉。他的地位不断攀升，他加入了最重要的科学中心，为自己建立了一个有影响力的人脉网络，不仅包括科学家，还包括政治家和意大利其他社会上层人士。在这一充满争议又魅力无穷的崭新研究领域——神秘莫测的电现象研究。他即将跻身世界权威之列。

电过去是（现在也是）一种自然力，当时它所蕴藏的奥秘才刚刚开始被科学探究揭示。没有人对这种无形无迹的流体知根知底。它能使人触电，有时还以从天而降的闪电形态置人于死地，至于它是不是电鱼用来击晕猎物的那种东西，仍有很大的争议。当时，电也刚刚脱离了派对把戏和荒唐猜测的范畴（那个时代的一个公认说法是，拥有强大电能的男性可以在性交中产生火花）。人们开发出了第一批基本研究工具，以收服这种狂野的存在，并用于严肃的科学调查和实验。它们的发明者堪称18世纪科学家版的摇滚明星。伏特就是其中之一，在那些致力于破解电的奥秘，并将其纳入经验真理的科学家中，他是一颗冉冉升起的新星。他的一些物理学同行甚至开始称他为"电学的牛顿"。[1]

但此时，他手上这份手稿的作者，解剖学家路易吉·伽伐尼，却声称发现了一种电的生物变体。

伽伐尼是一个局促的乡巴佬，来自意大利的一个地方王国，直到最近才开始获得相关设备，将将跟上18世纪科学进步的步伐。他是一名尽责的产科医生，手稿里满是粗陋的医学术语。就是这样一个人，却声称自己拥有让哲学和科学领域最为睿智者皆困惑不已的新事物的相关知识？

我们从手稿中可以感觉到，伽伐尼深知他主张的重要性。"没想到命运对我如此眷顾，这可能让我们成为第一批触及那隐藏在神经中的电的人。"他在序言中如此写道，带着一种近乎预言般的战栗感。[2] 而事实上，这一声称最终给他带来的是灭顶之灾。

伽伐尼的主张——身体是由一种电流驱动的——怎么会引起如此大的争议？要理解伏特为何会如此出离地愤怒，我们需要了解在18世纪晚期，生物学落后于物理学的程度有多深。

欧洲的科学革命推翻了以往的既定观念，代之以可检验的定律和可预测的方程，颠覆了科学家们对物理世界的理解。哥白尼和伽利略使我们的星球从此不再是宇宙的中心，而只是位于宇宙中一个不起眼角落的小小行星。开普勒发现了行星围绕新的中心——太阳运行的规律。由此，牛顿推导出万有引力定律，并推断出物体是如何落到地面上的。

可在另一边，生物学却鲜有如此重大的新发现。[3]对生物学而言，18世纪也曾经充满希望，最终却在生物研究陷入的僵局中尴尬收场。显微镜使生理学家能够检查细菌、血细胞和酵母的细节。解剖学家绘制了遍及身体每一个末端神经的详细分布图。人们甚至已明白，这些神经与我们四肢的运动能力密切相关。但这是如何做到的呢？在18世纪末，科学家们对人类走路、说话、摆动手指和脚趾、感觉到瘙痒并抓挠的机制几乎一无所知。无形的灵魂是如何指挥有形动物躯体运动的呢？没有人知道。

要说17世纪的人们对这类现象的理解还停留在中世纪的黑暗时代，那还是抬举他们了。其实，早在公元2世纪的罗马，一位才华横溢的医生和哲学家盖伦就已经为这一问题所困。[4]在当时颇具影响力的他启发了一场长达1 500年的哲学思考，探讨究竟是什么流经我们的身体，让我们得以思考和运动。

盖伦的猜想源自几个世纪前亚里士多德的思想，他还借助解剖尸体的大量实践对这些思想做出了精炼和完善。他得出的结论是，神经是一根中空的管子，通过一种叫作"pneuma psychikon"，即"动物精气"的空灵物质，将人的意志传送到人的四肢和肌肉中去；这里的"动物"不是动物学上的词义，而是指阿尼玛（anima）。阿尼玛是希腊语中"生命力"一词的拉丁文译名。盖伦提出，这些精气是在体内一系列复杂的相互作用中产生的，它们起源于肝脏，在心脏提炼，与吸入的空气发生反应，最后被送到大脑的中转站。[5]当需要运动时，大脑就会像液压泵一样发挥作用，将这些动物精气泵入中空的神经中，然后分配到身体的所有感觉和活动部位。精气从大脑流向肌肉时，就会在后者那里产生收缩；而它们向相反的方向流动时，则会携带着感觉。

在接下来的 1 300 年间，除了日臻精致的巴洛克式辞藻修饰，这个教条基本上不曾受到挑战。该领域的任何理论进步都不再依赖于实验探索，而是依靠哲学推理。例如，在 17 世纪中期，心身二元论的鼻祖勒内·笛卡儿推测，动物精气的构成可能更接近于液体，而不是"火气"，就像某种水驱动机制一样。医学科学家的情况也好不到哪里去。西西里的生理学家和物理学家阿尔方多·波雷里提出，与其说动物的灵魂是水，不如说动物的灵魂实际上是一种高度活性的碱性"精髓"——用他的话说是"Succus nerveus"，即"神经体液"。它只要受到最轻微的扰动，就会被从神经中挤出来。这种体液与肌肉中的血液反应时，会导致周围组织沸腾。

这些解释都遇到了同样的问题：随着 16 世纪和 17 世纪之交显微镜的发明，人们很快就清楚地认识到神经不可能是中空的。这就意味着不管是"动物精气"还是"神经体液"，都无法成为支配我们四肢的物质。虽然这些早期显微镜的功能强大到足以排除神经是中空管的可能，但它们的功能仍然太过简陋，无法更精确地探测神经结构。这留下了一个无法回答的关键问题：没有管道的帮助，物质怎么能在人体中运输呢？于是新的理论纷纷涌现，以填补这一空白。

证据的缺乏使这场辩论向所有人敞开了大门，提出的观点更是五花八门，从绝对可信的到极其可疑的，应有尽有。牛顿认为，大脑的信息通过振动在神经中传播，就像你拨动吉他弦一样。另一个极端观点则是巴斯的一位水疗医生的猜测（这些医生驻扎在水疗中心，当时在英国极受欢迎，他们开出确切的饮酒和沐浴处方——当然，收费不菲）：大卫·金尼在1738年的一本小册子中声称，由于动物精气是在血液中携带的，在水疗中心疗养有助于疏通携带它们的血管。[6]

值得注意的是，在19世纪之前，科学的学术分野并不那么严格。那时，研究自然界的人不太需要把自己套进各个死板的学科里，主要是因为当时还不存在这些学科，这些学科都是后来才逐步建立的。事实上，当时的科学家甚至都不叫科学家。研究自然界的人称自己为自然哲学家，有时也自称实验哲学家。其中的典型人物便是亚历山大·冯·洪堡，他周游世界，研究任何他中意的事物。像他和伽伐尼这样的人，可以自由地研究激起他们兴趣的任何事物，从骨骼结构到比较解剖学再到电学。

当时物理学和生命科学之间的界限尤其模糊，跨领域流动是常态。如果你想给18世纪研究生物学的人分类，你不得不囊括从激进神学家到物理学家的所有人。不过，有一点是明确的。负责提供实际治疗的医生并不享有很高的地位，因为人们愈加意识到他们的科学气质与治疗病人的实际医术之间存在的差距。

新希望

到19世纪，我们对自己身体的了解并不比1 000年前多多少。与此同时，科学革命使人们对电的认识不断加深。

与动物精气一样，人们对电现象的观察也已持续了数个世纪，但并没有从中产生深刻的见解。例如，古希腊人曾注意到一些奇怪的石头，它们似乎能将金属吸到自己上面，金属就像被一股无形的力量拉着一样。他们看到，闪电击中人后往往会置人于死地。他们知道，电鳗会强烈地电击猎物。还有琥珀，一种常令昆虫身陷其中的树脂，它也有一种吸引灰尘和绒毛的奇怪倾向，就像那些石头吸引金属一样。

用力摩擦一下琥珀，你可能会听到轻微的"噼啪"声，还会看到火花闪现。但在17世纪之前，所有这些观察结果还没有被归拢成任何解释框架。

事实上，早在我们了解电是如何参与上述任何活动之前，"电"就已经得名了。这个词是威廉·吉尔伯特在1600年创造的，他的身份是医生、物理学家兼自然哲学家，这种多重身份与我前面提到学科分野时的叙述相呼应。他借用了古希腊单词"elektron"，其意便为琥珀，因为这种材料具有稳定地激发神奇火花的独特能力。

科学革命极大地改进了研究这一现象的工具。17世纪60年代，奥托·冯·格里克发明了第一个让科学家自己发电的装置——静电起电机。它是一个玻璃球，你可以用丝绸摩擦它，积聚少量电荷，触摸它就会产生电击。（顺便提一下，这就是"静电"一词的由来。球体将电流困在表面，使其不会移动，处于静止状态。）静电起电机能够以比琥珀更大的冲击力释放积聚的电力，这让人们第一次能够决定如何、何时以及在何处进行电击。随后更多的类似机器涌现，有些机器通过手摇曲柄使起电机更容易充电，这样人们的手臂就不会因为费力用丝绸摩擦玻璃而感到疲劳。更大的玻璃管能产生更强的电击。它们产生的电击虽然微弱，但足以开启持续了一个世纪的客厅游戏科学风潮，这些供人消遣的小把戏从"接吻维纳斯"——一个带电的女性雕塑，她的吻会轻微刺痛绅士们的嘴唇——到充电后像变魔术一样吸引纸屑和其他飘浮物的小男孩，不一而足。

但所有这些起电机都有一个相同的问题：接触这些积聚静电的源头时，静电会一次性全部释放出来（这也是触摸金属门把手会让你感到一阵剧痛的原因），没有办法储存大量的电力以供日后使用。

在第一台静电起电机问世约一个世纪后，几位科学家分别产生了一个想法，那就是制造一种特殊的瓶子，可以从起电机中虹吸神秘的无形物质并储存起来。为了规避头号发明人是谁这一棘手问题，这项新发明被命名为"莱顿瓶"，间接归在荷兰人彼得·范·穆森布罗克名下，因为他在莱顿这座城市完成了大量早期工作。随后，科学家们竞相比试，看谁能把最多的电能收集到他们的瓶子里，他们当然会这样做，而这恰恰带来了你可能预料到的不幸后果。当范·穆森布罗克把他的莱顿瓶塞得过满时，就像把行李箱塞得太满一样，瓶子很快向他爆炸了。这一冲击足以让这位物理学家在床上暂时瘫痪两天。

随着人们越发擅长把这些容量日增的容器塞满，莱顿瓶的展示也愈加夸张起来，比如用一个莱顿瓶电击由铁丝连接的 200 名僧侣，或是用一个特别设计的酒杯充电来供野餐客人消遣的恶作剧（对不幸的电击目标来说就没那么有趣了）。[7]虽然上流社会对这些演示喜闻乐见，但即使是他们也一致认为，电充其量只是一种新奇的玩意儿，没有人能完全推断出这种奇技淫巧似的马戏表演会有什么用处……直到 18 世纪 40 年代中期，一位名叫斯潘塞博士的苏格兰电表演者将他的设备送到了年轻的本杰明·富兰克林在费城的住所，这种情况才为之一变。[8]

人们常常认为，富兰克林凭一己之力将电从娱乐节目变成了一门科学。虽然实际情况比这更复杂，但富兰克林著名的风筝实验确实开启了电学统一的进程，它证明了不同的电现象——闪电、琥珀、静电起电机——只是同一种无形物质的不同表现形式。

富兰克林是一位著名的博学多才者和政治家，他是试图建立一个大统一的电学理论的先驱之一，该理论将"自然电"（闪电）与由起电机产生并被灌入莱顿瓶的物质（"人造电"）联系起来。在一次雷雨中，他将一把钥匙系在风筝悬挂的一根长绳子上。如果他能用雷暴产生的电能给莱顿瓶充电，他的观点必能得到证明。这是一个非常危险的实验,但效果卓著,以至于今天的孩子们仍然不得不在学校里阅读关于这个实验的内容。实验结论便是:闪电就是电。

富兰克林的实验产生了巨大的影响,并为一种新的认知的产生铺平了道路,这种认识被正式确立为一门科学的分支,其实践者称自己为"电学家"。(这个词如今被用作"电工"之意,而在当时则有更富于魅力的内涵——你可以把18世纪的"电工"想象成他们那个时代的"火箭科学家"。)更重要的是,人们开始认识到电是一种无形的流体,可以被收集在一个罐子里,可以跨越遥远的距离,也可以沿着空心或实心的线传播。

还有什么现象的本质是电?到1776年,人们开始怀疑这种"非物质流体"与一直令所有人疑惑不已的动物精气有关。那一年,当约翰·沃尔什用一条电鳗做实验时,这个想法得到了第一个佐证。

沃尔什是一位典型的自然哲学家:上校、下议院议员、富有而博学的多面手。他和富兰克林同在一个圈子里,当时富兰克林刚开始对电鱼着迷。在电鱼的发电器官得到描述后,富兰克林确信电鱼发出的电击是电现象的另一种表现形式,于是他说服沃尔什"将他的科学精力"(意思是他的一大笔财富)用于设计实验,以证明"鱼发出的电"是真实的。[9]

所用的办法就是把一条电鱼放进暗室里,让它发出电击——希望这样做能产生可见的火花。这就是确凿的证据。令人难以置信的是,沃尔什似乎做到了。在他1776年的演示中,有一些观众在历史记录中声称目睹了这一令人信服的证据,即电鳗实际上是带电的。《英国晚邮报》报道称当时产生了"强烈的闪光"。

虽然该实验没有提供任何直接的证据来证明"鱼发出的电"和人类活动中可能涉及的任何事物间的联系,但这个想法已应运而生:某种形式的电可能在神经和肌肉的活动中起作用。如果电鳗能产生火花,也许我们也能在体内产生火花。

这便是电与路易吉·伽伐尼的因缘际会。

意图窥探上帝秘密之人

历史学家对路易吉·伽伐尼的家庭出身和青年时代知之甚少。我们只知道他于1737年出生在博洛尼亚教皇国，一个富裕而进步的意大利王国。根据历史学家马尔科·布雷萨多拉的说法，伽伐尼出生于一个商人家庭；他的父亲多梅尼科是一名金匠，在伽伐尼来到这个世界时，他已经有了第四任妻子芭芭拉和第二轮子女。[10] 伽伐尼家有足够的钱供不止一个孩子上大学，这可是一笔不小的开支。但是，对于商人阶层来说，家里出一个读书人是社会地位和声望的标志，所以多梅尼科乐意将他的孩子们送去上学。

伽伐尼最初反抗过这种命运。他是一个爱幻想的孩子，比起博洛尼亚学生间的打闹嬉戏，他更喜欢家庭生活。他最喜欢的是花时间和博洛尼亚附近一所修道院的修士交谈，修士的任务是在临终前的几个小时为临终者提供告解。[11] 伽伐尼被修士们从与处于生死边缘的人相处中所获得的洞见吸引。在那里，他还吸收了进步的天主教启蒙运动的价值观和理念，包括当时在位的教皇的"公共幸福"理论。思想进步的本笃十四世不像他的许多前任那样注重仪式和华丽排场，而是试图通过实际改善公民的生活来激发他们的奉献精神，具体做法不仅包括兴建公共排水系统等土木工程项目，也涉及对教育系统的改进，比如为大学配备最新的教学工具，电学设备也在此列。[12] 他将信仰重新定义为慈善行为，而不是争夺信徒的迷信。

这种哲学思想引起了年轻的伽伐尼的共鸣，十几岁时，他就要求加入该组织。不过，他的家人说服修士劝他不要加入，他们渴望把这个天赋突出的孩子引向一条更为世俗的轨道。于是,伽伐尼撤回了申请,转而进入博洛尼亚大学学习医学和哲学。(他还学习了化学、物理和外科学。)他的父亲对他潜力的判断是正确的——伽伐尼后来撰写了 20 篇论文,内容涉及骨骼的结构、发育和病理。获得博士学位后,伽伐尼开始在大学从事解剖学研究和讲课。虽然并非天生外向者,但他是一位受欢迎的讲师。[13] 他是最早用实验来活跃课堂气氛的教授之一,他的授课热情四射,极富感染力,又通俗易懂,以至于邻近艺术学院的学生也经常挤进他的课堂。伽伐尼在博洛尼亚大学迅速获得了一系列学术职位和荣誉,并很快在博洛尼亚科学研究所(欧洲最早的现代实验机构之一)兼任要职。

但对于自己不曾走上的另一条人生道路,他也从未忘怀——根据各种说法,他直到生命尽头都是一名虔诚的天主教徒。他如果不能在修道院里献身于上帝,那至少应在实验室里做到这一点。他尽其所能地践行着他的原则,将他的工作转变为一种虔诚的表达。除了在大学的工作,他还成了当地医院的一名执业医师。他对极端贫困的患者尤其是妇女给予优惠待遇。作为一名产科医生,伽伐尼痴迷于造物。他最想了解的便是:上帝如何赋予人类生命火花?其科学基础为何?

伽伐尼在当时可谓占得了天时地利。成立于 1088 年的博洛尼亚大学不仅是欧洲最古老的大学,也是最进步、最具前瞻性的大学。例如,在伽伐尼入校不久前,该校刚提拔了首位实验物理学女讲师劳拉·巴斯。巴斯是一个天才,她在家庭实验室教授牛顿物理学,并与世界各地的电学家结交,其中包括本杰明·富兰克林和詹巴蒂斯塔·贝卡利亚,他们被认为是当时领先的电学理论家。[14] 这个人际网络令该校成为研究这一重要新现象的先锋。与他同时代的一些人不同,伽伐尼从不忌讳女性获得权威地位或在科学领域取得突出表现;虽然没有人能给他贴上"女性主义者"这个在当时不合时宜的标签,但他并不接纳那些认为接受女性指导是"可笑"的观点。例如,他曾与蜡像雕刻家安娜·莫兰迪合作,用她精美的解剖模型来教授他的解剖学课程,[15]尽管他的一些同事对此不屑一顾,并抱有一种区区一个女人能教授他们什么的想法。[16]伽伐尼没有受到这些偏见的影响,他参加了巴斯的许多讲座,很快,她和她的丈夫,医学教授朱塞佩·维拉蒂成了他的导师。

在詹巴蒂斯塔·贝卡利亚的影响力如日中天之时,他给巴斯等人寄去了他的教科书,在这本教科书中,他和富兰克林一样,开始勾勒自己的大统一电学理论。在阅读了约翰·沃尔什新发表的关于电鱼解剖的爆炸性论文后,贝卡利亚谨慎地探讨了动物体内可能存在自然电的想法。于是巴斯和维拉蒂开始鼓励他们的徒弟用莱顿瓶电击动物,并让他们使用巴斯的实验室,以便对青蛙的心脏、肠道和神经进行电学测试。

在巴斯的实验室里,伽伐尼越来越沉迷于这些实验。他开始在演讲中把动物精气和电流体混为一谈。在一次关于死亡原因的解剖学演讲中,伽伐尼声称,死亡的根源在于"运动、感觉、血液循环和生命本身似乎都依赖的最为崇高的电流体"的消失。[17]

虽然许多学者开始趋向于认同这种解释,但他们小心翼翼地绕过这个结论,因为它充满了不科学的联想。更实际的问题是,并没有实验方法来检验这个假设。尽管如此,伽伐尼还是对这个想法痴迷不已:"电",这种闪电中存在的物质,可能就是上帝赋予人类和所有其他生物以呼吸的机制。而一想到自己可能是首个发现上帝恩惠之人,他就难以按捺激动之情。

因此,在1780年,他创建了一个研究项目,旨在研究电在肌肉运动中的作用,然后开始着手建立一个家庭实验室,这样他就可以将更多的时间花在这些实验上。实验室里有一台静电起电机、一个莱顿瓶,以及其他基于这一电学设备最新发明出来的改进型设备。

从那时起,他开始在青蛙身上做实验。为什么是青蛙呢?它们的神经很容易定位,肌肉收缩也很容易观察到,而且在青蛙被剥制成伽伐尼称之为"预备标本"的恐怖构造后,它们仍可以持续44个小时对电给出反应。伽伐尼的所有已出版论文中都有这类两栖动物实验的图解。在其中一幅图中,一只青蛙的头部和腹部几乎完全消失,只剩下两条腿神经上露出的细丝,这些神经仍然将其腿部连接到脊柱。[18] 在另一幅图中,青蛙从上肢以下被切成两半,然后被剥皮并取出内脏。只剩下腿,靠一小块脊骨连在一起。在另一张照片中,伽伐尼与他的科研伙伴乔瓦尼·阿尔迪尼(他的外甥)和露西娅(他的妻子)站在他的地下实验室里,周围是几十具被剥皮的青蛙尸体。

这种剥制青蛙的特殊方法是源自当时最重要的博物学家之一、伽伐尼家的常客拉扎罗·斯帕兰扎尼的启发,伽伐尼一直恪守这种方法不曾偏离。斯帕兰扎尼引入的规范使得区分因果关系变得极为容易。除神经外,其他一切血肉都被剥离,因此当你把电注入肌肉或神经时,随后发生的反应就显而易见了。

伽伐尼以一系列实验开始了他的研究,这些实验旨在帮助他理解为什么来自人造电源的电流会引起肌肉收缩。对肌肉施加电击显然会导致肌肉抽搐,但抽搐的机制是什么呢?起初,他只是简单地重复之前的实验,将电触点接触青蛙身体的各个部位。为了将起电机产生的电输送到他想要的特定部位,他使用导线和另一种被称为电弧的金属物体,这些金属物体与外部电源相连,并刺入青蛙的各个部位。

通常结果都符合他的预期……直到有一天意外来临。那天,一只青蛙和起电机没有接触,却出现了蛙跳反应。当这只青蛙躺在盘子里时,伽伐尼一直在触摸它暴露的股神经。与此同时,露西娅站在大约

6英尺*远的地方,她的手指靠近起电机,这意外引起了火花。青蛙抽搐了一下。这令伽伐尼震惊。在发电机和青蛙之间没有通常的连接的情况下,他想不出有什么明确的途径可以把电传导给这只死去的动物。在没有任何外部电刺激的情况下,青蛙怎么会抽搐呢?

现有的假说都未能给出令人满意的解释,从那一刻起,伽伐尼就"被激起了熊熊斗志",正如他后来在手稿中所写的那样。[19] 他开始执着地改变各种条件重复该实验,使用任何可用的"人造"电源——莱顿瓶、静电起电机——并依次把青蛙移近或移远,而青蛙每次都抽搐。

这使伽伐尼陷入了一些误区。起初,他认为实验室里有某种大气电在青蛙体内积聚,当青蛙的腿被触摸时,这种电就会释放出来。1786年,伽伐尼决定构建一个新的实验,试图从不同的电源得到相同的结果。为了与富兰克林的闪电实验相呼应,他做了一个有点儿怪诞的实验,而这个实验也定义了日后他在公众心目中的形象。他把剥了皮的青蛙用钩子挂在阳台的金属栏杆上,青蛙的肌肉连接在一根长长的金属丝上,金属丝指向天空,此时天空乌云密布,雷声隆隆。果然,远处的闪电对悬挂在金属栏杆上的青蛙产生了和人造火花相同的效果:它们的腿踢出了一段僵尸康康舞**。(几十年后,伽伐尼因此获得了"青蛙舞蹈大师"的绰号。)

他决定对此研究到底,并在晴天做了同样的实验。结果,尽管天气晴朗,青蛙的腿还是不时踢起来。伽伐尼看了看天空,没有"暴风雨大气电"的迹象。于是他走近青蛙。观察了一段时间后,他开始意识到,它们的抖动与暴风雨无关,而是与铜钩撞击金属栏杆的运动相

---

* 1英尺=0.304 8米。——编者注
** 康康舞,一种带有高踢腿动作的快节奏舞蹈。——编者注

吻合。他走到一只青蛙跟前，把悬挂青蛙的钩子按到栏杆上。青蛙的腿收缩了。他放手，青蛙的腿松弛下来。他一次又一次地按压，每次他这样做，青蛙的腿就像接到命令一样做出反应。

每当操纵钩子时，青蛙就会跳起来，这说明青蛙体内有某种东西，也许是青蛙自身蕴含的一种闪电。或者像伽伐尼后来猜测的那样，是青蛙体内的一个莱顿瓶。这个猜想可能会改变一切。

伽伐尼把青蛙带回了他的实验室，此时他正努力避开任何远处闪电的影响，他认为这是刺激它们神经的原因，就像他之前实验中远处的火花一样。他把一只仍然挂在钩子上的青蛙放在一块金属板上，远离任何起电机。青蛙腿又跳了起来。当伽伐尼描述这个实验时，你可以感受到那种紧张和兴奋。不存在可能的外部电源——他把所有的电源都移除了。这只意味着一件事：这证明电脉冲来自动物体内。或者，用他的话来说，是一种让身体按照"灵魂的指示"行动的机制。在用数页篇幅列举了他众多实验之后，这是他第一次敢于在文章中写下"动物电"这个词。[20]

但他没有马上发表这一发现。科学家、天主教修士、伽伐尼传记作家波塔米安将此归因于他的坚忍性格："他没有那种强烈的宣传欲望，不像那些小人物在第一次远远瞥见新的真理时，就迫不及待地把他们的初步发现发表出来。"[21] 又过了5年，他才确信这一现象不可能有其他解释。18世纪90年代初，伽伐尼发表了一篇名为《论在肌肉运动中的电作用》的53页论文。它刊登在博洛尼亚科学研究所的官方出版物《评论》上，用拉丁文印刷，发行量很小。尽管如此，它还是像野火一样蔓延开来。历史学家认为亚历山德罗·伏特获得了该论文的早期副本，这可以解释为什么他能如此迅速地从中作梗。[22]

野心勃勃的电学家

亚历山德罗·伏特的境遇与伽伐尼也并非全然不同。他在坐落于科莫湖畔的伦巴第大区小城科莫长大,他的家庭是小贵族。伏特家族的财富来自土地和财产收入,伏特和他的兄弟们从一个富有的亲戚那里继承了更多的遗产。这个家族在科莫和米兰拥有几处地产。[23] 伏特本可以效仿当时贵族子弟的流行做法,尽情享受他的财富,并以一名业余自然哲学家的身份放纵自己沉溺于好奇心,他却不满足于将来只在外省乡下过一种默默无闻的安逸生活。虽然他按传统信奉天主教,但他的首要任务是跻身自然哲学家的行列,他把这些哲学家尊为新启蒙时代的先驱。16岁时,他在一首对科学极尽溢美之词的赞歌中写道:"新时代正在摧毁'盲目迷信'和旧时代人们的谵妄。"[24] 与他对理论生理学——包括"动物精气"和"神经体液"——的总体轻蔑态度相对应的是,伏特对具有可检验假设的物理科学大加赞扬,称其为"有用的科学"。

在他看来,新兴的电学是理性时代战胜迷信的突出表现。例如,他认为富兰克林证明闪电是一种电现象,而不是像古代迷信那样认为它是由"火元素"引起的,这表明现代自然哲学家无疑已经确立了他们对世界的超然理解。伏特最向往的便是成为自然哲学家,而不仅仅是成为一个学术界的"文人学者"。"电学家"的头衔是伏特梦寐以求的。

他如饥似渴地阅读着这些电学巨擘的著作:富兰克林、穆森布罗克和詹巴蒂斯塔·贝卡利亚。后者与巴斯一道将富兰克林的思想介绍给了欧洲。为了加入这个声名显赫的集团,伏特采取了一种不寻常的方法:他开始给他们写信,而且是经常写信。当时,在没有资历或关系的情况下给这些大人物写信被认为是非常莽撞的行为。他那时只有18岁,却邀请别人对他稚嫩的电学理论发表评论,就好像他是一位教授,在与自己的同侪闲聊。最后，他把自己的长篇论文寄给了贝卡利亚。

贝卡利亚一年后才回复，当他终于回复的时候，信件只有他最近发表的一篇论文，他在文中阐述了他最近的新电学理论，这是一个基于不同物质的摩擦以及它们各自"发出"或"接收"电流体倾向的曲折推导。然而，他的假设被当时其他有影响力的电学家礼貌地忽视了。这可能已经让贝卡利亚痛苦不堪了，但紧接着他又要面对一个年轻新秀即伏特的刁难，后者竟胆敢指出贝卡利亚的理论与他自己的（完全未经认证的）新电学理论不一致，这无疑是压垮骆驼的最后一根稻草。又进行了几次无果的交流后，明显受到冒犯的贝卡利亚"请"伏特"对电学问题保持永远的沉默"。[25]

伏特并未作罢，而是在随后几封信中把主题转移到别的话题上，但他心里对这种轻蔑耿耿于怀。因此，当他向他迅速壮大且志同道合的一干书信往来者中的另一位成员提出他的理论时，他对任何建议都能虚心接纳。保罗·弗里西——他和伏特一样对贝卡利亚的想法反响平平——建议伏特，与其写更多的信和他打交道，不如"把重点放在科学仪器上，而不是有争议的理论上"。[26]

那时，伏特萌生了一个新的抱负：不仅要成为一名电学家，还要成为一名电学教授。为此，他首先需要扬名立万。他开始研制一种新仪器，用于证明他关于吸引力在电中的作用的相关理论，以此来巩固自己的声誉：他的发明便是起电盘，一种提供"永久"电力来源的新工具。用"永久"这个词也许太夸张了，但与莱顿瓶相比，起电盘确实有了长足进步，它可以发出100次电击，然后才需要再次充电，你甚至可以用莱顿瓶充电，而不用摆弄琥珀和丝绸。伏特在帕维亚最重要的政治赞助人卡洛·菲尔米安对他的评价是"成效卓著"。他毫不保留地称赞伏特"为你的国家，为整个意大利——科学和艺术之母争光"。几个月后，时年34岁的伏特成为所在大学实验物理学系主任，但他仍然没有获得他渴望已久的尊重。

其中一个原因是，另外两位实验哲学家在几年前也发明了一种类似于起电盘的仪器，很难相信伏特从来没有听说过这种仪器，也没有听说过其发明者。而另一个事实也加深了这种怀疑：伏特一直是个工具主义者，而不是理论家，他始终无法令人满意地解释他的仪器是如何工作的，也无法解释它是受什么定律支配的。面对质疑时，他支支吾吾地说要写一篇论文，但当他（非常拖沓地）着手写论文时，他意识到，实际上他可能永远都不需要发表这篇论文。真正重要的是，这项发明已经令他作为电学家声名鹊起。由于伏特建立了广泛的社会和专业人脉，起电盘被送到了伦敦、柏林和维也纳等城市的电学家手中。除了少数脾气暴躁的诘难者，其他大多数电学家并不关心理论如何，只要它能提供一种帮助他们更好地从事科学研究的工具就行。虽然有些人此时已称他为"电学的牛顿"，但诘难者并没有完全消失，他们嘲笑他那篇单薄的论文——他仍然缺乏令人信服的解释[27]，但还是发表了论文——并继续私下传播他窃取了发明该装置功劳的流言。16年来，他一直无法摆脱这种谣言，即便他发明了一种真正改变游戏规则的工具——静电计。这种工具可以测电，而不是起电，是有史以来最灵敏的电探测器。

然而，他的批评者仍然嘲笑他是"电子娱乐物件"的发明者。[28]就在那时，也就是1791年，心怀戒心、脾气暴躁、有点儿伤到自尊心的伏特第一次读到了那份《评论》的副本。

伏特大变脸

最初，伽伐尼的手稿使伏特很高兴。虽然这位电学家本应该因为对生理学家的偏见而心生不快，但当他自己重复伽伐尼的实验时，他为此心悦诚服。那年春天，他兴奋地说道："我已经改变了（对动物电的）想法，从怀疑变成了狂热。"他立即写了一篇论文回应伽伐尼的手稿，并在1792年春天将其引介为"在物理学和医学科学历史上足以称得上划时代的伟大而辉煌的发现之一"。在论文的结尾处，伏特写道，伽伐尼拥有"这个伟大而惊人的发现的所有功绩和灵感来源"。[29]

但这种热烈的赞许之情并未持续多久。在他第一篇文章发表后仅仅14天，他的热情就大大消退了。[30]他随意地提出了蛙腿收缩的另一种解释——他说是伽伐尼使用的金属产生了电荷——并指责伽伐尼对电学的一些基本定律一无所知。伏特已经了解材料如何在无须接触的情况下对远处的电源做出反应。他开始觉得，如果伽伐尼知道这个定律，他也许就会正确地确认挂钩的材料才是青蛙收缩的原因，而不是青蛙体内的电。

伏特不是唯一一个态度由热转冷的人。意大利医生欧塞比奥·瓦利曾访问法国科学院，在那里演示伽伐尼的实验。[31]瓦利是最早发表关于动物电的支持论文的人之一，他在论文中写道，伽伐尼的发现让他"几个晚上都兴奋得睡不着"。在目睹了这些演示之后，法国科学院启动了一系列的重复实验，这是他们惯常的将有希望或有争议的研究付诸实践的方法。[32]它任命几位知名的科学权威人士加入委员会，其中包括法国物理学家库仑，他后来描述了静电力的引力和斥力，他的名字现在被用作国际单位制中的电荷单位。然而，该委员会翘首以盼的研究成果从未实现。科学史学家克里斯蒂娜·布隆德尔指出，伽伐尼为他的实验提供的"理论解释存在不确定性"：这其实是暗示委员会怀疑伽伐尼只是把旧迷信粉饰成了新科学。[33]无论具体情况如何，报告胎死腹中，法国科学院也没有做出任何表态。

伏特没有持这样的保留态度。伏特做了更多的重复实验，并开始怀疑伽伐尼严重误解了他自己的实验结果。问题在于：当伏特做实验时，青蛙的肌肉并不总是收缩。有时会，有时不会，伏特认为他发现了一种规律。当他用一根由两种不同金属（例如锡和银）制成的导线连接青蛙的各部位时，青蛙腿一定会抽搐。但如果只用一种金属制成的导线呢？青蛙腿既有可能抽搐，也有可能一动不动。这种规律让伏特怀疑，也许伽伐尼看待这个实验的视角反了——电流不是来自青蛙体内某种固有的生物电，而是一直从外部进入青蛙体内。也许是导线中的金属产生了电。

有一件事仍然让伏特备感痛苦：他的电学成果为他赢得了教授职位，但没有赢得理论上的赞誉。因此他继续致力于建立一种普遍的电学理论，以巩固他作为一位杰出理论家的声誉——他认为自己已经在伽伐尼误解的结果中找到了答案。伽伐尼的论文出版6个月后，伏特发表了另一种关于青蛙腿收缩的解释。文中他先声夺人地驳斥了伽伐尼的观点，他写道："将动物精气等同于流经神经的电流体，是一种'似是而非'的解释，但在面对相反的实验结果时，这种解释将不得不被放弃。"[34] 在他看来，收缩的青蛙腿实际上展示了插入青蛙体内的金属线中"金属差异性"的力量。毕竟，如果青蛙腿抽搐的原因仅仅是动物电的不平衡，那么连接青蛙四肢的导线的构成应该对结果没有影响。但正如伏特自己的实验所表明的那样，这一点确实有重大影响。他写道，要想保证抽搐，你需要一根由"两种不同种类或在硬度、光滑度、光泽等方面存在差异的金属"制成的金属线。

伏特假设，任何两种不同金属之间的接触都能自动产生电。他说道，金属"不应再被视为单纯的导体，而应被视为真正的起电机，因为仅仅通过它们的接触，就能产生电能"。[35] 随着他对自己的解释越发有信心，他的语言也变得愈加咄咄逼人。他在一篇论文中写道："我们没有理由认为这里有一种自然的有机电在起作用。"在同一年年底发表的一封公开信中,他抛出了一个挑衅问题:"如果事情就是这样,那么伽伐尼所说的动物电还剩下什么依据呢?整座理论大厦都有倾塌的危险。"

许多尚在犹豫的科学家被伏特这些有力的宣言动摇,伽伐尼的青蛙现在正被架在火上烤。作为回应,伽伐尼做了一个新的实验。而伏特也用自己的一个实验进行了反击。就这样你来我往:实验和反实验,每一个实验都是为了确凿地证明另一个是错的。尽管如此,二人(在很大程度上)仍然保持着绅士风度:直到1797年,当他们对青蛙实验的解释分歧变得无法克服时,伽伐尼仍然强调伏特的"博学"和"睿智",伏特也称伽伐尼的实验"非常出色"。

他们同时代的人却顾不得这种风度了,他们早已分裂成了敌对的派别,进行着一场代理人战争。医生乔瓦奇诺·卡拉多里认为,伏特的声明是"如雷贯耳的真理"。化学家瓦伦蒂诺·布鲁尼亚泰利夸夸其谈地宣布,伽伐尼的理论在"一个可怕对手的反复攻击下"遭到了"毁灭性瓦解"。伽伐尼最忠实的支持者之一是他的外甥乔瓦尼·阿尔迪尼,他不仅参与了实验,还亲自撰写了一些出版的论文。他被那些在他看来毫无根据的攻击激怒了。他在给伏特的一封信中讥讽道:"如果只要有一点疑问,科学观点的良好声誉和完整性就受到质疑,那么我们肯定不能提出多少理论,甚至没有理论。"

至于伽伐尼本人,他坚定不移地反驳了伏特关于他无法用单一金属引发蛙腿收缩的说法。"我可以向你保证,我不是像伏特所说的那样只观察到了几次收缩运动,而是做了很多次实验,所以在上百次实验中,这种效果不是只发生过一次,"他向他的老朋友拉扎罗·斯帕兰扎尼解释道,"这些实验最近也被其他精通这类研究的人复制了,而且他们从未失败过。"他还解释说,这种差异很大程度上是其他研究人员使用死亡时间超过44个小时的青蛙造成的。此外,他们并不一定遵循伽伐尼严格的预制方法。

至此,许多科学家加入了这一行列,以至于欧洲的青蛙开始短缺。"先生,我想要青蛙,"瓦利在重复一项实验时跑出去告诫一位同事,"你必须找到它们。如果你找不到,我永远也不会原谅你的,先生。"[36]

在此期间,没有人能对动物电的有效性得出一个明确的结论,这种电越来越多地被称为"流电"(galvanism)。在第一个法国科学院委员会无疾而终后,1793年,接力棒传递给了巴黎学术团,一个以"重复可疑或鲜为人知的实验"为明确使命的实体。然而,学术团没有聘请伟大的物理学家,而是让三个业余科学家来管理第二个委员会。[37]尽管他们对伽伐尼的敌意似乎有所减少,但他们还是无法对"流电"做出明确的判断。

到了1794年,伽伐尼已准备一劳永逸地宣告胜利。他明白,要想取得胜利,就必须证明不借助任何金属也能使蛙腿收缩;如果他能在不使用金属线的情况下同样让蛙腿抽搐,伏特就不得不认输。于是,在对最初的实验进行了一系列令人筋疲力尽的修改之后,他终于能够去掉那根"捣乱"的金属线,以解剖学家的精确操作,通过外科手术将青蛙的肌肉与神经直接连接,而这条腿照常跳了起来。

于是一切终于尘埃落定了:无可辩驳的证据表明,内在电会流经动物组织(其残余至少在动物死后保留一段时间),且与任何可能的外部金属电源完全隔离。长期以来,他一直认为肌肉就像一个莱顿瓶,导体可以释放其火花,而这个实验证明了在动物组织中,神经就是导体。伽伐尼发表了论文。他强大而忠诚的朋友拉扎罗·斯帕兰扎尼倚仗自己的声誉,宣称伽伐尼成功地"驳倒了反对意见"。

现在,人人都想站伽伐尼这一边。瓦利代表伽伐尼宣布胜利,他说道:"金属不具备秘密的神奇力量。"这一派的队伍壮大了:曾称伏特的声明是"如雷贯耳的真理"的卡拉多里弃伏特而去，投奔对手；号称伽伐尼遭遇"毁灭性瓦解"的布鲁尼亚泰利也是如此。（事实上，在第三次实验之后，布鲁尼亚泰利便声称他的青蛙"在没有金属帮助的情况下"也能运动了。[38]）在不久后写给斯帕兰扎尼的信中，伽伐尼的欣慰之情溢于言表，他感谢斯帕兰扎尼的支持。"这是再礼貌不过的感谢了，"他写道，"这封信让我的心灵获得了极大的平静，之前它确实相当浮躁不安。"

伽伐尼和他的支持者确信，新的结果将最终结束这场争议。甚至有传言说，1794 年 12 月，瓦利在帕维亚遇到了伏特，并使后者"皈依"了他。这则谣言自然无根无据，而伏特为此勃然大怒。他立即给都灵科学院的秘书安东·玛丽亚·瓦萨利写了一系列信件，详细剖析伽伐尼的最新论文以及它所产生的社会影响。"这些实验给很多人留下了深刻的印象，把他们引向了伽伐尼的阵营，而他们本来已经或将要认同我完全不同的结论。"如果伽伐尼没有错，那伏特就不可能是对的。

在写给瓦萨利的信中，伏特提出了他的驳论。他的理论是，也许肌肉和神经之间的连接并不是证明"动物电"理论的制胜一击。因为如果像金属一样，不同种类的组织只要有足够大的差异，也能让非常微弱的电荷在它们之间传递呢？换句话说，也许神经和肌肉只是生物版本的锡和银；它们之间存在的差异，使其一旦接触，就会产生电流。

伏特受这一顿悟启发，回到了在伽伐尼最初的实验中引导他研究金属差异的发现：异导体理论。他决定把他的金属接触理论扩展到金属以外。他宣布："两个不同的导体只要连接在一起，就会产生一个推动电流体的作用。"只要电路是闭合的，只要材料非常不同，"就会不断地激发一些电流"。即使是肉也可以是导电材料，只要它与另一种足够不同的肉结合。舆论又一次转向对伏特有利。

经过几个月的尝试，伽伐尼终于弄清楚如何连接两条极其细小的纤维，他突然意识到接下来要做的事：连接同一只青蛙体内的两条神经，而不是连接肌肉和神经。他将青蛙左坐骨神经的切端与右坐骨神经对齐，然后将右坐骨神经的切端与左坐骨神经对齐。在同一种动物体内，这是完全相同的组织。无论是金属的还是生物性质，都没有任何可以想见的区别。结果还是两条腿都跳了起来。[39]

这样，他就推翻了伏特对动物体内固有电流的最后一个反驳意见：根据伏特自己的逻辑，由完全相同的材料组成的两根神经不可能产生任何电荷。这意味着在神经中观察到的电流不可能有其他的解释——它必须有一个生理上的来源。伽伐尼在 1797 年将他的手稿寄给了斯帕兰扎尼，斯帕兰扎尼毫无保留地积极回应了他。"因其新颖性，因其学说的重要性……因其清晰明了的精彩文字表述，在我看来，这篇论文堪称 18 世纪物理学中最美丽、最有价值的论文之一，"他宣称，"有了它，你就建起了一座大厦，凭借牢固的地基，这座大厦将在未来的几个世纪中屹立不倒。"这是一个颇有先见的声明。这一系列实验是奠定所有电生理学基础的根本性实验。无论是伏特还是动物电学领域的其他对手，都从未超越它。

这本应结束所有争论。伽伐尼本应收获他多年实验的成果。在一个公正的世界里，伽伐尼会获得各种奖项和荣誉，他的成功也会带动电生理学研究的蓬勃发展，这些研究的重点则是确定流经神经的究竟是哪种电流。

但事实并非如此。相反，科学界几乎未曾注意到伽伐尼这漂亮的"致命一击"，这一击几乎永远销声匿迹了。这是因为在那个时候，伏特即将推出他那改变世界的工具：电池。伏特一直忙于将他扩展后的接触电学一般理论转化为物理装置。根据这一理论，伽伐尼最初实验中的青蛙只是一种闭合了两种不同金属间的电路的潮湿材料——一种"潮湿导体"而已。那为何不创造一只人造的"青蛙",用湿盐水代替湿青蛙呢?

果不其然,伏特发现将两个不同金属的圆片堆叠在一起,中间用浸泡了盐水的纸板隔开,两端用导线连接,就能产生火花。圆片堆得越高,火花就越大。这让伏特更加坚信,伽伐尼的假设本末倒置了,并且这有助于他向其他科学家推销自己的故事版本。伏特声称,伽伐尼所做的实际上只是创造了一个半生物版本的"伏特电堆",其中的盐水被更为笨重的青蛙取代。去掉这个过于复杂的部分,就得到了一个能够持续储存和释放连续电荷的装置,换句话说,就是一个最基本的电池。

对伽伐尼历史地位的最后一击不是来自科学,而是来自政治。当时博洛尼亚已经屈服于法国对意大利北部的占领。在拿破仑军队保护下建立的奇萨尔皮尼共和国坚持要求每一位大学教授都必须宣誓效忠其权威。到1798年,伏特和斯帕兰扎尼已经宣誓,但伽伐尼仍然坚持己见。[40] 他无法让自己向一个与他的社会、政治和宗教理想存在如此大的冲突的权威做出这样的让步。他的第一位传记作者朱塞佩·文图罗利写道:"他认为,在如此严肃的场合,除了清晰准确地表达自己的情感,他不应该允许自己做任何事情。"这位作者在伽伐尼与伏特的论战期间是博洛尼亚大学的教授,他一直是坚定的伽伐尼派。他继续写道:"他还拒绝接纳别人的建议,即用一些违背其原则的伎俩来修改誓言。"伽伐尼拒绝宣誓的代价是沉重的,他被剥夺了所有的学术职务,没有收入,没有财产,也没有目标。1798年,经过长时间的考虑,共和国政府决定不追究他的拒绝行为,恢复他的职务。但这一决定来得太晚了,当命令下达时,他已经去世了。

出于寻找他心目中上帝的"生命气息"的迫切使命感,伽伐尼在实验室里与青蛙的尸体为伴,度过了无数个小时,其间他经历了妻子离世的心碎,也经历了自己科学发现的有效性受到公众攻击的折磨,却仍然不改初衷。但是，人终究是有极限的。1798年12月4日，伽伐尼在博洛尼亚的兄弟家中去世，穷困潦倒，痛苦不堪，并被剥夺了所有头衔。

1800年，伏特向伦敦皇家学会主席公开演示了伏特电堆，正式宣布了他的胜利。而此时，这个惊人的新发明问世的消息已经广为传播——他从1797年就开始撰写相关草稿，当然也和同事们分享过自己的发明。他彻底赢得了胜利。电池推翻了伽伐尼关于动物电存在的说法——不是因为伏特证明了这一点，而是因为他是如此宣告的。

除了像斯帕兰扎尼等少数顽固的伽伐尼拥护者，伏特电堆将科学界拉到了伏特这一边。曾说过"如雷贯耳的真理"的卡拉多里最后一次换队，支持伏特，与他一道的还有说过"毁灭性瓦解"的布鲁尼亚泰利。[41]

由于失去了领导者，对动物电的严肃研究也就不了了之。无论是伽伐尼还是他的支持者，都无法用任何一种静电计测量动物电。当时的仪器根本无法探测到微弱的电流。伏特电堆对伏特的金属接触电概念的支持可谓立竿见影，可在法国和其他国家进行的大量研究中，没有一种仪器能够对动物电理论给予支持。伏特可以用一种工具和许多应用案例来证明他的理论，而伽伐尼做不到。

伽伐尼实验的一个重要局限是，他始终无法将动物电的来源与检测器分开——它们都是青蛙。伏特的研究中就没有类似的困境。这使伽伐尼处于非常不利的地位，因为他的实验混淆了术语。

因此，虽然伏特发明的电池本身并没有推翻伽伐尼关于动物电的任何理论，但它有效地阻止了所有进一步的挑战。伏特改变了辩论的题目，让他同时代的人被这一装置及其展现的潜力深深吸引，以至于忘记了最初的争论是关于什么的。伽伐尼的观点与其说是被否定，不如说是被抛弃了。

余波

在伏特取得胜利后,伽伐尼的理论被科学界回避了近半个世纪。"流电"很快成了一干庸医及其令人毛骨悚然的伪医学电疗法的代名词。与此同时,电池——及其带来的首次能够保持连续流动的"人造"电——迅速成了 19 世纪物理科学中许多最重要成果的基础。它让迈克尔·法拉第提出了电磁学定律,从更实际的角度来说,它为电报、电灯、门铃以及最终的电线提供了动力。在物理学家的手中,人造电改变了人类文明。

如果说伽伐尼和伏特之争为我们今天所理解的生物学和物理学的分离奠定了基础,那么这仅仅是一个开端。最终,有人用更先进的工具探测到了通过青蛙腿的微弱电流,但为时已晚。一种观念已经在人们的脑海中扎根:电不是生物学的范畴,它适用于机器、电报和化学反应。一直到 20 世纪,生物电的研究才重新成为一种正规的科学追求,而即使在那时,它也是在一个更为狭隘的背景下回归的。

历史学家马尔科·布雷萨多拉和马尔科·皮科利诺指出,在博洛尼亚以外,即使在伽伐尼去世两个世纪后,他对科学的贡献仍然主要被描述为一个一无所知的解剖学家,只是靠偶然得到的见解帮助伏特发明了电池。但在伽伐尼死后立即有此名声的人并不是伏特——事实上,这个人绝对是你最意想不到的。

第 2 章

夺人眼球的伪科学

乔瓦尼·阿尔迪尼一直在寻找一具完美的尸体。不是从坟墓里挖出来的那种——应该尽可能新鲜，以尽量减少生命力的消散。也不能是在疾病折磨下慢慢死去的人，因为"腐烂病"可能会污染其体液。[1]当然这具尸体也不能太过支离破碎了。理想的尸体应该是一具前主人直到死前一刻都一直健康的完好的躯体。

阿尔迪尼在当时的欧洲可谓名声大噪，因为他在比青蛙大得多的动物身上演示了伽伐尼的实验，其产生的效果也往往十分骇人。他最近给一只被斩首的狗通电，以给包括皇室成员在内的一群人提供消遣，这与早期的一些电的娱乐性表演类似，但风格更黑暗一些。[2]他迫切地想证明伽伐尼发现的动物电以同样的方式存在于所有动物身上——对青蛙和人类来说也是如此。为了证明这一点，他不惜使用伏特的电池和任何夸张的表演。

阿尔迪尼也可谓占据了天时地利：那是 1803 年的英国，半个多世纪以来，《谋杀法》中一直有一个条款不曾变过，而这将为他奉上他所追求的尸体。在被定罪的凶手公开处以绞刑后,他们赤裸的尸体将在公开场合被剥皮。如果这看起来很过分,那绝对是有意为之的——这种"更深层的恐怖和不寻常的恶名"是为了给潜在的谋杀者多一点的犹豫时间,以更好地防止"可怕的罪行"。[3] 正如阿尔迪尼后来写的那样,虽然并不清楚这种刑罚是否也能更好地帮助他们赎罪,但由于另有法律禁止挖掘尸体,该法律还是带来了一个更方便的次要好处——为那些致力于提高技能的皇家外科医学院的医学生和讲师提供了源源不断的尸体。[4] 那里的研究员曾邀请身处意大利的阿尔迪尼来演示他的实验,正是这些实验最近使他在欧洲声名鹊起。[5] 因此,当被判有罪的杀人犯乔治·福斯特在新门监狱的绞刑架上被绞死后,他的尸体被运到城市另一端的皇家外科医学院,阿尔迪尼正在那里紧张地等待着。

房间里挤满了杰出人士、科学家和绅士,颇有点摩肩接踵的感觉。协助阿尔迪尼的是后起之秀约瑟夫·卡普,他是约克公爵医院的外科医生兼解剖学家,也是向阿尔迪尼发出邀请的人;还有帕斯先生,外科医生公司的管事,他的任务是确保阿尔迪尼在解剖过程中遵循所有适当的规程。[6] 但让阿尔迪尼捏一把汗的并不是面前的人群,他已习惯于在上流人士面前表演。

当天让他忧心忡忡的是寒冷的天气:当时是1月,尸体在零下2℃的温度下被悬挂了1个小时。寒冷可能会阻碍动物电在尸体内的流动,使他的实验成为一次耻辱的公开失败。他将希望寄托于那些摆在福斯特尸体上的一大堆锌和铜交替排列的圆盘上,它们正随时准备向死者的神经系统输送"流电体液"。

阿尔迪尼将连接在电堆两端的两根金属线的尖端浸入盐水中,使其湿润。当他小心翼翼地把它们塞进福斯特的耳朵时,结果并没有让人失望。据《泰晤士报》的一篇报道,死者的下巴开始颤抖,"相邻的肌肉可怕地扭曲了,左眼实际上睁开了",给了在场众人一个可怕又粗俗的贬眼。[7] 在接下来的几个小时里，阿尔迪尼的团队使死者身上从胸部到臀部的每一根神经和每一块肌肉都裸露出来，以进行电实验。

福斯特并不是阿尔迪尼经手的第一具罪犯尸体。在此之前，他在博洛尼亚和巴黎花了一年时间，在其他被绞死和斩首的罪犯的头部和身体上完善了他的电刺激技术，更不用说在他的实验桌上除了为数众多的意大利青蛙，还有几十只或死或活的羊、狗、牛和马。正是这些动物实验让他萌生了一个极富戏剧性的演示想法。

当阿尔迪尼将一根导线插入死者的直肠时，根据他的记录，尸体的抽搐"比之前的实验要强烈得多"。事实上，抽搐强烈到"几乎给人一种死者复活的感觉"。据《泰晤士报》报道，在这一刻，"一些不明真相的旁观者竟以为这个可怜人即将起死回生"。一些观众拍手叫好，另一些则深感不安。帕斯先生则被实验桌上的景象吓坏了，当晚回家后就去世了。[8] 对阿尔迪尼来说，这个实验是成功的。

这一壮观的公开演示催生了许多模仿者，历史学家甚至将福斯特经受的电刺激与玛丽·雪莱创作《弗兰肯斯坦》的灵感联系起来。令人惊讶的是，阿尔迪尼的初衷并不是通过表演让死人复活来取悦乏味的皇室成员。驱使他走上这条道路的，是一种更为崇高的念头：恢复他敬爱的舅舅的名誉。但与小说中的弗兰肯斯坦博士如出一辙的是，他的痴迷超出了科学所能接受的界限，这最终使他沦为一个笑柄。他将成为科学界的弃儿。他的实验既没有令身首异处的死者复生，也没有重振他家族的声誉，反而在接下来的40年里，使严肃的动物电研究被驱逐到无人问津的领域，充斥其间的唯有庸医和江湖骗子。

阿尔迪尼的招数

阿尔迪尼对伽伐尼的忠诚不仅事关家族荣誉，他还是他舅舅最亲密、最重要的科学合作者。他亲自撰写了这位解剖学家的一些著名通信——"伽伐尼"和伏特之间那些最激烈的交锋，实际上是在伏特和阿尔迪尼之间进行的。[9]但伽伐尼去世后，便少有人能继续推进对动物电的严肃科学研究。

1801年，拿破仑治下的法国科学院成立了一个委员会（这是多年来的第五个委员会），悬赏6万法郎，奖励能在动物电研究上做出伏特在金属电或人造电上所做同等贡献的人。[10]（以今天的货币计算，这笔悬赏价值约为86万英镑。）尽管奖金丰厚，但无人认领。当时没有人能制造出在动物电领域中重要性堪比电池之于人造电的东西。此外，许多人还错误地认为接受金属接触理论就必须摒弃动物电，因为伏特（拿破仑非常赏识他）被证明是正确的，所以伽伐尼必然是错误的。

阿尔迪尼急于阻止这种想法成为官方公认的普遍观念。他对他舅舅试图建立的科学体系的基础早已了然，也对论辩对手破坏这一基础的伎俩心知肚明。尤其令阿尔迪尼感到痛苦的是，他们最得意的论文——那篇被斯帕兰扎尼誉为"18世纪物理学中最美丽、最有价值的论文之一"的论文——已经被遗忘了。在这篇论文中，伽伐尼一劳永逸地成功证明了神经电可以激发神经组织。它本应揭穿伏特的一个谎言：死青蛙收缩的唯一的原因是两种不同的肉接触时产生了某种形式的金属电。事与愿违的是，这份文件被湮没在了围绕着伏特电堆的一片喧嚣之下。

因此，在他舅舅去世后，阿尔迪尼的初步研究便专注于这个实验背后的基础科学，以及如何能通过这个实验加深对动物电的理解。1798年伽伐尼去世前，阿尔迪尼在博洛尼亚担任物理学教授。这是一个颇有声望的职位，正可继承他舅舅的未竟事业，阿尔迪尼利用这个职位创办了博洛尼亚伽伐尼学会。

伽伐尼几乎只在青蛙身上做实验。因此，阿尔迪尼的首个实验将他舅舅的研究扩展到了温血哺乳动物身上。他1804年发表的论文《电生理学理论与实验》充满了冗长而重复的实验记录，在这些实验中，他和他在伽伐尼学会的合作者试图理解"动物体内"的电化。在一个典型的实验中，他把几头小牛的头放在一条被称为"串联"的导电线上，并用由此产生的动物电流让一只死青蛙呈现出猛烈触电状态。但当他试图把实验反过来，将青蛙神经产生的动物电流应用于牛头上时，他发现结果不那么显著，甚至令人失望。所有这些实验都成功复制了伽伐尼的原始想法，即所有动物体内都流淌着相同的电物质，但没有一个能产生万众瞩目的重大结果或新颖的见解。

在某种程度上，阿尔迪尼似乎已经清楚地认识到，为了保持科学界对伽伐尼电学的兴奋度，他需要做到5个委员会均未能做到的事：找到一种方法，使他舅舅的发现与涉及人类的医学相关联。就在这时，他的注意力迅速转移，阿尔迪尼突然对伏特电堆所产生的"流电体液"有了新的认识。他在1804年的《随想录》中回忆道："伏特教授设想的电池让我想到了一种方法，它比迄今为止我们用来估算生命力作用的任何方法都更简洁。"[11]

对阿尔迪尼来说，捏着鼻子使用这一给他舅舅带来厄运的工具一定很困难，可一旦他掌握了诀窍，便立马取得了诸多成果。他利用电堆持续供电的能力，在动物尸体上做了大量引人瞩目的实验。他将导线插入动物的直肠腔，并经常对随之而来的不可避免的猛烈排便进行详细描述。他还开始尝试电击动物以及自己大脑的不同区域；他用电堆向自己的颅骨施加了电击，这导致了数天的失眠，但同时也产生了一种奇怪的兴奋感。

这些实验让伽伐尼学会的其他成员非常着迷：如果对头部的电击能让阿尔迪尼感到兴奋，那么它还能做些什么呢？他们分析并重复这类实验,直到最终形成了关于电疗如何改善疾病状况的新理论。最有希望改善的疾病是癫痫、一种被称为"舞蹈症"的瘫痪,以及当时被称为"忧郁疯狂"的疾病,也就是我们今天所理解的难治性抑郁症。此时,他们需要的只是实验对象。

1801年,阿尔迪尼在博洛尼亚的圣奥尔索拉医院发现了一个名叫路易吉·兰扎里尼的27岁农民,他因抑郁症而精神错乱,已被宣布康复无望。[12]阿尔迪尼剃光了兰扎里尼的头发,用一个弱电池刺激他的头皮。在接下来的一个月里,他慢慢加大电流,兰扎里尼的症状似乎有所减轻,最终他已可以出院,并交由阿尔迪尼监护。大约1个月后,阿尔迪尼认为他已经康复,可以送他回家与家人团聚。

这一成就迅速传播开来,到1802年,法国科学家在巴黎成立了自己的伽伐尼学会分会。他们致力于实现阿尔迪尼的目标,即不惜一切手段提高伽伐尼电学(或电疗法)作为一种正规研究的声誉。约瑟夫·卡普,这位曾协助阿尔迪尼进行福斯特实验的外科医生后起之秀称,巴黎伽伐尼学会的拉格拉夫先生用盐水浸湿的各有60层的人脑、肌肉组织和帽子材料(你没看错)制成了一个伏特电堆。[13]据称,它的作用是"决定性的"——它产生了电流。这又提供了另一个证据,证明动物电不仅存在于动物组织,还存在于人体组织,且同样重要。

伽伐尼式电疗法始终无法完全摆脱其与巫术和江湖骗术的联系。历史学家克里斯蒂娜·布隆德尔指出:"(伽伐尼学会的)一些成员陷入了'流电魔术'的泥潭。"但该团体的大部分研究受到了法国和外国科学杂志的关注,甚至受到了鼓励。[14]法国著名的精神病学家开始向阿尔迪尼咨询如何使用电堆来恢复病人的健康。

但那时,阿尔迪尼已经把目光投向了一个全新的"病人"群体:他开始研究如何用电化使死者复活。[15]需要说明的是,他的目标绝不是拼凑出某种弗兰肯斯坦式不死人偶——阿尔迪尼指的是在意外溺水、中风或窒息后处于明显可逆的"假死"状态的人。[16]

阿尔迪尼一直在努力争取将电疗法——特别是头部的电击——纳入紧急复苏的常用方法，这些方法还包括氨水和一种心肺复苏的雏形，即向暂时假死者的肺部呼气。阿尔迪尼坚持认为，在这两种疗法的任何一种的基础上再施以电击，"都会比单独使用任何一种疗法产生更大的效果"。他还开始游说，希望将电化作为一种研究工具，以确定某人的死亡是否真的不可逆转。"最好能在所有国家通过公共权威机构，由开明且有能力进行必要测试的人来确定死亡是否不可逆转。"

当然，今天我们大家都知道他的直觉预判是正确的——电除颤可以将一个人从死亡线上拉回来。但阿尔迪尼的推测并非基于任何具体的机制或证据。他无法获得200年后我们认为理所当然的任何信息：复苏手段是否有意义在很大程度上取决于患者是否脑死亡；让氧气持续进入大脑是至关重要的；而且这种手段只在一个很小的时间窗口有效，错过了，任何复苏的尝试都会变得毫无意义。不幸的是，阿尔迪尼甚至没能找到最基本的机制——应该被刺激的器官是心脏，而不是大脑。事实上，他反复明确地驳斥了心脏会受到电击影响的观点。他对戏法表演的关注超过了对基础科学的关注，这令他误入歧途。[17]

因此，他的实验对象——无论是人还是动物——无一被电击复活，也就不足为奇了。在被绞死的福斯特身上获得的实验结果也并非他的目标。他在1803年的一篇实验报告中写道："我们的目的不是让人起死回生，只是为了获得一种实用的知识，即电疗法在多大程度上可以作为其他方法的辅助手段以用于复苏。"这篇文章还提供了一些线索，让我们了解他对电击如何让死者复苏的观点：电除了让肺部做好接受复苏的准备，还可以"复原被暂停的肌肉力量"。

然而，让那些王室名流挤在他桌边围观的，并不是此类光明前景。让这些观众趋之若鹜的是那些附加内容：死尸被电击后龇牙咧嘴的表情、插入直肠的探头,以及一种不可言说的可能——也许某个罪犯会因此死而复生。1802年年初,他在博洛尼亚对已死的罪犯进行研究的消息传播开来。[18] 他曾成功地让一具尸体——在其死后75分钟——的手臂抬到8英寸*高,而且"还在它的手中塞了一个相当大的重物,比如铁钳"。对手臂的刺激导致尸体手部抬起并卷曲成一个姿势,看起来就像一个指责的手势,指向现场围成一团的观众,其中有几个人当即晕倒。他在伽伐尼学会的同僚朱利奥、瓦萨利和罗西教授很快在都灵用3个刚被斩首的人重复了这些实验。[19] 不久之后,这样的演示就引起了伦敦皇家人道协会的兴趣,不过原因可能与你期望的不同。

如今,一个自诩人道的人可能会对这种公开解剖罪犯尸体以供娱乐的行为感到担忧,但这些官员对此并不关注。他们有更紧迫的问题,比如如何区分真正死去的人和有可能复苏的人。[20] 在可靠的抢救方法被广泛使用并为人们所熟知之前,下葬可能是一件相当仓促的事情,不止一个不幸的人从昏迷或僵直性昏厥状态(或只是醉酒的深度睡眠)中醒来时,却发现自己躺在地下6英尺深的一个小盒子里。有时,他们的尖叫会被及时听到。(在一个骇人听闻的案例中,这种命运两次降临在同一个可怜的女人身上。)"大量的事实一再向我们表明,人们在死亡无可挽回地降临之前就被匆匆送进了坟墓。难道我们不应该全力防止这类致命事件的发生吗?"阿尔迪尼如此写道。他对这些令人难以忘怀的潜在"谋杀式埋葬"的故事感到震惊。[21] 当时的英国各业繁忙,商业发达,航海活动频繁,因此有大量的溺水和矿难发生,伦敦皇家人道协会亟须找到一种方法来区分死者和那些"尽管看起来像是真的死了,但实际上并没有死"的人。

---

* 1英寸=2.54厘米。——编者注

1802年年末,他们赞助阿尔迪尼在牛津和伦敦进行了一次长途旅行,这就是他在那个寒冷的早晨与帕斯先生和福斯特先生同处一室的原因。他认为那个人会在实验台上醒来吗?当然不会。他认为这个实验有助于更好地实现复苏吗?当然能。但在他的著作中,几乎没有任何证据表明他对如何通过刺激达到这一目的有任何经验性的理解。所以在某种程度上,他一定明白,他那天在那里的所作所为在很大程度上是作秀,而不是科学。

不幸的是,阿尔迪尼没能保全他舅舅的新生科学遗产。然而,他确实成功地模糊了"合法的"电疗法和不科学的电疗骗术之间的界限。早在伽伐尼在第一只青蛙身上开始实验之前,这些骗术便已大行其道,而庸医和江湖骗子也大举涌入了该领域。

伊莱沙和庸医

18世纪40年代中期,莱顿瓶刚被发明出来时,人们就相信它的电击能有效地治疗疾病。[22] 在意大利,其发明促成了至少三所电疗学校的开办。那些地方的治疗方法各不相同:有些医生只是给病人电击,然后期望获得最佳疗效;其他人则希望电刺激能提高局部药物深入皮下的能力。据说,这种做法可以治愈一系列疾病,范围之广堪称奇迹。

没有一种疾病能幸免于莱顿瓶的介入,包括但不限于痛风、风湿病、癫病、头痛、牙痛、耳聋、失明、月经不调、腹泻,以及一如既往地也有性病。[23] 到18世纪80年代,电已被坊间传为奇迹。据报道,一对夫妇在10年不孕之后,"通过电重获希望,这要归功于曲柄的几圈转动和对一些适当部位的电击"。贝尔托隆神父在报道此事时"得体地没有说明电击的具体是哪个部位"。[24] 这不仅仅是欧洲大陆的一种时尚;英国的电疗庸医文化也很盛行,他们把"韧带薄弱"、睾丸和泌尿系统疾病以及疟疾（对你来说就是"打摆子"）列入了电能缓解的疾病清单。1781年，伦敦的电疗师詹姆斯·格雷厄姆发明了一种电疗设备，他信誓旦旦地称，放在他"处女神庙"的一个特殊耳房里的，由他发明的电刺激"天体床"可以治疗不育和阳痿。[25] 这种电疗法比一般的电疗法高明的地方在于，它不涉及实际的电，仅仅是一种想法而已，因为格雷厄姆认为"电的蒸汽"便足以治愈他的病人。[26] 在这个精巧的装置上躺一晚要花你50英镑，约等于今天的9 000英镑。[27] 但如果一夜之后你对口袋里的钱还心痒难耐，你可以在出门的路上去教堂礼品店买一种叫作"电乙醚"的壮阳药带回家。（考虑到"处女神庙"在两年内就关门大吉了，这种"顺势电疗法"似乎并不能算完全成功。[28]）

但正是伽伐尼的科学启发了即使在这些庸医中也堪称最厚颜无耻的人：伊莱沙·珀金斯。1883年，弗朗西斯·谢泼德在《大众科学月刊》上描述"珀金斯主义"时写道："在那些成功地强加给受过教育者和有地位者的妄想中，珀金斯主义'首屈一指'。"[29]

在伽伐尼发表他的那篇著名论文时，珀金斯正在康涅狄格州行医，他一直密切关注着欧洲大陆上那场激烈的唇枪舌剑，并在关于双金属的争论中看到了机会。[30] 这是一个能让他发家致富的商机。1796年，他公布了自己对电疗医学的贡献——一对3英寸的尖头棒（一根是铁质的，另一根是铜质的），他称之为"牵引器"。他声称，将它们放在你疼痛的部位上，缓慢拖动几分钟，你很快就能摆脱风湿病、疼痛、炎症，甚至肿瘤。珀金斯的专利牵引器在美国的富人和名流间广为流行。就连乔治·华盛顿也为家人买了一套，与他一样为此掏腰包的还有美国首席大法官奥利弗·埃尔斯沃思和约翰·马歇尔。[31]

康涅狄格州医学会对珀金斯的仪器完全不认同。他们对珀金斯进行了严厉的斥责，给后者寄了一封字里行间充满愤怒的信，之后启动了开除程序。他们斥责珀金斯的发明是"庸医骗术",指责他利用学会会员的身份向美国南方和国外传播他的"恶作剧"。学会强烈谴责:"我们认为所有这些做法都是赤裸裸的欺诈,对教员来说是可耻行径,对无知者来说是欺骗。"因此,他们请珀金斯"对自己的行为做出解释,并说明为什么他不应该因为这种可耻的行为而被开除出学会"。[32]

无论珀金斯提出了什么辩解理由,都没能动摇学会的意见。1797年,学会以他违反了禁止配制"秘方"(指由不合格的庸医配制的药物)的规定为由将他开除。这在一定程度上解释了为什么珀金斯的儿子很快就把家族生意带到了欧洲大陆。他们在那里获得了巨大的成功。1798年,哥本哈根皇家医院正式采用牵引器进行治疗。在伦敦,英国皇家学会"接受"了牵引器及其附带的书(一套仪器总会附赠一本书)。1804年,珀金斯研究所成立了,其成员包括英国皇家学会的研究员。很快,一家以"金属牵引器疗法"为唯一治疗手段的医院宣告成立。医院收到了大量的表扬信,尤其是来自主教和神职人员的推荐。珀金斯狡猾地向他们施展了最古老的骗术:免费的评论样品。一位收到样品的人写道:"我在自己的家中用了几次牵引器,都很成功。"这是一个多层次营销方案的逻辑,"既然经验已经证明了它们,那么任何推理都无法改变既有观点"。

随着时间的推移,电疗法被吸入了一个早已存在且不断扩大的伪科学旋涡中,其中还包括弗朗兹·梅斯梅尔的动物磁学、催眠术和电化可穿戴设备,这些都被认为与地震、探测活动和火山活动有关。整个研究路线显然开始激怒公众了。在伽伐尼去世11年后的1809年,拜伦勋爵在一首诗中将电疗法与牵引器混为一谈,他的行为显然反映了公众将两者混为一谈的情绪:

当它们纷至沓来，诱惑我们的是何等神迹

牛痘，牵引器，电疗法和麻醉气

轮番登台，让大众为之瞠目不已

直到膨胀的泡沫最终破裂——原来里面空空如也！ [33]

电疗的堕落

最终，阿尔迪尼为舅舅正名的努力适得其反。这些努力创造了一个自我延续的螺旋，摧毁了伽伐尼作为动物电之父仅存的声誉：为了自己的目的而利用电疗的庸医越多，愿意将电与生命联系起来的正规研究者就越少；而严肃的研究越少，取而代之的荒谬主张就越多。随着时间的推移，越来越多的科学家和历史学家在回顾伏特和伽伐尼之间的恩怨时，开始编造关于伽伐尼的各种历史细节，以坐实人们对动物电的冷嘲热讽，以及伽伐尼认为动物电存在所体现的无知。其中最经久不衰的是一个恶性的动物电起源的荒诞说法：伽伐尼是在他的妻子用金属刀准备烹制青蛙时，无意中发现了动物电的概念，而不是在长达 10 年的一系列越发精细的重复实验中。

与此同时，各门科学开始迅速分化出各自的领域，生物学也开始将自己定义为一门学科。由于不希望重蹈伽伐尼的覆辙，那些追求生物学正规研究的人放弃了电学，回到了以描述性的解剖学和分类学为主的研究方向上，他们研究的是生物局部，而不是支配整体的力量和过程。

那些认真研究电的人——电学家——则不顾一切地想要恢复他们事业的体面。这意味着将他们的研究对象从生机论的内涵中分离出来，严格聚焦于化学家和物理学家由于伏特的电池而取得的进步。这些进步的数量迅速增加。1800 年，伏特的原型电池帮助科学家电解水，将其分解为氢气和氧气。1808 年，一种改进版电池帮助化学家发现了钠、钾和碱土金属。人们设计了一些方程式来定义电作用于世界的各种关系。1816年，第一台可用的电报机原型在哈默史密斯建成，由伏特电堆供电。物理学家和工程师们在他们周围创造了一个无人能够触碰的"电场"，以保护他们自己免受江湖骗子和生物学家的伤害。

医疗专业人员也适时地与动物电划清了界限，尽管他们中的一些人仍在继续部署能够治疗人们疾病的人造电力。19世纪30年代，一位名叫戈尔丁·伯德的年轻医生在看到庸医赚得盆满钵满之后，在伦敦盖伊医院建立了"电浴"设施，向他光鲜时髦的病人收取高额费用，以缓解他们那些模棱两可的疾病。

但并不是所有人都放弃了围绕动物电研究建立一门正规学科的计划。在幕后，另一位科学家一直在努力延续动物电对生命维持作用的研究：亚历山大·冯·洪堡在整个18世纪90年代为法国委员会审查了伽伐尼的工作，并强烈怀疑伏特和伽伐尼的理论根本不矛盾，且事实上伏特对动物电的否定是错误的。[34]

洪堡后来成为普鲁士国王的侍从官和启蒙运动的领袖，并塑造了我们将自然本身视为一个单一的相互关联的系统的观念。但在围绕电的论战期间，他才20岁出头，刚从大学毕业，成为一名采矿检查员。他博学多才，研究兴趣很快从地质学跳到了植物学，然后又跳到比较解剖学。当他开始关注伏特与伽伐尼之争时，他下决心要解开这个谜团。

为此，洪堡在5年内进行了大约4 000次实验，其中几次还是在他自己身上进行的。（他经常说服他的朋友约翰·威廉·里特加入他，这种自我实验严重扰乱了后者的神经系统，导致其在34岁时便去世了。）在这些研究中，最令人震惊的是洪堡决定将一根与电堆相连的银线插入他自己的直肠，历史学家斯坦利·芬格称之为"几乎不可想象"的实验。[35]这项实验结果与阿尔迪尼在大型动物身上获得的所有令人不适的结果相似，但在自己身上进行实验给洪堡带来了第一手经验的额外优势。因此，他认识到，无意味的排便会伴随着痛苦的腹部绞痛和某些"视觉感觉"。他不满足于此，将导线进一步插入肛门，发现"眼前出现了一道亮光"。恐怕没有什么比这更能证明一个人对了解动物电的奉献了。

1800年，他前往委内瑞拉，目的是调查约翰·沃尔什的活电鳗实验，因为这些活电鳗在离开原生栖息地后往往无法存活下来。他用驮畜做诱饵引诱电鳗（其中一些电鳗有5英尺长，能释放700伏的电——足以把马和骡子电晕），并目睹了动物电的强大威力。在这次旅行之后，他开始将这种强大的防御性生物电与支撑日常运动和感知的更普通的生物电联系起来。他在后来关于电鳗的著作中，以严谨的文笔总结道，在将来的某个时刻，我们"也许会发现，在大多数动物中，肌肉纤维每次收缩之前，都有从神经到肌肉的放电；而且异质物质的简单接触是所有有组织生物的生命之源"。[36]

洪堡没有采用阿尔迪尼的策略，即坚称伽伐尼的正确性，而是打了一场迂回的持久战，以此将实验生理学带回正途：他鼓励有前途的年轻科学家研究动物电。19世纪20年代末，当洪堡结束旅行回到柏林时，他成了崭露头角的生理学家约翰内斯·穆勒的赞助人，并帮助穆勒在他的兄弟威廉·冯·洪堡20年前创立的世界一流大学里担任解剖学系主任。[37]

当时层出不穷的电疗骗术使动物电的记录彻底失去了公信力，以至于当它存在的第一个真正证据终于拨云见日时，即使是重新发现它的科学家也不太明白他发现了什么。1828年，佛罗伦萨的物理学家莱奥波尔多·诺比利正在研究提高静电计灵敏度的方法。静电计对跨大西洋电报电缆的运行极为关键，因此其重要性日增。电学家们用它来确认电流的流动和信息的传递。由于地磁干扰了对电流尾流的测量，早期版本的静电计的精确度有限。没有人知道如何摆脱这种干扰。

要做到这一点，需要的是一个灵敏度更高的静电计。（由于法国物理学家安培的巧妙点拨，这种仪器现在被称为电流计。）为了测试他的改进版是否真的更好，诺比利需要找到最微弱的电流。他记得伏特曾断言，伽伐尼看到的不是某种特殊的"动物电"，而只是两种不同材料接触时产生的微弱电流。他意识到，如果他的设备能够测量像死青蛙体内的电流这样微弱的电流，那么它的优越性将无可争议。果然，他的新仪器检测到了这种电流，他立即将其命名为"青蛙电流"[38]。这使他能够第一次记录到神经肌肉准备过程中的电活动。但诺比利实际上并不认为这是青蛙的固有特性——他仍然坚定地站在伏特的阵营中。他坚持认为，这一切都与金属有关。

还要再过10年，另一位科学家才能正确解释诺比利测量结果的意义，并最终使生物电重获其应有的地位。

青蛙电池

卡洛·马泰乌齐将最后一条蛙腿从它的原主人身上砍下来，小心翼翼地放在一堆蛙腿上。他杀死了10只青蛙，卸下它们的腿，然后把每条腿都制成一个大致类似于切半的橘子的形状——一边完好无损，另一边则一分为二。然后，他将这些两栖动物的尸块堆叠在一起，形成了一个伏特电堆的生物转换形式——有人可能会说这是伏特电堆的一种变形，原先的伏特电堆中的锌和铜被肌肉与神经取代。马泰乌齐刚刚完成了世界上第一块完全由青蛙制成的电池。[39]

当他测试电流时，他看到了输出结果：连接的蛙腿越多，电流计指针的偏转就越大，这表明电流增大了。但这并不是实验的结束。当他对这个生物材料制成的电堆感到满意时，他拿起连接在生物电池上的导线,小心翼翼地让其触及旁边盘子上躺着的另一只青蛙——或者更确切地说,是青蛙的剩余部分。与青蛙电池不同的是,这只青蛙是按照伽伐尼多年前推广的方式制备的:去皮,头部和腹部几乎完全被去除,只有连接脊柱和腿的两条股神经仍然完整。当导线连通时,这只狰狞的半身木偶立即跳起了熟悉的舞蹈。动物电——而且只有动物电——让一只死青蛙的腿动了起来。

在伽伐尼去世40多年后,电生理学取得了自伽伐尼时代以来的第一个真正进展。

马泰乌齐是洪堡在动物电没落的几十年间指导和资助的另一位有前途的年轻科学家。洪堡曾被马泰乌齐表现出来的对探寻神经中潜在电力量的热情鼓舞,并推荐这位年轻的科学家担任比萨大学的教授。当有人企图诋毁马泰乌齐对电鳐用来控制电击的神经中枢的发现时,洪堡还挺身而出为他辩护。因此,当马泰乌奇将他的青蛙电池研究成果告诉洪堡时,洪堡作为赞助人非常激动,立即将这篇论文传播到他的整个社交网络中,其中就包括柏林大学的穆勒,他将马泰乌齐的论文交给了他热心的年轻学生埃米尔·杜布瓦-雷蒙。[40] 洪堡依旧是这位年轻生理学家的导师,他于1849年写信给德国文化部长,为杜布瓦-雷蒙的研究争取资金。他在信中写道:"他正在研究肌肉运动的深层自然秘密……我在前半生也一直专注于这项研究。"当他用马泰乌齐的实验激发了杜布瓦-雷蒙的兴趣时,双方一拍即合。

尽管杜布瓦-雷蒙认为马泰乌齐的怪诞实验不够科学("没有人比我自己更能深切地感受到这一研究在重点和清晰度方面还有多少不足之处"),但在接下来的20年里,他在此基础上所做的工作最终使沉寂已久的生物电领域得以复苏,并被重新纳入正规的科学研究范畴。杜布瓦-雷蒙野心勃勃,渴望功成名就。他在柏林大学的55年任期内,企图通过篡夺伽伐尼作为动物电学之父的地位来确保自己在历史上的地位。

他在许多方面都是伽伐尼的继承人。他对正规科学的献身和严谨是出了名的。为了更精确地描述和测量神经中的电流，他付出了甚至可以说是偏执的努力。他花了数年时间反复试验，组装自己设计的特殊电流计，其灵敏度足以测量通过青蛙肌肉和神经的微弱电流，而非通过电报线路的电流。他养了很多青蛙，以至于把自己在柏林的公寓变成了一个"养蛙场"。[41] 在切断青蛙的肌肉和神经纤维时，为了避免意外引入外部电源，他不会使用金属工具，而是将青蛙咬成两半。由于经常接触青蛙皮肤中的刺激物，他几乎弄瞎了自己的眼睛。和几十年前的意大利一样，柏林的青蛙也开始短缺。但是，他的这种坚韧不拔的精神却得到了回报，只因他决心完善伽伐尼的实验并将其归功于自己。

借助新电流计，杜布瓦-雷蒙亲眼看到电流计上出现了伴随肌肉收缩的明显的电流干扰。每当电流通过他测量的区域时，电流计上的指针就会摆动。伽伐尼只是通过青蛙的腿部抽搐的证据间接探测到了通过肌肉传播的电脉冲（以一种扭曲的方式使青蛙成为世界上第一个电流计），而现在，杜布瓦-雷蒙直接看到了动物电刺激肌肉的过程。80岁高龄的洪堡很乐意为这些研究充当小白鼠：尽管他此时已经是"每天在国王身边用餐"的大人物，但他还是会卷起袖子，绷紧肌肉，直到这个动作使杜布瓦-雷蒙的电流计指针偏转为止。[42]

虽然大多数研究人员对这些早期实验持冷淡态度，因为当时的社会思潮仍然坚决反对"思想和意图能产生可测量的电流"的观点，但到19世纪末，杜布瓦-雷蒙和他的同事们已经成功地将生物电确立为神经生物学的一个方面。[43] 电流通过神经和肌肉传导的概念逐渐受到人们的重视。但还有几个悬而未决的问题：这种电是如何传输的？为什么这种电流比电报线中电流的速度慢得多？

但此时你可以测量它了。杜布瓦-雷蒙及其同事赫尔曼·冯·亥

第2章　夺人眼球的伪科学

姆霍兹将这种神经为激活肌肉而发出的电击称为"动作电流"。很快，其他科学家也加入了精确描述这种现象的特征的研究行列，虽然他们在许多细节上发生了激烈的争论，但神经系统中存在电现象的观点已被广泛接受。杜布瓦-雷蒙证明了电与人体之间的关系。神经就是靠电流运行的。他使洪堡感到骄傲，并取代了伽伐尼。[44] 他为此写道："我成功地将物理学家和生理学家的百年梦想——神经物质与电的同一性——完全变成了现实。"[45]

在杜布瓦-雷蒙的研究恢复了生物电的正当性的同时，科学家们在绘制大脑和神经系统的图谱方面也取得了新的进展。正如过去发生的那样，新的工具使人们对旧的科学产生了怀疑，于是新的不确定性隐现。一个单一的电脉冲怎么能引起如此多种不同的感觉和运动呢？当时的科学界将神经系统设想为一个巨大而不间断的融合弦网络。对此最好的比喻是管道：科学家们看到的仍然是连续的管道，而不是由一堆独立的细胞组成的系统。唯一有所不同的是，现在通过这些管道的不再是"动物精气"，而是电。

多亏了更好的工具，比如灵敏的电流计和伏特电池，以及洪堡、杜布瓦-雷蒙和亥姆霍兹对科学方法严谨性的奉献，动物精气的千年之谜终于被解开了。动物精气——把大脑的冲动和意图传递给肢体去执行，并把外部世界的感觉传递回来的东西——就是电。动物精气就是动物电；但它不再被称为动物电，而是被称为"神经传导"。意思并无差别，这只是用科学代替了哲学。伽伐尼终于沉冤昭雪。

第 2 部分

生物电和电子组

"只有解开生命的运算机制，才能全面理解生命。"
——保罗·戴维斯，《生命与新物理学》

在几个世纪以来关于神经冲动的存在和本质的争论中，怀疑论者有很多理由怀疑动物的神经系统中是否真的有电流运行。通过对电鱼和电鳗的神奇力量的研究，人们已经发现了一个明显的电力来源：它们有一个巨大的电器官，专门用来储存电荷，然后在一次大的麻痹性电击中将其释放。目前还没有解剖学家成功地在人体中找到类似的东西。如果没有电源，我们又如何将电流传导到神经上呢？这使得人们一直怀疑，所谓电流，只是神经信号神秘传导机制的一个不甚令人满意的隐喻罢了。

在 20 世纪后期，当我们终于找到这个源头时，一切都为之一变。助力这一发现的新技术令电生理学和神经科学学科发生了阶跃变化。随之而来的进步是如此之快、如此之多，以至于科学史学家马尔科·布雷萨多拉和马尔科·皮科利诺称之为"堪比马克斯·普朗克时代的量子力学"。[1]

第3章

电子组和生物电密码：
我们身体的电子语言

到19世纪末，"动物精气"已从数千年来略显空洞的哲学猜想中解放出来，并被置于科学方法的坚实基础之上。亚历山大·冯·洪堡、埃米尔·杜布瓦-雷蒙和赫尔曼·冯·亥姆霍兹等人继承并发扬了伽伐尼为之奉献毕生的事业：找出在我们神经中游走的"动物精气"，即那种激发我们的每种感觉和每个动作的物质究竟是什么？他们得出的答案便是电。

然而，即便是他们也无法预料到，他们所提出的基础工具和见解将在接下来的150年里推动何等变化的发生。今天，随着我们逐步把握"电子组"的要点，我们对生物电的理解正处于另一场蜕变的过程中。[1]

"电子组"的概念已超越了伽伐尼和杜布瓦-雷蒙当初所瞥见的生物电信号的掠影。这些正是神经系统帮助我们感知世界，并赋予我们在这个世界上自如移动能力的驱动因素。今天，在大量学术研究的支撑下，现代神经科学学科得以建立，令我们对这些驱动因素有了很好的描述。但在过去20年左右的时间里，该领域正呈现出一副全新图景。它越来越清楚地表明，具备实际效用的生物电信号是如何超越神经系统的狭隘范畴，又在身体其他部位发挥了多大的作用。就像基因组描述了生物体内的所有遗传物质一样——DNA编写了构建它的指令集，A、C、T、G*组成了编写指令集的代码以及控制基因活动的其他元素——关于我们此处所说的"电子组"的完整描述会将不同电信号塑造生物的所有深刻方式纳入其中。

绘制电子组图谱将为我们呈现一个独特的生物电特性蓝图，而这种特性几乎决定了我们从生到死的各个方面。它将涵盖我们体内与电相关的各个维度和特性的概要信息，从器官水平到细胞水平，再到细胞的微小组成部分（包括线粒体）乃至电分子本身的行为，无一不包。

正如本书第一部分所示，我们最早看到的电子组现象，来自神经和肌肉的电活动。而今，"动物精气"已改名换姓，成了"神经传导"，围绕它的研究凝聚起来的科学学科便是神经学。神经学（以及电生理学，将18世纪的电学与理论生理学结合起来的领域）的见解在20世纪60年代被汇集成今天被称为神经科学的正式学科，其研究对象是动物的神经系统。

20世纪，人们致力于对那些隐藏在神经系统电活动背后的模式加以描述，并取得了巨大的进展。我们开始破解神经系统与大脑之间如何传递信息的密码。正如你将在接下来的几章中看到的，几乎所有此类见解都是通过金属电对神经系统的探测获取的。这些研究使我们发现，人造电流甚至可以在不同程度上成功改变我们自己体内的生物电，从而影响我们的健康状况、思想和行为。这已经够令人吃惊的了，但到了20世纪末，我们才赫然发现这一领域简直深不可测。

---

* A、C、T、G，即组成DNA的四种碱基，分别为腺嘌呤（A）、胞嘧啶（C）、鸟嘌呤（G）和胸腺嘧啶（T），由其排列组合构成携带生物遗传信息的遗传密码。——译者注

但在进行深入探究之前，我们需要先掌握一些神经科学的基础知识，这样我们就能在关于神经系统是如何工作的，以及人们为何如此热衷于用人造电流刺激它的问题上达成共识。这就是本章的初衷。所以，就请各位与我一道，对这场历时150年的电生理学史做一番走马观花式的纵览吧。

神经传导入门

一旦我们弄清了大脑和脊髓的结构，以及使它们能够进行通信的特殊细胞是什么，再弄清电信号是如何在体内传递的就变得容易多了。这些细胞被称为神经细胞或神经元。所有这一切认知都建立在一套被称为"神经元学说"的开创性见解之上，卡米洛·高尔基和圣地亚哥·拉蒙-卡哈尔也凭借这一理论获得了1906年的诺贝尔生理学或医学奖。这是我们第一次了解神经系统是如何工作的。（在此之前，正如围绕动物精气的讨论所表明的那样，人们认为神经系统只是一个发端于大脑并将全身连接起来的管道网络，这就是为什么你可以用水或液态流体来填充它，而其他东西却不可以。）

拉蒙-卡哈尔和高尔基（尽管两人相互攻讦、分歧严重）则指出，神经系统是由细胞组成的。这些细胞是独立的特殊细胞，被称为"神经元"。它们可以将电信号从大脑传递到神经和肌肉，反之亦然。

之前没有人意识到神经系统是由细胞组成的，因为神经元看起来并不似你我身上的标准细胞。大多数细胞看起来像有点儿被压扁的球体，而神经元则不然。1个神经元有3个不同的部分。它有一个细胞体（这一部分看起来确实像一个正常的细胞），但从这个细胞体又向各个方向芽生出不同长度的分支突起。这些突起分为两种类型：第一种被称为树突，它们非常短，负责将传入的信息传递到细胞体；第二种被称为轴突，其长可达 1 米，负责将信息从细胞体发送到其他神经元或肌肉。

虽然大脑的 860 亿个神经元中，有一部分只存在于大脑中，但有大量的神经元会沿着你的脊椎一直延伸到你的皮肤、心脏、肌肉、眼睛、耳朵、鼻子、口腔、器官、肠道。换句话说，延伸到你身体的每一个部位，使身体得以运动、感知，如此种种。

给大脑带来感觉和知觉的"感觉"神经元是"传入系统"的一部分，它会给你带来外部世界的消息：视野、声音、气味、抓挠以及随之而来的皮肤凸起。这些神经元也因此被称为感觉神经元。而"运动"神经元则是"传出系统"的一部分，它将你的意图传递给身体以驱动后者，让你对传入系统所带来的感觉做出反应。

无论是感觉还是运动，负责向大脑传递信息和从大脑传递信息的信号都是通过一种电子机制即动作电位发送的。这就是杜布瓦-雷蒙所探知的，能让测量仪器指针微动的动作电流。动作电位又称神经冲动，也被称为锋电位。它们所指的都是同样的东西：在大脑中两个相邻的神经细胞之间，或者从神经到肌肉之间传递信息的微小电信号。当一个树突接收到一条信息时，它会将信号传递给它的细胞体，然后其细胞体再评估是否将信号传递给轴突。如果它传递了信息，信息就会迅速到达轴突的末端，在那里"跳跃"到下一个细胞的树突。而几乎从杜布瓦-雷蒙和亥姆霍兹开始测量神经信号的那一刻起，人们就开始对神经信号到底是电信号还是化学信号这一问题争论不休。而随着人们发现信号是如何从一个细胞"跳跃"到另一个细胞的，这场争论几乎升级为战争。

这是因为信息在轴突末端遭遇了一个小小的"减速带"。在那里，它会遇到一个微小的间隙，后者将一个细胞的轴突与另一个细胞的树突分开。这个间隙被称为突触。在用来传递电信号的细胞之间竟然有一个间隙。这一发现使得时人重新对"动物电"的存在,以及"神经冲动是一种电流"的根基薄弱的观点疑窦丛生。毕竟,电信号不能通过电报线的空气间隙传导,那么为什么它能在神经系统满是间隙的线路中传导呢?

1921年,一种叫作神经递质的化学物质被发现,它可以游离于突触间隙之中,然而它只是加深了人们的疑虑。这在两派科学家之间引发了一场关于神经信号性质的论战,两派科学家分别称自己为"汤剂组"(化学组)和"火花组"(电学组)。[2]这听起来就像是科学界上演的《西区故事》*。

最后,在与坚持认为"这一过程不涉及电"的"汤剂组"进行了激烈斗争之后,"火花组"赢得了胜利。他们的冠军成员是艾伦·霍奇金和安德鲁·赫胥黎,两位剑桥大学的生理学家,他们的名字可能会让你的大脑后部窸窣作响,你在学校就学过他们的事迹。他们的工作之所以成为科学史上的经典,是因为他们确立了电才是神经冲动的关键引领者。20世纪50年代,他们终于结束了"汤剂组"和"火花组"之间的所有争论。他们的实验首次以无可争议的细节,准确地展示了动作电位是如何通过带电粒子传递到神经元上的。如果没有带电粒子的电特性和活动,什么都不会发生。

这些粒子被称为离子。离子是带有正电荷或负电荷的原子。你的每一个细胞都浸泡在总量极大的液体中,这就是你经常听到的"人体内60%都是水"这句话的含义,而离子充盈其间。溶解在这种所谓的"细胞外液"中的离子与海水的成分非常相似:主要是钠和钾,还有少量其他离子,包括钙、镁和氯。它们在每个神经元内外的精确浓

---

* 《西区故事》是一部百老汇音乐剧,改编自莎士比亚名剧《罗密欧与朱丽叶》,讲述了分别来自纽约贫民区势不两立的不同帮派(鲨鱼帮、喷气机帮)的两个年轻人的爱情悲剧。——译者注

度是决定电信号能否通过的主要因素。

离子得名于迈克尔·法拉第,这个命名旨在突显它们自发运动的奇特倾向。事实上,正是由于伏特电堆,法拉第才发现了这种倾向。1814 年,伏特就给了法拉第一个早期的电池原型,法拉第用它设计出了电动机,提出了电磁感应定律,并统一了电学定律。[3] 但对我们的主题来说更重要的是,它帮助他发现了离子的存在。法拉第曾做过这样的实验:将各种化合物放入水中,然后在水中通入电流,看看电流会对它们产生什么影响。化合物是由两种或两种以上独立元素组合而成的物质;在电流的作用下,这种化合物会溶解成构成它的两种独立元素,有点儿像一块蛋糕整齐地吐出糖和面粉。继续借用这个比喻,"糖"颗粒从混合物中分离出来后,会迁移到将电流传导到水中的电极上;与此同时,"面粉"颗粒会聚集在另一个电极上。[4] 法拉第当时对此不明所以。是什么东西在水中流动并积聚在他的电极上?1834 年,他将这种神秘的粒子命名为"离子",在接下来的半个世纪里,人们对它们的了解止步于此。

然后,到了 19 世纪 80 年代,瑞典科学家斯万特·阿雷尼乌斯意识到,离子的运动是它们受到电场力牵引的结果——这是说得通的,因为离子是要么带正电荷、要么带负电荷的原子,而不是中性的。这就解释了它们是如何在溶液中产生貌似自发的游离。其实它们根本不是自发的,相反,正离子被吸引到电池的负极,而负离子想要到达正极。最后,法拉第的观察结果终于有了明确的解释。

这些特性适用于所有溶液,包括浸润在一切生物组织中所有细胞内外的生物汤。离子是维持我们生命的元素。如果你曾经接受过静脉滴注,那你要感谢离子,还要感谢 19 世纪的生理学家林格,是他想出了钠、钾和其他电解质组成的精确配方,让这种模拟细胞外液得以注入你的脉管系统。他能用这种液体防止青蛙的器官衰竭,即使这些器官已经从原来维持它们的身体中取出。他的首个实验是用一只青蛙的心脏进行的,当这颗心脏被放入他新配制的"生理盐水"中时,它能够在离开青蛙身体的情况下继续正常跳动数个小时。[5]这种液体最初便被称为林格溶液,对生物学产生了巨大的影响。

但为什么离子如此重要呢?它们到底有什么特别之处,以至于我们离开它们就无法生存?随着20世纪的到来,人们逐渐达成共识,认为离子可能是神经冲动电传导的主要媒介。

当神经元学说逐渐进入人们的视野时,我们所知道的线索大致如下:第一,生物化学家已经确定,像钠这样带正电荷的离子,以及带负电荷的氯离子,无论身在何处都带有电荷。第二,多亏了林格等人的努力,我们还了解到离子遍布细胞内外。第三,我们知道动作电位产生的电活动,足以让电流计指针在神经信号飞速通过时摆动。总之,这是电荷在神经或肌肉中移动的间接证据。但是,就像我们在18世纪收集到了一堆关于动物电的互不相关的事实,却没有一个框架将它们统一起来一样,我们也没有办法对所有这些关于神经系统和离子的独立事实进行综合理解。直到20世纪40年代,一系列的实验才确切地表明,离子正是神经冲动电传导的主要媒介。

艾伦·霍奇金和安德鲁·赫胥黎知道,如果他们能证明在动作电位传递的过程中神经细胞内外的离子浓度发生了不同的变化,就能一劳永逸地证明电参与了生物电信号产生的核心过程——电是一种关键动因,而不仅仅是某种化学过程的映现。[6]于是青蛙再次成了牺牲者,但是它们的神经实在太细小了,当时任何的工具都无法分析它们细胞膜内的离子含量。接下来,霍奇金和赫胥黎又尝试了螃蟹,但其神经还是太小了。最后,他们发现了一种神经大到足以插入电极的动物:鱿鱼。

这种生物的轴突非常大(毫米数量级),是人类轴突直径的

1 000倍，因此被称为"巨轴突"，因为它需要通过鱿鱼庞大的身体瞬间向大脑发送"逃跑"指令！[7]这给霍奇金和赫胥黎留下了足够的空间来插入必要的记录设备，以监测细胞的电特性。他们想知道当神经兴奋时，这些特性会如何变化，细胞内外的离子浓度又会如何变化。他们找到了一种方法，将一个电极插在神经细胞里面，另一个则插在外面。通过这种方法，他们第一次测量了细胞内外的电差异。这种差异是相当大的：当神经并不活跃，只是处于静息状态时，细胞外的电位比细胞内高70毫伏。

这个数字被称为细胞的膜电位。它衡量的是膜内和膜外带电粒子之间的差异。还记得离子是带正电荷或负电荷的原子吗？这意味着它们无论走到哪里都会带着自己的电荷。例如，钠离子携带1个正电荷，钾也是。氯离子带着1个负电荷，让我不禁觉得它就是永远如此低调害羞。花里胡哨的钙离子则以带有2个正电荷的形态引人注目。在神经元外，这些离子（以及它们携带的各种电荷）的混合物聚集在细胞外液的自由空间中。由于神经元内的空间有限，细胞内的离子数量相对较少，造成了细胞内电荷总和低于细胞外的情况。这就是为什么神经元内部的电位比外部低70毫伏，而这70毫伏正是神经元所偏爱的电位差。因此，它被称为"静息电位"。这一电位表明神经元正养精蓄锐，保存能量。

但是，当动作电位快速通过时，霍奇金和赫胥黎发现这些数字发生了巨大的变化。细胞内外的电荷差迅速归零，变得越来越不明显，直到细胞内外的电荷无差异。（然后，电荷差一直保持着略超过零的状态，直到细胞内部的正电荷暂时多于外部的正电荷。）但是，当一切都结束后，它总是会回到70毫伏的静息状态。

当所有这些与电有关的骚动进行时，霍奇金和赫胥黎也注意到不同的离子行为迥异。静息电位期间，细胞内有大量钾离子。但是当动作电位发生时，细胞内突然全是钠离子，并释放出一大拨钾离子；而当细胞恢复静息状态时，细胞内钾离子的水平也随之恢复。这种现象沿着神经级联，像波浪一样携带神经冲动。霍奇金和赫胥黎最终证明了动作电位毫无疑问是由离子浓度的变化产生的。[8]钠离子和钾离子负责沿轴突传导信号——通过这些离子精确设计的进出细胞的活动来传递电荷。

这就是林格溶液之谜的答案。这种离子的精确混合之所以对维持机体生命活动至关重要，是因为它们使神经冲动得以在神经中传导。没有离子，神经信号就不能跃动。我们就不能呼吸，不能吞咽，我们的心脏也将不再跳动。

1952年，霍奇金和赫胥黎发表了他们多年的研究成果，展示了钠离子和钾离子如何在细胞中交换位置，携带电荷进出细胞，从而产生动作电位。对动作电位机制的首次揭示使他们获得了诺贝尔奖，但对霍奇金来说，真正的胜利是他们以确凿的证据证明了电不只是神经传导的副作用，而是其原因所在。正如他在1963年的诺贝尔奖演讲中所说的那样："动作电位不只是冲动发出的电信号，还是其传导的动因。"[9]

他们的发现意义重大，本应在学界掀起一场协调一致的新探索热潮，以了解这些离子所携带的信息（在一段较短时间内确实如此——有一篇报道援引了主要研究中心周围的海洋中的鱿鱼曾短暂消失的消息）。但这种兴趣的飙升稍纵即逝。就在动物电本应再度成为焦点的时候，一片乌云遮住了太阳。就在霍奇金和赫胥黎刚刚揭示了难以捉摸的神经冲动机制之际，另外两位年轻的研究人员就以一项被认为更具里程碑意义的发现——双螺旋模型抢走了风头。1953年，詹姆斯·沃森、弗朗西斯·克里克，以及罗莎琳德·富兰克林公布了他们对DNA的发现。沃森对此宣称："只有分子才是本质。其他一切都是社会学。"[10] 于是生物电的重要性再次被一个"更重大"的发现掩盖，这简直就是步了伽伐尼的后尘。

霍奇金和赫胥黎已经证明，动作电位在很大程度上取决于细胞对钾离子的吸入和对钠离子的排出。但除了 DNA 的魅力，他们开辟的研究途径没有延续到人类身上的更大原因是，我们缺乏足够小的设备来窥视愈加微观的角落和缝隙，以观察离子进出细胞的情况，并找出它是如何发生的。因此，一些重大问题尚未得到解答。

早在杜布瓦-雷蒙时代，就有一种由来已久的理论认为，细胞的膜壁每隔一段时间就会消失，变得对大量离子透明，就像窗帘被拉到一边一样。[11] 但这种理论从来就没有什么意义，在霍奇金和赫胥黎的发现之后，就更没有意义了。看到钠离子和钾离子以如此方式彼此易位，霍奇金意识到细胞膜并不只是像窗帘一样被拉开，它在主动选择让什么进出。但这种机制是什么呢？神经元是否在膜上为特定离子开有特殊的孔？

神经细胞是如何知道只排出钠离子，而钾离子却分毫不动的呢？考虑到钾离子比钠离子小约 16%，这就显得尤其奇怪了，这也给细胞如何在瞬间排出所有钾离子而同时吸入钠离子的问题增添了神秘色彩。

在长年的实验过程中，霍奇金和赫胥黎提出了一个理论，即离子是通过像筛子一样穿透细胞膜的小孔进出的——也许这些小孔有的喜欢钠离子，有的喜欢钾离子？人们开始构建有关这些动力学的理论和术语——但它们一直未能有自己的名字，直到被命名为"离子通道"。

"离子侠"

离子通道究竟是什么？自 20 世纪 60 年代以来，越来越多的人怀疑这些孔实际上是跨细胞膜的蛋白质。但直到20世纪70年代初，在生物物理学家厄温·内尔和生理学家伯特·萨克曼在位于西德哥廷根的马克斯-普朗克生物物理化学研究所着手研究这个问题之前，没有人能够取得更大进展。他们推断，如果这些小孔真的存在，就应该可以探测到离子进出时激起的微小电流。但是，由于这种电流只有烤面包机供电电流的十万分之一，探测它所需的设备要比当时任何制造出来的设备都更为灵敏。

因此，内尔和萨克曼发明了一种新装置，可以分离出一小块神经元，其中只包含几个这类假定存在的小孔，甚至可能只有一个。离子和孔洞仍然太小，用当时的设备无法看到，但当他们能够记录从活体细胞膜上的一个离子孔中流出的电流时，内尔和萨克曼便证明了这些孔确实存在。它们也的确存在。

更重要的是，他们发现了这些孔的工作原理。电流脉冲的形状清楚地表明，这些小孔只能处于两种状态之一：完全打开或完全关闭。它们从来不会半开半闭，当它们打开的时候，就是打开了。[12]一个打开的孔洞能让钾离子和钠离子以每毫秒1万~10万个离子的速度进出细胞。这些就是为数众多的1价正电荷。

几年后，也就是1978年，加州理工学院的威廉·阿格纽及其团队最终确定了钠离子通道的本质：它不只是筛子上的一个洞，还是一种蛋白质。[13]有了这一见解，分子生物学便从抢风头的对手摇身一变成了生物电最亲密的战友。这是因为沃森和克里克对DNA的发现让科学家有能力读取任何蛋白质的遗传密码。这意味着，如果你可以分离出DNA并测序，你就可以克隆它。这意味着你可以开始认真对离子通道进行操作了。你可以制造只有关闭版本或打开版本的细胞，看看这对生物体有什么影响。

1986年，野田昌晴率先克隆出电压门控钠离子通道（这是一种钠离子通道，如果检测到压在膜周围的电压发生变化，通道就会打开）。[14] 科学家们开始合成不同形状的蛋白质，并克隆具有不同种类和数量的离子通道的不同细胞。[15] 你可以创造出完全编辑掉特定通道的细胞。如果你有足够的进取心，你还可以用刻意设计出的、将所有通道编辑在一起的"弗兰肯斯坦通道"来制造细胞，看看接下来会发生什么。这项研究很快给科学家们提供了所有离子通道的完整索引——钠离子通道、钙离子通道、氯离子通道、钾离子通道。再没有人提什么透明窗帘了——正是这些蛋白质决定了何种离子可以在何时去到何处。

它们是如何做出这些复杂决定的？1991年，生物物理学家罗德里克·麦金农解开了这个谜题。同年，内尔和萨克曼作为这些大量研究的启动者而获得了诺贝尔奖。

人们曾用过很多复杂的比喻来描述麦金农所发现的这个极其复杂的系统。但我喜欢把离子通道想象成形状分类器——你知道的，就是那种给婴儿的玩具，让他把不同形状的木块通过匹配的孔塞进木盒子里。有些木块是圆形的，有些则是三角形、正方形或星形的。方形的孔可以容纳方形的木块，以此类推。因此，虽然有些孔在绝对尺寸上可能比与其不匹配的木块要大，但后者还是穿不过去。它们与通道的外形不符，因此无法通过通道。（实际情况还要复杂一些，因为细胞中类似"婴儿玩具"的孔还会变形，以适应它们最喜欢的"木块"。）

在麦金农完成对细胞膜的描绘之后，我们首次了解了支撑生物电的一系列连锁机制：膜中的蛋白质如何与离子一起产生动作电位，以及动作电位通过后一切又如何恢复原样。一旦我们了解了离子通道，我们就能全面理解动作电位。

这与运营一家高级俱乐部的方式非常相似。

离子俱乐部

我应该指出的是,下面的比喻忽略了细胞内外的整个复杂体系,只关注产生电压的地方。但毕竟,这是一本关于生物电的书。

因此,你可以把细胞想象成一个在高度微观视角上运营的俱乐部。离子充当顾客的角色,离子通道充当贵宾通道的保镖。这些参与者负责协调动作电位的三个阶段。(弗朗西丝·阿什克罗夫特的《生命的火花》一书中有一个精彩的解释,此处这个荒诞的离子俱乐部版本就是借鉴了该解释。)

第一阶段:静息电位

当没有动作电位通过时,神经细胞处于所谓的静息电位状态。这就是霍奇金和赫胥黎发现的 70 毫伏的电位差。在这种状态下,胞内比胞外空间的"汤"中带有更多的负电荷。

在我们的俱乐部里,顾客主要由带正电荷的钾离子组成,它们挤在狭小的空间里,浓度比在外面高出 50 倍。在俱乐部外,一长串翘首以盼入内者——主要是钠离子,也带着正电荷——挤在门前。但可惜的是,大部分的门都对它们关闭了。俱乐部的管理层对钾离子有明确的偏好——实行严格的"钠离子禁止入内"政策。不过,那些钠离子也和我们一样不死心,所以它们越来越多地拥堵在门前,想要进入俱乐部。但管理层也不是好惹的。被称为"离子泵"的保镖发现有钠离子偷偷溜进来,就会迅速地把它轰出去,而最可气的是,这时任何 2 个在门外闲逛的钾离子都会作为 3 个钠离子的替代而被送过安检。

至于钾离子,它们也和我们一样,会厌倦俱乐部里嘈杂拥挤的环境,偶尔离开,留下 1 个负电荷。它们离开俱乐部没有任何障碍。

这一管理层如临大敌，钠离子不得其门而入，而钾离子则事不关己的情形，加上由其他变量参与共同构建的微妙平衡行为，使细胞膜的静息电位永远在 –70 毫伏上下徘徊。（外部带正电荷的钠离子比内部带正电荷的钾离子多，使得内部相对外部带负电荷。）

难怪细胞生物学家罗伯特·坎佩诺特将神经细胞动作电位出现之前的状态描述为"一触即发"。它已经万事俱备，只欠东风。平衡状态中的任何微小变化都会让一切陷入混乱。

不过在探讨下一阶段之前，还有一件事需要补充。我之前描述过的那些带保镖的门并不是唯一的门。还有应急门，即电压门控钠离子通道。如果它们感觉到精心维持的静息电位发生变化，就会"砰"的一声打开。如果俱乐部外的电荷量发生了适当的变化，那么在一瞬间，迄今为止一直处于微妙触发状态的所有势能都会被释放出来。[16] 也就是说，如果俱乐部外的钠离子过于喧闹，拦住大门的天鹅绒绳索就会崩断，于是钠离子开始强行涌入俱乐部。然后，俱乐部内就会陷入恐慌。

第二阶段：动作电位

相对于细胞的大小，膜电位是巨大的。细胞膜宽约为 10 纳米，一侧相比另一侧的电位差为 –70 毫伏。如果你的身体两侧有等效的电压差，给你的感觉会像 1 000 万伏。这是一个极大的电压。强烈的静电电击会让你把脏话也飙升到 1 万伏。

这一动作电位的冲击对把守我们离子通道的保镖来说要强烈得多。应急门被猛地打开了。钠离子趁乱冲进俱乐部，引发了一个反馈回路：膜电位变化越大，钠离子通道打开的越多，挤进来的钠离子就越多；进来的钠离子越多，电压就越正，钠离子通道打开的就越多。如此循环往复。顷刻间，钠离子就在这个地方掀起了一场风暴。

第三阶段：复极化

现在，数以百万计的钠离子涌入了这个昔日将它们拒之门外的俱乐部，与惊恐万分的钾离子挤作一团，细胞内部的正电压可短暂比外部高 100 毫伏。不到 1 毫秒后，钾离子通道打开，心生退意的钾离子集体离开了俱乐部。

在俱乐部内，钾离子的大量外流使细胞膜电位恢复到静息状态。但是现在所有的顾客都错了！管理层急于挽回流失的钾离子。它们再次封锁了这个地方。保镖们开始掰着指关节赶顾客。大多数钠离子会自动离开。[17] 说服钾离子重新进入一片狼藉的营业场所需要一段时间。不过，管理层最终还是把它们哄了回来。然后，这一切迟早会再次发生。

电压会导致通道的开闭。[18] 对电压变化做出反应的钠离子和钾离子通道介导了动作电位的产生，从而使信号从神经元的一端传导到另一端。同样的机制最终也控制了化学神经递质。在轴突的末端，也就是动作电位终止的地方，有另一组保镖把守着通道：电压门控钙离子通道。当动作电位触发时，这些通道就会打开，细胞外盐水中的钙离子就会涌入轴突末端。这会释放神经递质（你所熟悉的血清素、多巴胺、催产素），钙离子穿过轴突末端，到达邻近神经元树突的入口点。这就引发了下一个动作电位，整个过程又重新开始。所有这些过程——化学和电学方面——最终都是由膜的电压，即其电状态控制的。

这就是神经冲动的故事——我们的每一次感觉、动作、情绪和心跳都由此产生。它产生的电是我们体内的中央发电机。你我的电力来源，并不是像鳗鱼那样的独立电力器官，而是细胞内部的一种自我再生机制，是经由离子穿过蛋白质的精妙且协调的活动而产生的。

造成这种复杂性的基本机制非常简单。将更多带电离子堆积在膜的一侧，就会产生电势。改变电压，就能释放所有能量。这就是电池的基本工作原理：一侧的电荷量与另一侧不同。而神经细胞和肌肉细胞显然就是微型可充电电池。

40万亿节电池

但像电池一样工作的细胞并非只有它们。我们能够利用分子生物学工具对离子通道进行适当研究之后逐渐发现，离子通道（以及它们接纳和不接纳的离子）也存在于人体的其他所有细胞中。这给我们提了个醒：它们在那里做什么？所有这些其他细胞的电特性有什么用处呢？

对这些问题的发现可谓适逢其时。1984年，离子通道生理学家弗朗西丝·阿什克罗夫特发现，胰腺使用一种特殊的钾离子通道来发出电指令，使分泌胰岛素的β细胞精确同步。（钾离子通道的传输速度比化学通道快10倍，因此只有这种通道才能让众多细胞同步行动。）这种钾离子通道必须处于完美的工作状态，才能协调胰岛素的释放。在21世纪初，阿什克罗夫特和安德鲁·哈特斯利发现了某种突变导致该通道关闭，从而引发了一种变异型糖尿病。

诸如此类的洞见层出不穷，并很快令医学为之改变。离子通道物理学成为一门重要的生物医学学科。现在，科学家们已拥有了相应的工具和知识，用以研究肌肉和神经细胞中的离子通道如何维持人体的最基本的运作。更重要的是，研究当它们不工作时会发生什么。而最重要的是，他们终于拥有了一种新的工具，可以更精确地操纵体内电能，这将成为自电池发明以来对生物电研究人员来说最具重大意义的工具。

关于可操控生物电的药物的最初想法来自神经毒素。20世纪60年代，对神经毒素的研究表明，许多这类天然毒物会影响钠钾平衡，使细胞通信的微妙机制陷入混乱——就像一种反向林格溶液。[19] 人们之所以不应该吃河豚（除非由拥有精确解剖河豚的高超技艺者所烹制），是因为河豚的某些部位带有一种名为河豚毒素的防御性毒素。哪怕只摄入最微量的河豚毒素，也会迅速麻痹你体内驱动一切的肌肉，包括你的肺部，然后你就会窒息而死。内尔和萨克曼对离子通道的深入了解解开了河豚毒素的确切作用机理：河豚毒素阻止钠离子进入细胞。[20] 它嵌入这些通道，堵住了通道，而如果没有钠离子流入，就不会有钾离子流出，这就阻止了其余所有多米诺骨牌级联形成动作电位。其他种类的神经毒素则会撬开所有的通道，最终产生同样的效果：细胞无法向其他神经或肌肉传递任何信号。没有功能正常的离子通道，任何细胞都无法存活。

一旦研究人员认识到大自然是如何制造神经毒素的——通过破坏那些至关重要的离子通道——他们就意识到，他们可以自行制造定制版神经毒素，只关闭或撬开他们所选择的通道。（阿什克罗夫特和哈特斯利发现，现有的一种药物可以关闭不正常的离子通道，从而逆转这种罕见的糖尿病。）这就是离子通道药物时代的开端。

离子通道药物是现代医学的基石。它们通过人为地增强神经和肌肉之间的交流，为治疗某些蛇咬伤提供了基础。它们也是治疗心律失常药物的基础。目前，研究人员正在研究一系列运动障碍、癫痫、偏头痛和一些罕见遗传病，寻找可能致病的突变离子通道。[21] 在整个生物学领域，离子通道物理学彻底改变了疾病和紊乱的治疗与概念化。一位心脏电生理学家对此写道："在我们了解钙离子通道之前，我们对心脏动作电位的误解之大难以言表。"[22]

离子通道是重要的药物靶点，但我们对它们的认识尚不完全。我们不断发现更多意想不到的变体。其中一种是缝隙连接，最初在心脏中发现，但现在我们知道它似乎存在于我们的每一个细胞中。缝隙连接是一种特殊的离子通道，位于两个相邻的细胞之间，形成一个只有它们共享的暗门，就像相邻的酒店房间的直通门一样。在心脏细胞中，缝隙连接使需要串联操作的细胞活动同步，但它们也遍布于皮肤细胞、骨细胞、心脏细胞的细胞膜上，甚至还在血细胞上。它们无处不在，且都通过这些电突触相互交流。这到底是为了什么？

新发现的离子通道并不是唯一的惊喜。最近的另一项观察发现了癌细胞在脱离健康状态时排出的电子电流。[23] 对于神经系统在某些更大范围内的作用，我们直到20世纪和21世纪之交才有所领悟。当时的人们开始发现，神经系统不仅作用于感觉和运动部位，还能调节器官功能和免疫系统。这些见解开始勾勒出电子组的轮廓。

直到最近，关于这些不同的生物电特性的知识还囿于狭窄的分支学科中。这是因为对生物电的研究日益被局限于神经科学和电生理学领域，而电生理学主要关注神经和神经科学，以至于科学家们认为生物电只用于神经。

电子组最惊人的特征之一是，动物电绝不仅仅局限于动物。我们并不是唯一拥有这些离子通道的生物。其他所有生物"王国"也都基于同样的机制而构建。

电子界

我们也曾瞥见这一现实，但当时我们还无法对此给出合理的解释。1947年，生理学家埃尔默·隆德发现从藻类中产生的电场。[24] 他不是唯一发现的人，令人困惑的电辐射从人们想到要测量的所有其他生物的表面渗出：捕蝇草、青蛙和人类皮肤、真菌、细菌、小鸡胚胎、鱼卵，还有燕麦幼苗。

来自不同研究领域的报告表明，植物、细菌和真菌使用的电信号与我们的电信号非常相似，而且研究开始表明，它们使用这些电信号产生的效果也非常相似。细菌利用钙波协调自身融入生物膜群落（干扰这些电控制信号是对抗抗生素耐药性的一个热门研究课题）。[25] 真菌也利用这种手段（还有其他东西）沿着它们长长的卷须传递信息，以确定是否找到了有营养的食物源。[26] 植物利用电来激活化学防御，以抵御捕食者。这样的例子不胜枚举。

在过去的20年里，随着我们发现这些生物的电系统与我们的电系确定来越多的相似之处，我们一直在想，为什么这些信号（细菌、真菌、原生动物中的信号）与我们神经系统中的信号如此相似。但现在，很多人开始怀疑我们把问题弄反了，应该问：为什么我们与它们如此相似，这对我们的电系统意味着什么？

所有的生物，不管有没有大脑，都使用一组相似的离子在它们的细胞中产生电压。我们都使用这些电压作为通信的基础。动物利用它们使神经系统行使指挥和控制中心的功能，其他生物界的生物则在没有神经系统的情况下利用这些电压进行信号传递和通信。佛罗里达大学斯克里普斯生物医学研究所的电生理学家斯科特·汉森说："我认为，所有信号传递可能都是通过快速逆转电压电位开始的。"

这就抛出了一个大胆的想法：我们会不会有另一个与神经系统并行的通信系统？最新研究强烈表明，我们的身体至少运行着两个电子通信网络，也许还有更多。

越来越多的证据表明，神经系统中的生物电——动物精气背后的生命力量——并不是动物身体使用的唯一电通信网络。奇异的电特性和行为将我们体内的所有细胞相连接。皮肤、骨骼、血液、神经——任何生物细胞——只需将它们放在培养皿中，施加一个电场，它们就都会爬到培养皿的同一端。就好像它们能感觉到电场一样，尽管我们还不知道细胞是如何感知这些东西的。我们只知道电场会影响细胞——任何细胞，有时甚至是整个器官——其在某种程度上可以使细胞表现出一些在正常情况下不会产生的行为。

正是出于这个原因，一些科学家开始认为，生物电可以被理解为表观遗传学的一个组成部分。表观遗传学描述了环境如何在不改变实际 DNA 的情况下引起变化,从而改变你基因的工作方式。物理学家保罗·戴维斯写道:"越来越多驱动生物信息模式和流动的组织表观遗传因素正在被发现。"[27] 他认为,生物电正在成为一种重要的(尽管人们还知之甚少)表观遗传因素,为细胞管理表观遗传信息提供了一种强有力的途径。但其他研究人员发现,生物电可能不仅仅是表观遗传学的另一面。"表观遗传学"这个术语的意思是"在基因之上"。也许电信号的作用是一种"元表观遗传学"——是将所有机制相结合的一个环。正如你将在接下来的几章中看到的,电引导对生物的许多复杂方面均会施加控制,从基因如何表达到免疫系统是否会触发炎症,不一而足。

生物电密码

因此,对电子组的深入了解,也可以提供一种控制基因组的方法,几乎就像我们用软件控制电脑硬件一样容易。事实上,塔夫茨大学的研究人员迈克尔·莱文发现,有证据表明生命的电维度可以对基因施加控制,电提供了一种方法,可以破解我们以前认为过于复杂而无法精确控制的其他系统。莱文怀疑,这种对生物电的更深入的理解将产生一种生物电密码。这些密码不是用基因写的,而是用离子和离子通道写的。这些密码通过执行细胞生长和死亡的受控程序,控制子宫内复杂生物的形成过程。生物电密码是你一生都保持相同外形的原因,它会修剪你正在分裂的细胞,让你保持可识别的外貌。如果这种密码可以被破译和操纵,就可以用它来精确地重新设计人类的身体形态,使其摆脱先天缺陷和癌症(第 7 章和第 8 章对此有更多介绍)。如果我们能像描述生物组织的遗传基础一样描述其电学特性,即完成人类的"电子组"分析，我们就能破解人类的生物电密码。

当人们思考生命起源时，首先想到的显然是遗传密码。DNA 和 RNA（核糖核酸）最初是如何进化的，又是如何产生可复制的生命的？凡此种种。不过，还有第二件我们本应想到，但通常不会想到的——细胞膜是如何形成的。

细胞膜之所以重要，有很多原因。首先是实用性。世界上所有的 DNA 和 RNA，复制了生命所需的所有元素，包括所有的核苷酸和氨基酸——但如果没有容器，它们就会在原始汤中随波逐流。要用生命的组成成分做任何有益之事，都需要有一些东西将它们结合。这就是细胞膜：一种最被低估的进化创新。

但细胞膜之所以如此重要，还有一个更重要的原因。一旦有了细胞膜，就有了内外分离。由于我们所知的每个细胞都含有不同种类的离子，一旦有了细胞膜分离，就有了电压。这就是其物理基础。之后，只需要这些蛋白质在细胞膜上形成通道，让所有离子进出细胞。

这些离子通道作为一个整体，大约有 30 亿年的历史。植物、真菌、动物，以及我们所有人都从真核生物祖先那里继承了它们。信号传导肯定不是从钠离子通道开始的——钠离子通道是在大约 6 亿年前，第一个神经系统出现时才进化出来的。[28] 2015 年，神经生物学家哈罗德·扎肯发表了一篇离子通道的深层进化历史分析论文，发现大多数相同的离子通道家族一直存在，并可以追溯到我们最早的一个已知祖先。[29] 扎肯发现，我们的钠离子通道的构件就存在于最初的离子通道——钾离子通道中。事实上，钾离子通道就是后来形成钠离子、钙离子等大多数其他通道的小乐高积木。"让钾离子渗透通道的基序是非常古老、非常稳定的。从细菌到我们，都几乎是一样的，"扎肯说，"编码这种通道的基因，我们有，我们身体里的每个细胞都有，地球上的每个细胞可能也都有。"

事实上，你仍然可以在今天的细菌中找到最初离子通道的分子基序。每一个后继的离子通道和离子泵都来自那个祖先的基因。

结果在于：离子的跨膜分离和移动是所有生物的基础。它不是由神经系统发明的，我们也远未完全理解大自然是如何利用其电势的。尽管所有类型的细胞都使用这种自我产生的电，但它所具有的令人叹为观止的功能完全没有得到充分的重视。它当然不会出现在生物学的入门教材中，至少教材中的内容不足以让人真正体会生命的电维度的重要性或更深层的意义。那些被我们用来进行跨细胞膜运作的元素，如钠、钙、氯，都是星尘留下的化石。如果宇宙中还有其他细胞，我们可能也会和它们分享这些元素。扎肯指出："可能宇宙中的每一个细胞都是如此。"

当我们开始用实验探索动物精气，并发现了后来导向生物电密码的第一缕蛛丝马迹时，我们对此尚一无所知。我们对离子通道及其模式懵然未觉，我们唯一能探测动物精气的工具就是各种伏特电堆。这就是为什么我们最初是从神经和肌肉的电活动中窥见电子组的。在接下来的3章中，你将看到我们如何开始了解到我们可以用电来控制心脏、大脑和中枢神经系统。

第 3 部分

大脑和身体中的生物电

虽然我们在无机物质或死物中所探明的电规律和现象也堪称神奇,但其重要性与同一种力量和神经系统及生命的联系相比几乎不值一提。
——迈克尔·法拉第,《电学实验研究》

20世纪,更先进的工具揭示出,生物电信号中可能存在预示健康或疾病的模式的蛛丝马迹。这很快让人们想到,电刺激不仅可以用来了解身体,还可以用来改善身体——用健康的模式取代有问题的模式。我们可以用电控制自己恢复健康。

第 4 章

给心脏通电：
如何在电信号中发现有用的模式

在探索动物电学的过程中，很少有人对伽伐尼解剖青蛙或阿尔迪尼解剖被斩首囚犯的恐怖行为提出抗议，但爱狗的英国公民有自己的底线。1909 年，一名反活体解剖游说团体的成员受不了冒犯，带着一份惊人的揭露科学界残忍行径的报告来到了下议院。[1]

那年 5 月，这位游说者参加了一个"座谈会"。在这个晚会上，英国皇家学会的科学家们向公众展示了他们的发现。（根据一家报纸的报道，这些事件的魅力在于"科学家们这一次屈尊让普通人了解他们的奥秘"。）其中一个演示的场景令人震惊，足以让议会召开听证会：根据反活体解剖人士的控诉，一条狗"脖子上勒着带锋利钉子的皮带"，看似是为了让这条可怜的狗动弹不得，而"它的爪子则被浸泡在装有盐溶液的玻璃罐里，而玻璃罐又依次通过电线与电位计相连"。请愿人告诫："如此残忍的程序难道不应该根据 1876 年的《虐待动物法》来处理吗？"[2]

事实证明，这种可怕的描述有些误导人，于是就轮到代理内政大臣赫伯特·格拉德斯通来澄清了。[3] 他解释说，这只动物并非不幸被用作实验的倒霉标本，而是这位科学家心爱的英国斗牛犬吉米。至于"带锋利钉子的皮带"，那其实是吉米的（相当昂贵的）铜钉项圈。最后，格拉德斯通澄清说，这条狗的爪子泡的"溶液"是海水，是出于它自己的意愿，而且它非常愉快，它那著名的"丘吉尔式"表情*也展现了这一点。"如果我尊敬的朋友曾经在大海里划船，他就会完全理解这种简单而愉快的体验带来的感觉。"他总结道。尽管如此，在这个无害的演示中，斗牛犬吉米对电生理学的进步所做的贡献比阿尔迪尼所有的死囚犯都要大。它——或者说它的主人，生理学家奥古斯塔斯·沃勒——用实验展示了世界上首次心电活动的记录。[4]

聆听电信号的能力很快就会成为现代医学的基石，而且不仅仅是对心脏而言如此，那些以往不透明的过程将变得为我们所见。到 20 世纪末，人们将利用沃勒做梦也想不到的工具，发现许多其他器官也会发出此类信号，从而以他所无法想象的程度深入了解一个人的身心健康和疾病状况。

泄密的心

在 19 世纪 80 年代中期，沃勒意识到，你如果把四肢连接到静电计上，就有可能形成一个电路，通过这个电路，你可以传导心脏的电信号，并使其清晰可读。（在他取得突破之前，"读取"心跳的唯一方法是打开身体，将电极直接放在暴露的器官上。这一壮举一般只有在可怕的动物实验中才可能实现，偶尔也会发生在那些受了看起来极为

---

* 二战期间，时任英国首相的丘吉尔曾被英国报纸漫画描绘成斗牛犬的形象，并因此闻名。——译者注

可怖的伤害，但在医学上还可救治的病人身上。）

然而，对沃勒来说，记录心电活动仍然是一种聚会上的小把戏。由于设备的反应速度较慢，他的装置所提供的描记既分辨率低又不精确。[5] 它们不能告诉你更多关于心跳的信息，只能显示心脏的跳动本身。事实上，这就是他的客人们在他的聚会活动上利用这种装置的方式，出席活动的女士们和先生们使用他的装置，向他们的同伴提供了确凿的证据，表明他们拥有一颗跳动的心脏。这是一个多么复杂而烦琐的装置啊！它需要这些身份高贵的客人在晚餐后脱掉一只鞋和袜子，坐在一把椅子上，椅子连接着一个叫作毛细管电流计的大型测量仪器，看起来和留声机很像，然后他们将一只光着的脚和一只手浸入两桶盐水中。如果这种非同一般的安排让他们有点儿紧张，沃勒会主动提出先在吉米身上演示，而吉米则会平静地忍受整个过程。

而荷兰生理学家威廉·爱因托芬在这项技术身上看到了沃勒未曾意识到的潜力。1889 年，在瑞士举行的一次生理学会议上，爱因托芬目睹了沃勒本人对这项技术的演示。他很快就改进了这个装置，完成了沃勒做不到的事情：得到足够精确的描记，以读取信号的轮廓。[6] 在接下来的 10 年里，不断进步的技术使得对心跳的记录更加精确，最终在 1901 年，由于爱因托芬的特殊贡献，"弦线电流计"的构造达到了顶峰。这种电流计能够测量人体最微弱的电信号。如果将其简化，它的结构就是一根弦线，它在极其明亮的光线照射下，在一张白纸上投射出夸张、放大的阴影。你可以看到那个阴影随着心脏的每一次跳动而颤动。爱因托芬进一步改进了装置，加入了镀银石英弦、移动摄影板和机械笔式记录器，但我对其基本机制的描述仍然有效。

沃勒和爱因托芬能够从皮肤表面读取到这些来自心脏的读数的唯

一原因是，这些信号虽然很小，但组合起来非常"响亮"——响亮到足以被弦线电流计接收。单块心肌发出的动作电位，就像一个朋友在你身边小声哼唱；而大量心肌同步发出的动作电位，就像一个百人合唱团在演奏亨德尔的《弥赛亚》的最后四个辉煌和弦时与管风琴的和声。我们身体中能这样演奏亨德尔的《弥赛亚》的部位并不多：众多心肌纤维必须同时发力，才能产生心脏收缩，将血液泵送到全身各处。

由于沃勒使用的电流计老旧破损，反应速度缓慢，他的描记既分辨率低又不精确，而爱因托芬的改进型电流计能产生分辨率极高的锯齿状波形，甚至能分辨出健康心脏和患病心脏。在1893年的荷兰医学会议上，爱因托芬为这些波形短线命名，并创造了"心电图"这一术语，现在，它的缩写是ECG。[7]

然而，他为此制造的机器却是一个怪物。沃勒的早期版本的设备与爱因托芬的庞然大物相比可谓相形见绌，后者占满了两个房间，重达600磅*，需要5名操作人员和特殊的冷却设备。[8]而且，此时需要被"读心"的人除了足部要如之前那样浸入盐水，还需要再浸入两只手。但这台设备发挥了巨大的作用：20世纪初，爱因托芬进一步将沃勒描记的模糊涂鸦转化为诊断准确的波谷和波峰，医生可以根据这些特征在医院诊断心脏状况。临床医生开始使用这种仪器，其中包括心脏电生理学家托马斯·刘易斯，他于1908年开始在大学附属医院的病人身上使用这种仪器。凭借这种研究和描述各种心律失常的能力，刘易斯知道他正在为一个新领域——临床心电图奠定基础。心电图仪使医学能够以前所未有的方式窥探人体内部，在接下来的几十年里，它帮助人们确切地解释了心脏的电活动是如何有助于心脏协调体内血液流动的。

---

* 1磅约为0.454千克。——编者注

一个电控泵

每一次通过心脏的血液泵送都是由一组细胞启动的，我们最好将这组细胞想象成乐队指挥者。它们位于心脏的右上方，被称为窦房结。乐队指挥者协调心脏的所有细胞，使之形成一个精确的节律，确保血液只进入一个特定的腔室，只从另一个特定腔室流出。血液进入一组被称为心房的上部腔室，然后流入心室（下部腔室），大约半秒后心室收缩，一个心室将血液输送到肺部，另一个心室则将血液输送到全身。这是一个相当精确的节律，需要精心编排，风险很高！如果节律错了，心脏就不能很好地协调全身的血液分布，身体就会死亡，而这一切都依赖于电。

指挥者通过动作电位启动这些动作，但这些动作电位不是我们熟悉的神经系统动作电位。这是因为心脏的肌肉不像骨骼肌那样有自己的神经驱动。心脏全由肌肉构成，但它是一种不同寻常的肌肉。它是一种自我决定的肌肉，它的运动不受你的控制——你很清楚，你的心跳不受你的控制。通过大量的练习和专注训练，你可以学会放慢这个节奏，但你不能像闭上眼睛一样停止心跳。就像神经一样，心肌产生自己的动作电位，只是没有化学突触参与。

那么动作电位是如何在心脏细胞间传递的呢？指挥者的信号是如何通过心脏传递给所有肌细胞的？事实证明，它们不是由标准的突触连接的，而是由高速电线直接连接，也就是我在上一章中提到的缝隙连接。[9]这些相邻的酒店房间的门通常是开着的，这样信号就可以在各个房间瞬间传递。无论一个细胞了解或经历了什么，都会立即通过这些连接的门扩散，让它的邻居也立即了解或经历。这种通信方式比常规的化学突触快10倍，因为它摒弃了神经递质，也消除了细胞之间的缝隙。

这就是心跳的节奏从该器官的顶部移动到底部的方式，这可以确保血液的泵出总是比血液的流入晚半秒。

沃勒正是捕捉到了这种同步的颤动。但他的早期设备太原始了，无法让人看清细节，只有当爱因托芬使用他那根花哨的弦时，这些细节才清晰可见。那也是我们第一次看到那些呈现锯齿状轨迹的光点上下跳动，你可能从医疗剧中看过它们（或者如果你身上曾经连接过心电监护仪的话）。

然而，比看到正常的心跳更引人入胜的是，爱因托芬给出的更清晰的读数使人们能够看到心跳何时出现异常。此时，你不仅可以从视觉上区分健康心脏和患病心脏的特征，还可以开始检测特定的疾病，如异常缓慢的心跳。这种情况被称为心动过缓，它意味着血液无法向大脑和其他身体组织输送足够的氧气，因此患有这种疾病者经常感到头晕、虚弱或产生昏厥。

早在我们完全了解所有这些信号如何传导和工作之前，人们已经试图用电将这些错误的信号恢复正常。

心脏起搏器的掌控力

心脏起搏器起源于1878年普鲁士的一个手术台上。凯瑟琳娜·塞拉芬刚刚挺过了一场残酷的手术，这场手术切除了一个恶性肿瘤，但她跳动的心脏因此暴露在体外，上面只覆盖了一层薄薄的皮肤。[10]这为德国医生雨果·冯·齐姆森提供了一个难得的机会，通过机械力和电来刺激她跳动的心脏，使人们认识到将电直接作用于心脏是可能实现的。像阿尔迪尼这样的早期探索者曾认为，用电操纵心脏的唯一方法是通过神经系统。

在对塞拉芬的心脏进行实验的过程中，齐姆森意识到，如果施加的周期性直流电脉冲——伏特从他的电堆中产生的稳定电流——比自然心率稍快一点儿，心脏就会试图跟上这种人造节拍器的节奏。有证据表明，往位于心脏顶端的自然电信号的发源地注入人造电脉冲，可以覆盖错误的心律，或使停滞的心律复苏。但这种方法难以应用，因为它只有将电极直接贴在心脏裸露的表面时才起作用，如果通过闭合的胸腔施加脉冲则不起作用。没有人愿意打开自己的身体进行电击，因此这项技术也就没有了商业价值。

在这种认识的基础上，又过了30年，新的医学应用才姗姗来迟。最终让事态取得进展的是美国的电气化导致意外触电事件急剧增加。[11]这正是阿尔迪尼在一个多世纪前一直试图扭转局面的一种"暂时死亡"类型。而此时这件事变得有点儿紧迫。我们已经确定可以重新启动或纠正心跳，下一个问题是如何保持心跳。一种可以持续重写心跳的设备正在研制之中，只不过它绝对会令人感到恐惧。

它只有一个小手提箱大小，重7.2千克，由一个手动曲柄操作。[12]一根电线将它产生的电送到一根刺入心脏的针上。它很有效，但要进入临床试验很难。找到准确的扎针位置至关重要，一旦扎错，就会造成致命的大出血。1932年，该装置及其发明者艾伯特·海曼都遭到了美国医学会的严厉谴责。他们说，关于这种心脏注射成功导致心脏复苏的报告"纯属奇迹"。[13]这种怀疑态度是阿尔迪尼多年实验所留下的苦果，也导致没有美国制造商愿意置自己的声誉于不顾来帮助海曼生产他的设备。

然而，到了1950年，其他医生显然也有了这方面的需求，而且人们能够利用更先进的材料，开发出不同的设计。这些设计并不总是所谓的改进。人们不得不用手推车推着这些设备及其缠绕在一起的触点电缆四处走动。它们有时还需要从墙上接电（如果电量耗尽了，那只能说可惜了，这种情况并非没有发生过）。人们已开始尝试如何将它们植入人体——便携性的极致体现——但需要一种比现有的更好的电源。

贯穿心脏的"闪电"

你如果认为用核能为靠近心脏的植入装置提供动力是一个糟糕选择，那么至少有139人不同意你的观点。[14] 20世纪70年代，一些制造商推出了以少量钚为动力的起搏器设计。这种放射性同位素衰变时产生的热量被转化为电能，为模型中的电路供电，但不要担心，它们"被屏蔽得足够好，几乎不会对病人产生任何放射性影响"。[15] 自此以后，植入式起搏器的电池设计变得越发古怪，还包括一种使用生物电的电池，在概念上与马泰乌齐的蛙腿电池并无二致。[16]

1958年，威尔逊·格雷特巴奇发明了一种使用锂离子电池的起搏器，就此发现了一种比钚更令人安心的持久动力来源，这种起搏器的绝大部分被沿用至今。[17] 在几十年的时间里，他的发明被改进成我们今天所知的小型可植入式心脏起搏器。

这种起搏器的设计理念非常简单，植入方法与海曼的方法大同小异。幸运的是，现在已经没有人用针刺入心脏了。取而代之的办法是通过手术将电极植入引起问题的故障点。电极通过一根导线连接到脉冲发生器上，导线携带刺激电荷。这在概念上与本杰明·富兰克林用来引导闪电从天而降的风筝线并非完全不同。只不过，这根导线传导的不是大气中的闪电，而是来自电池供电的刺激装置——心脏起搏器那微小的、受到精确控制的"闪电"。比起一开始得用手推车推着走的起搏器，现在的起搏器已经小巧得不可思议，只有约10便士硬币大小，而且还在不断变小。

心脏起搏器最常见的用途是加快缓慢的心率（如心动过缓）。微小的"闪电"会覆盖心脏自身的生物电，通过施加微小而有规律的电刺激，驱动心脏以正常的速度运转。

当电刺激到达窦房结内的肌细胞（负责推下第一张多米诺骨牌的指挥者）时，电刺激会强行改变细胞的膜电位。[18] 肌肉被去极化，从而打开电压门控钠离子通道，然后触发动作电位，进而触发心跳的其他级联动作。

如今，一些最先进的起搏器型号不仅能进行电刺激，还能进行监听，以确保在正确的时间发出正确的电刺激。它们能感知佩戴者的心律，从而进行实时调节。这种对实时反馈做出反应的能力使起搏器可以被归入闭环设备＊的行列。

在格雷特巴奇为起搏器加入锂离子电池后，改进迅速到来。到20世纪60年代，塑料、晶体管、微芯片、电池等20世纪多项重大技术突破使心脏起搏器成为可植入人体内的可靠设备。[19] 那些将其改造成可工作设备的工程师和科学家创立了一家名为美敦力的医疗设备公司。在接下来的20年里，安装心脏起搏器的患者人数迅速从6人飙升至近50万人。

20世纪60年代末，威斯康星州的一位神经外科医生首次将美敦力公司的植入式心脏起搏器带出预期的环境，将其用于他的慢性疼痛患者。它被植入了脊椎——但这只是起搏器奇异旅程的开始，它很快就会在大脑中找到新家。

沃勒的早期描记也经历了同样的变迁。心电图仪首先让医生得以在医院里诊断心脏疾病，然后为首次记录大脑活动奠定了基础。之后，它成了许多电成像的基础，这些电成像如今越来越多地用于诊断睡眠和神经疾病。这些先进的脑部诊断技术又反过来让人们认识到动物电

＊ 闭环设备是指可形成闭环系统的设备，即系统的输入影响输出，同时又受输出的直接或间接影响。——译者注

是身体的数字化信息，通过这种方式，我们的身体就可以用一种专门的神经密码进行自我内部沟通。这一在 20 世纪生根的想法，已经在 21 世纪开花结果，发展成为神经科学的决定性思想。许多人现在确信，有了沃勒早期装置的这些后续改进型装置，我们离读取思想的电活动——也许还能解开意识本身的秘密——不过一步之遥。

第5章

人工记忆和感官植入物：
探寻神经密码

2016年，一家名为Kernel的硅谷初创企业从原先的"隐形模式"走出，公开宣布它正在开发一种假体记忆——一种可植入大脑的微芯片。这种微芯片不仅可以帮助创伤性脑损伤患者恢复记忆信息的能力，最终还能帮助其他人变得更聪明。如果你相信Kernel的创始人布赖恩·约翰逊的话（他在这个想法上押了1亿美元），那么它就具有无限可能。"我们能以快1 000倍的速度学习吗？"约翰逊当时说，"我们能选择保留哪些记忆，删除哪些记忆吗？我们可以和电脑建立连接吗？如果我们能模拟大脑的自然功能，能真正使用神经密码，那么我的问题是：我们还有什么不能做的？"[1]

如果你一直保持阅读科学期刊和技术出版物的习惯，你可能会认为Kernel的计划无懈可击。在过去的10年里，大脑植入技术的发展速度是惊人的，而约翰逊也接触了越来越多的显然很有前途的学术研究。他从南加州大学请来了世界上最多产的生物医学工程师之一西奥多·伯杰，担任该项目的首席科学顾问。20年来，伯杰一直致力于将电信号写入大鼠和灵长目动物的神经元。他刚刚创建了一种算法，可以破译由大脑的一个部分发送到另一个部分的密码，而且这样做显然提高了几只老鼠形成短期记忆的能力。[2] 有了 Kernel 的资金注入，是时候进行人体试验了。《黑客帝国》中的"矩阵"正在日趋成为现实。

这一切是真的吗？恰当的植入物可以覆盖我们正常的大脑活动的信念，实际上已经成为技术统治精英们的信条。约翰逊随后在内容平台 Medium 上发表了一篇帖子，他写道："人类的未来取决于我们学习如何读写我们的神经密码的能力。"[3] 但为什么呢？这个想法又从何而来？我们很快就会让学者和科技公司像编程电脑一样给我们的大脑编程吗？Kernel 记忆芯片的故事证明了我们目前对大脑内部工作的隐喻存在局限性。但要完全理解这个问题，我们需要对人们所说的"神经密码"进行简单但深入的探讨。

从心跳到神经密码

心脏的肌肉要么对刺激做出反应，要么不做出反应，自 19 世纪 70 年代以来，科学家们已经清楚地认识到这一点。心跳的频率可以变化，但搏动本身不会变化：没有什么大小心跳或半心跳之分。心脏要么跳动，要么不跳动。同样，在早期的实验中，如果刺激肌肉纤维，它要么抽搐，要么不抽搐，似乎不存在半抽搐。因此，杜布瓦-雷蒙称之为"全有或全无"。对于心脏来说，这种二元模式是有意义的，因为功能正常的心脏只有一项工作：它只需要跳动。

但是神经和肌肉是如何利用同样的系统来将更复杂的信息传递给大脑的呢？如果它们能做的只有激活或不激活，它们又如何改变所携带信息的内容呢？神经和肌肉显然能够根据复杂得多的信息梯度采取行动。例如，你可以选择轻微地、不完全地或最大限度地弯曲你的手臂，直到筋疲力尽。我们都熟悉最初和物体接触时的触感，比如坐在椅子上或刚穿上一件柔软的毛衣，过一段时间这种感觉就会减弱，以至我们完全感觉不到。像这样的动作和感觉很难说是"全有或全无"的。

为了弄清肌肉和神经是否真的适用于这套"全有或全无"的模式，20世纪第二个十年初，剑桥大学工程师兼电生理学家基思·卢卡斯又祭出了我们常用的青蛙替身。他证实，只有当刺激强度超过某一阈值时，肌肉纤维才会做出反应。

所以所有的肌肉都遵循同样的二元规则——它们要么抽搐，要么不抽搐。同样的规则也适用于神经吗？如果适用的话，它们究竟是如何处理复杂信息的呢？

两个问题阻碍了我们对此的进一步理解。第一：神经和肌肉无论在何处，都不是一根单独的电线，而是捆绑在一起的成束电缆。它们有点儿像在各大洲之间沿海底传递信号的细缆线。这些信号不是沿着一根线传送的，而是沿着不同的光纤线缆，其以不同的粗细编成紧密的束状。同样，人体内的神经"电缆"的粗细也各不相同，有些很粗（如脊髓），有些则可能仅由几十条神经组成。[4] 大脑通过神经将信息传递给肌肉，让后者收缩。因此，每当你试图聆听它们的声音时，你就会听到大量不同的神经元喧哗的声音。将单个神经元分离出来，聆听它的独白是不可能的：首先，从神经纤维上以手术分离出单个（活的）神经是不可操作的；其次，检测其动作电位的仪器并不存在。

即使是聆听最响亮的多重神经元纤维"音乐会"，你听到的也不是它们的自然对话。从伽伐尼开始，所有测得的神经或肌肉信号都是通过人为施加电击来"诱发"的。（我想，如果我们继续沿用这个比喻，这就相当于给神经一个巨大的静电电击，然后聆听它愤怒的尖叫。）这种方法限制了你对神经系统在自然环境中真正的工作原理的了解程度。

像其他优秀的物理学家一样,卢卡斯做的第一件事就是找一个聪明人来接手他在三一学院实验室的繁重工作:他找到了年轻的生理学博士生埃德加·阿德里安。阿德里安的任务是:研究清楚神经信号如何传导,并看看它是否也遵循卢卡斯在肌肉中发现的"全有或全无"原则。

他们首先减少了必须处理的肌肉纤维中的神经数量。卢卡斯在青蛙身上发现了一种肌肉,这种肌肉只由 10 根神经轴突支配。当他用电击来刺激它时,他发现由此产生的肌肉收缩取决于电击的强度。但这并不适用于单根神经。无论电击强度如何,它们的反应都是一样的:要么激活,要么不激活。更多的刺激会导致更多的神经纤维激活,这就是肌肉收缩量发生变化的原因。单根神经的二元原则从未改变。

这就是神经与肌肉一样遵守"全有或全无"原则的确凿证据。[5]但第一次世界大战打断了研究小组的探索。卢卡斯离开实验室,加入英国皇家飞机制造厂,将自己的工程技术用于战争,设计出新型罗盘和炸弹瞄准器。1916 年,他在测试其中一个装置时,死于一次空中碰撞。导师去世后,阿德里安回到剑桥,他对卢卡斯的问题更加痴迷。他该如何聆听单根神经的冲动呢?还没有人制造出足够灵敏的机器来记录信号本身,但是否能制造出一种放大信号的机器,让现有的机器也能记录呢?

战争期间,阿德里安的美国朋友亚历山大·福布斯致力于研究无线电接收器、早期雷达工具,以及可以增强音频信号的新型设备——真空管。战争使它们变得廉价又易得。战争结束后,福布斯用这些元件制作了一个新的放大器,然后把这个东西安装在一个爱因托芬式弦线电流计上,这就成了!单根神经的微小动作电位可以被放大到前所未有的 50 倍,在接下来的几年里,这个数字飙升到了 7 000

倍。[6] 这是一个伟大的装置——此时阿德里安只需找到一种方法来聆听神经束在自然状态下的声音，而不是通过应用电刺激来人为地刺激其发声。阿德里安拿到了可以自行制造装置的设计图，并订购了青蛙。[7]

要做到这一点，关键在于找到一种可以预测神经放电的情景，以便就地对其进行捕捉和记录。有一天，他正在记录青蛙肌肉的"静息"状态。这样做的目的是提供一个静默基线，来与他后来希望找到的自然信号进行比较。青蛙腿就挂在那里，没做任何动作，也没有受到刺激。这时显然不应该有任何信号。然而，每当他试图对这种基线静息状态进行记录时，同一种恼人的、无法解释的噪声就会干扰他，这和他主动刺激肌肉时得到的振荡信号是一致的。这种干扰逼得阿德里安走投无路，于是他将青蛙放在了一块玻璃板上——瞬间，神秘的信号停止了。他拿起青蛙，让它的腿再次悬空，信号出现了。他放下青蛙，信号消失了。

就在那时，阿德里安突然意识到他观察到了什么。他领悟了他所探测到的信号的本质：连接在腿上的神经正在向中枢神经系统发出信号，告知中枢神经，腿正在被拉伸。也就是说，他找到了它们用来传递这种复杂信息的信号。

现在，他需要找到一种方法，将这些信号中的单个信号筛出，并在其沿着单根神经传递时记录下来。于是阿德里安投入相关研究，1925年，他和他的同事英韦·索特曼成功地将一个肌肉群缩减到只包含一根肌纤维，且这一根肌纤维中只有一根神经。这个感觉神经元只负责传达一件事：它连接的肌肉感受到了多大程度的拉伸。索特曼写道："我们顶着巨大的情绪压力，紧赶慢赶地记录神经对不同程度刺激的反应。"他们从单根神经上记录到的信号是一连串干净而稳定的"哔声"——这是单一的、未经混杂的动作电位所发出的声音。这些哔声始终如一。无论如何刺激，它都不会变大或变小。唯一改变的是它的激发频率。如果我们拉紧神经元所在的肌肉，哔声的频率会加快，数量会增加。而当肌肉松弛下来时，哔声的频率便会降低。肌肉在玻璃板上完全静止时，则根本不会发出任何哔声。索特曼和阿德里安都意识到："我们现在所看到的，是以前从未被观察到的现象。我们正在发现的是生命的一个巨大秘密，即感觉神经是如何向大脑传递信息的。"[8] 他们恍然大悟，成了首批洞悉大脑如何从肢体获取信息的人。他们破解了这些哔声向大脑传递环境中的有用信息的秘密。如果肌肉拉伸，便发出又多又密的哔声！而如果停止拉伸，则不发出哔声。这个编码系统似乎让我们觉得非常熟悉。

在当时那场旷日持久的战争中，交战各方一直致力于破译密码和拦截信息传输。这赋予了阿德里安一个全新的概念视角，并以此来理解他所看到的一切。[9] 他在神经信息传输中发现的机制貌似是一种生物电的莫尔斯电码。

自19世纪电报发明以来，神经冲动和一般神经系统都是从信息交流的角度被描述的。但当阿德里安发现神经冲动只是一系列随时间可变的短暂脉冲（也就是没有破折号的莫尔斯电码）时，这种有限信号所能传递的复杂信息（如拉伸感）令他震撼不已。"在任何一根肌纤维中，波动的形式都是相同的，信息只能通过神经放电频率和持续时间的变化而变化。事实上，这些感官信息并不比莫尔斯电码中的连续点更复杂。"[10] 我们可以从索特曼的叙述中看到类似的变化。多年后，他回忆了先前实验中分离单个神经元之前所遭遇的挫折，并写道："这就好像我们在窃听一条同时进行多线路传输的电报电缆。我们根本无法读出密码。"[11]

阿德里安通过他发表的科学著作以及撰写的通俗读物引入了相应概念，并由此塑造了人们对神经系统的普遍认识，进而也定义了生物电信号及其功能：发送消息，编码解码，并最终获得有用信息。

这种关于"密码"的想法开始从原先仅涉及单个神经元的情况逐渐扩散，进而渗透到整个神经系统如何利用动作电位翻译外界信息以供大脑解读的观念中。既然周围神经系统使用密码向大脑发送信息，那么阿德里安接下来想了解的是大脑如何接收这些信号——大脑如何将这些莫尔斯电码翻译成它能理解的语言。我们的大脑是否就像阿德里安在接受诺贝尔奖时发表的演讲中所暗示的那样，是一个将信号解码为经验的"中央工作站"？如果这种推测属实，那么"只要我们能观察某人工作中的大脑，我们就能知道他在想什么"。[12]

在发表这次演讲之前，阿德里安就已经开始在文献中寻找关于大脑解码机制的解释。虽然他没有找到，但他发现了一种可能找到这一解释的方法——德国神经学教授汉斯·贝格尔最近发明的一种新机器。阿德里安对它的发现"尤其感兴趣"，而让他和他的同事感到惊讶的是，竟然从未有人试图重复这些发现。[13]

汉斯·贝格尔对大脑密码的探索

在近10年前，奥古斯塔斯·沃勒第一次让他的宠物斗牛犬把爪子浸入盐水中以读出心电节律时，曼彻斯特生理学家理查德·卡顿便已开始针对类似的节律读数展开研究，不过这些读数是他通过在人的头皮上贴上电极而获得的。与沃勒不同，卡顿深知他刚刚取得的发现的重大意义。自动作电位的电特性被确定以来，越来越多的人开始猜测大脑中的处理机制是否也有自己的电特征。1875年，卡顿发现了一种大脑的"微弱电流"，它即使在没有肌肉活动的情况下也会发出——这与当时的科学共识不符。根据当时的共识，只有肌肉活动才能产生可测量的大脑活动。然而卡顿的病人虽然坐得端端正正、一动不动，却像指示灯一样发出忽闪忽闪的电流。

被尘封了将近 50 年后，他的研究成果才被时任耶拿大学精神科诊所主任的贝格尔发掘出来。[14] 从表面看，贝格尔在工作中给人的印象是严格死板，毫无魅力。[15] 这其实是因为另有事物让他分心：自 19 世纪 90 年代以来，他一直秘密从事一项具有重大个人意义的项目。这一切都要追溯到他年轻时在一次军事训练中遭遇的意外。1892 年，贝格尔骑在马背上拉着重型火炮时，不慎被甩了下来，他的头恰巧落在一门正在逼近的火炮车轮前几英寸的地方。炮车在最后一秒钟停了下来，若非如此，他死定了。那天晚上，当他回到营房时，这段经历还让他后怕不已，这时他看到父亲发来的一封电报，询问他是否安好。做此询问的原因是：就在汉斯出事的时候，他的姐姐突然被一种莫名的恐慌感攫住，于是她恳求她的父亲确认汉斯平安无事。

贝格尔无法用科学来解释这段经历。怎样才能解释这种非同寻常的巧合呢？他只能得出以下结论：他强烈的恐惧感在他的脑海之外形成了某种物理形态，并以某种方式瞬间传给了他的姐姐。贝格尔由此下定决心，要找到心灵感应的心理生理学基础。

1902 年，他发现了卡顿用静电计探测大脑电流的研究工作。而为了在大脑中找到相应的信号，他又花了 20 多年的时间，终于得到了一个弦线电流计。他的第一个实验对象是一个名叫泽德尔的 17 岁大学生，后者的头骨上有一个切除脑瘤后留下的大洞。贝格尔将探入泽德尔脑部的电极连接到他从大学附属医院借来的通常用来做早期心电图的弦线电流计上。突然之间，信号出现了——就像沃勒从心脏获得的电描记一样，清晰无比，但这次是来自大脑。脑电活动的证据终于被找到了。

但是，他从大脑中检测到的信号模式比这台临床设备能够从心脏中检测到的信号要复杂得多、微弱得多，也嘈杂得多，因此更难分析出连贯的基序。贝格尔订购了一个更大的电流计。在长达5年的时间里，他痴迷于这项研究，煞费苦心地调整仪器，以便从所有其他干扰中筛选出有意义的模式——最轻微的身体运动、心跳，甚至是大脑自身的血流脉动。

到1929年，他的新设备已经发展到足以录制数百份脑波记录，分别来自颅骨缺陷、癫痫、痴呆、脑瘤和其他疾病的患者以及健康对照组（他自己和他的儿子）。[16]更有趣的是，它们的变化方式也很相似。例如，当你专心致志、闭目养神时，波形会发生变化。当癫痫患者发病时，它们的形状也会发生变化。看来，这些波的形状确实向我们透露了一些大脑内部过程的相关信息。最后，在充分证据的支持下，他设计了一面"脑镜"来反映大脑的精神活动。他称他的新工具为脑电图（EEG）——一种可以让你窃听大脑电活动的设备，它所记录的也是最早的、尚不精确的脑电波。在对这些大脑的电活动进行了近5年的记录后，贝格尔终于鼓起勇气发表了他的研究成果。

也许他继续保持沉默才是明智之举。他的论文受到了冷遇，几乎无人问津。由于他对自己的研究秘而不宣，加上他沉闷无趣、平庸无奇的名声，没有人相信这个小个子男人会发现什么开创性的东西。许多与他同时代的德国人甚至公开质疑他所声称发现的振荡波是否来自大脑。在巴黎的一次会议上，当贝格尔在昏暗的礼堂里解释他的脑电波投影图时，一半的听众直接走了出去。

然而，阿德里安从贝格尔的工作中看到了潜力。他立即在自己的实验室里开展研究，进行复制和扩展。[17]例如，贝格尔发现，大脑的静息活动形成了一种他命名为α节律的小波模式，这种模式的活跃度很有规律，每秒钟稳定地产生8~13个小锯齿波。剧烈的精神活动则改变了这个节律，产生了一种更快、更不规则的波，他称之为β波。阿德里安广泛宣传了贝格尔的研究成果，甚至试图将α波重新命名为

"贝格尔波"。[18] 他甚至为英国皇家学会做了一个演示,公开追踪了自己思考时的脑电波——由他自己发出的,会实时改变的振荡波形。[19] 他用的可不是斗牛犬。

现在,通过读取脑电图,美国技术人员能够区分睡眠和清醒状态,区分注意力集中和注意力不集中状态,甚至区分健康的大脑和患有神经系统疾病的大脑。

在德国,公众的想象力开始进入狂热阶段。20世纪20年代末到30年代,脑电图记录人类大脑电活动的能力开始引发人们对人类即将破译大脑,进而破译心智的遐想。一位德国记者热情洋溢地写道:"今天,大脑用自身的密码来书写信息;到了明天,科学家将能够从这些密码中读取神经的精神状态;再到后天,我们将首次用大脑密码书写真正的信。"[20]

这种热情注定不会持久。乐观的基调逐渐消失,只剩下最坏的预期。一个广播节目对令人忧心忡忡的"未来电生理问题"进行了调查。[21] 社论漫画捕捉到了当时德国人的普遍态度:一则漫画暗示,诱惑未来瘾君子的将是电流,而非可卡因和吗啡;在另一则漫画,野兽派描绘了一个人裸露的大脑,电波穿过他的大脑,透过他迷茫的双眼照射出来,揭示的正是监控国家的洗脑行为。这则漫画的说明文字写道:"通过向大脑提供电振荡能量来增强暗示力。"[22]

一些投机分子则抓住了脑电图带来的商机,你对他们的伎俩一点儿都不陌生。贝格尔的发现催生了一个蓬勃发展的庸医医疗器械市场。一位买家向贝格尔咨询如何使用脑电图来评估新马的性情。图宾根一家妇女诊所的负责人则试图使用脑电图检测妊娠的神经特征。[23] 这一切令贝格尔极为愤怒。

到1938年,该工具已在德国以外的世界其他地方得到广泛应用。它对诊断癫痫发作、睡眠阶段和药物反应的特征模式特别有用。在美国，脑电图研究以惊人的速度发展，战时的技术和美国人的开放思想使这一领域在理论、设备和实践方面频频取得突破。[24] 当新的脑电图实验室在大学里破土动工时，奠基仪式吸引了来自美国各地的名人。但这并不是一个以德国与其他国家公开共享科学知识而著称的时代，因此，对于他的脑电图已在多大程度上改变了美国神经科学的面貌，贝格尔本人并不知情。他看到的只是自己的创造给自己的国家带来了"一片喧嚣"。1941年，正当阿德里安为贝格尔给诺贝尔奖委员会写推荐信的时候，陷入绝望和抑郁的贝格尔结束了自己的生命。

脑电图技术在经历了17年的发展之后，又停滞了40年。在此期间，我们宁可将电流导入大脑，也不愿试图破译隐藏在大脑自然神经活动中的密码。

我们如何确信大脑就是一台电脑

在计算机时代的黎明，当工程师们开始组装第一台足有房间大小的计算机时，这些计算机也是作为一种大脑被制造（和构想）出来的。1944年，电子产品制造商西部电子公司在《生活》杂志上为其研发的新型防空制导系统刊登了一则光鲜亮丽的广告，宣称"这个电子大脑——计算机——能思考一切"。对此，人们必然产生下一个逻辑飞跃：如果计算机是一种大脑……那么大脑会不会也是一种计算机呢？

美国神经生理学家沃伦·麦卡洛克提出了这种可能。麦卡洛克已经对阿德里安开创的监测手段驾轻就熟了，能够自如探查隐藏在神经"全有或全无"的放电率中的信息。随着他又逐渐熟悉了作为计算机基础的二进制编码，他发现了一种可能的相关性。在计算机中，二进制的选择是"非真即伪的语句"，也就是0或1。而在大脑中，"神经元要么激活，要么不激活"。这种全有或全无的神经激活会是大脑版本的二进制编码吗?

这两门学科的词汇很快就重叠了。在接下来的几十年里,麦卡洛克和他来自众多不同学科的同事用电子工程术语来描述神经系统是如何工作的。神经学采用了"脑回路"等术语。电生理学则开始以"电路""反馈""输入""输出"等术语来描述神经系统的工作方式。"你为计算机编写的程序代码"与"大脑所受到的类似程序管制"的概念之间的界限越发模糊。

所有这些观念混杂,很快就催生了一种正式的新思想流派:控制论。这种思想始于第二次世界大战,被视为一门关于通信和自动控制系统的科学,既适用于机器,也适用于生物。但对于其最狂热的信徒来说,这也是一种精神控制的手段。控制论的主要思想是,如果人类(或任何动物)的任何感知和体验只是通过神经系统的回路在大脑中传递的代码,那么你应该能够像控制机器一样控制人类的思想。沉迷于控制论的不仅仅是科学家——这种新的认识很快就完全渗入了时代精神。工程师们制造了机器人,其操作系统据称可以模拟人类的大脑,并且由于它们能够"感知光"或自行返回充电站,因此也被赋予了类似意识的特性。[25] 1948 年,当诺伯特·维纳出版极具影响力的《控制论——或关于在动物与机器中的控制和通信的科学》一书时,这一观点已经深入人心,该书也成了全球畅销书。尽管正如科学史学家马修·科布所指出的那样,书中包含了"大多数读者无法理解的大量方程式(而且错误百出)"。[26] 换句话说,这个想法太引人注目了,以至于没必要去纠结它是否基于事实。我们仅仅通过激活特定的神经元回路就能像驱动机器人一样驱动动物,这种想法太好了,管它能不能验证呢!

但是,用什么工具才能控制人体的电路呢?科学家们重拾了一种屡试不爽的方法——对人进行电击。(甚至埃德加·阿德里安也有过短暂的不务正业时期。[27]第一次世界大战期间,当他在伦敦完成医学学业时,他和他的同事将一种流行于法德两国的电疗法"鱼雷"加以改造,用于治疗壳震*的英国士兵,并让他们尽快回到前线。[28]当阿德里安意识到士兵们的复发频率要高于好转频率时,他在1917年放弃了这种做法,并重新投入日后令他获得诺贝尔奖的工作。)

起初,电疗师对整个大脑进行电击,但效果不佳。但如果不对一个人进行无差别的电击,而是针对特定的脑回路进行电击呢?特定脑区已成为一个热门话题。20世纪40年代,神经外科医生怀尔德·彭菲尔德在寻找导致癫痫发作的大脑部位时,发现了一条重要线索,即大脑深处有一些区域负责非常特定的体验和记忆。在切除产生癫痫症状的部分脑组织之前,彭菲尔德会首先用电刺激大脑深部的几个部位来定位问题区域。随后他的患者就会表现出奇怪的行为。他们可能会突然开始唱一首他们只在小时候听过的歌,他们也可能会说闻到了某种强烈的幽灵般的香气。对某些大脑区域的电激活显然将感觉从大脑深部的黑暗角落带到了阳光之下。[29]

有了这些关于大脑回路中编码内容的提示,其他科学家就开始大胆地将人和动物开颅,并将电极插入大脑中,以进行更精确的控制。早期的研究方法侧重于大脑的愉快中枢和奖赏回路。这种方法产生了强有力的影响。只要在大鼠大脑的恰当位置插入电极,就能让这只动物做任何事来刺激自己,包括在26个小时内不眠不休,且不做任何其他事情。[30]

在哺乳动物大脑中发现这样一个控制开关,恰恰导致了可能在你预料之中的那种伦理灾难。20世纪60年代末,新奥尔良杜兰大学的精神病学家罗伯特·希思的办公室里来了一位病人。这名患者渴望治

---

* 壳震也称弹震症或炮弹休克,是一种在战时条件下(如战斗),由强烈的压力引起的创伤后应激障碍。——译者注

愈自己的同性恋倾向,考虑到20世纪60年代路易斯安那州的文化观念,这是情有可原的。当病人——希思在病历中称他为B-19——寻求专业帮助时,他已经有了自杀倾向。所以希思给他的病人植入了一个刺激器,以期将他的欲望重新导向女性。当B-19控制自我刺激器时,希思指示他在实验室里观看无限制的异性色情片。[31] 对此,希思报告称,"B-19刺激自己……几乎达到了压倒性的欣快和狂喜,以至于尽管他自己强烈抗议,但我们还是不得不断开他与刺激器的连接"。过了一段时间,B-19想在肉体上亲身体验下滋味,于是希思请了一个妓女来实验室。精神科医生的临床观察结果是:"这位年轻的女士很合作,这是一次非常成功的体验。"[32] 然而,刺激的长期影响并没有那么明确。虽然B-19后来确实有了一段长时间的异性恋关系,但他也从未停止与男性发生性关系。看来,简单地切断人类的奖赏回路的做法也有其局限性。而公众对希思在该领域工作的忍耐力也消磨殆尽。1972年,当地一家杂志谴责希思的工作是"纳粹实验",这一批判使他的事业一落千丈。[33] 不过在那时,他的工作已经让位于另一些更激动人心且更适合媒体报道的发现:有人在大脑中发现了开关,但并不是一个"开始"按钮,而是一个"停止"按钮。

何塞·德尔加多是任职于耶鲁大学的一名西班牙神经生理学家,他在自己的学术成长期探索了攻击性、疼痛和社会行为的神经根源。当时,控制论方兴未艾。正是在这一框架下,他开始了动物电刺激研究。他很快就能熟练地制造出定制的微电子设备,并将其植入猫、恒河猴、长臂猿、黑猩猩和公牛的大脑。[34]

20世纪60年代中期,德尔加多来到西班牙科尔多瓦的一个牧场,研究大脑中与攻击性相关的神经活动区域。在实验中,德尔加多选择了一头名叫卡耶塔诺的公牛和另一头名叫卢塞罗的公牛。每头牛的体重都在500磅以上。

德尔加多将一个由电池供电的电极插入卢塞罗大脑中的一个多功能区域，该区域涉及从运动到情感的方方面面。然后，他让公牛发怒。当公牛开始冲撞时，德尔加多在最后一刻按下了无线电装置上的一个按钮，该按扭可以远程打开刺激电极，对卢塞罗的脑部尾状核进行电击，使公牛突然停止冲撞。

展示这个著名实验的黑白老照片可能已经在全世界所有神经科学本科生的研讨会上被传阅过了。照片上的德尔加多穿着休闲裤，身着一件有领衬衫，外面罩着一件颇有学者派头的V领套头衫。他站在围栏里面，面朝一头向他猛冲过来的野兽，显得与环境格格不入。他手中举着一个看起来像带有天线的便携式收音机的东西，气定神闲地站在这头公牛前，后者突然停止了疾冲，蹄子还隐在一团因疾冲而扬起的尘土中几不可见。[35]

卢塞罗脑内的植入物不仅能阻止它的疾冲。当德尔加多按遥控器按钮时，如果公牛正在进食，它就会停止进食；如果公牛正在行走，它也会停止行走。德尔加多似乎在这个大脑区域发现了一个类似于通用"停止"按钮的东西。这种从愤怒到平静的突然转变，使得《纽约时报》称这个实验是"通过对大脑的外部控制蓄意改变动物行为"。[36]

德尔加多继续在人类、黑猩猩、猫和许多其他动物身上进行植入实验，探索对攻击性、被动性和社会行为的控制。1969年，他出版了一本名为《心灵的物理控制——走向精神文明社会》的书，讨论他的实验及其影响。这本书立刻变得声名狼藉。德尔加多在书的最后一章宣称，人类即将"征服心灵"，应将其使命从古老的"认识你自己"转变为"构建你自己"。德尔加多在书中体现的控制论精神是在集中营里度过五个月后形成的。他坚持认为，如果使用得当，神经技术有助于塑造"一个不那么残酷、更快乐、更健康的人"。[37]

没有人会因为这样的臆测就提议在人脑中植入停止开关。但很快，一个更有说服力的应用案例出现了。

大脑的起搏器

那是 1982 年一个本该宁静的早晨，一个名叫乔治的病人刚被送进精神病科，诊断结果是畸张型精神分裂症。之所以使用这个名称，并不是因为它有多合适，而是因为其他都不合适。病人对外界没有任何反应，但他看起来仍然很警觉，这种组合状态超出了当时既定的所有疾病框架。精神科医生确信病人患有精神障碍，而神经科医生也确信病人患有神经系统疾病。最后，住院总医师跑到了神经内科主任约瑟夫·兰斯顿的办公室。

兰斯顿放下手中的咖啡，从那天早上的脑电图报告中抬起头来，开始亲自进行检查和咨询。最初，他认为乔治表现出了晚期帕金森病的所有症状，这是一种残酷的神经退行性疾病，其标志性症状是剧烈颤抖，一个病人连一杯水都拿不起来。多年后，症状会发展成肌强直。但兰斯顿知道这个诊断不可能正确，原因有二。一是，该患者只 40 岁出头，对于帕金森病的诊断来说，他年轻了大约 20 岁。二是，他的终末期症状不是在几年甚至几十年内逐渐表现出来的，而是在一夜之间出现的。

当他们发现乔治的女友也被困于同样的状态时，谜团加深了，因为她更年轻——她只有 30 岁。最终，小组又找到了 5 个相同的案例。兰斯顿和警方花了不少时间——当然也有运气成分——最终发现了这些案例的共同点：每个病人最近都吸食过海洛因——或者至少他们认为那是海洛因。而当兰斯顿的小组拿到一些样本时，他们发现那根本不是海洛因：街头化学家错误地合成了一种名为 MPTP（一种能够损害脑细胞的神经毒剂）的化合物。通过搜索医学文献，他们找到了一些关于 MPTP 的现有研究，这些研究结果对这对情侣来说可不是什么好兆头。人们发现，MPTP 通过破坏大脑深处的黑质区域，会产生与帕金森病相似的不可逆症状——尤其是肌强直状态。

这一相关脑区的发现具有重大意义。20 世纪 70 年代，一些神经外科医生一直在试验用植入电极来治疗慢性疼痛和癫痫。他们钻开患者头骨，将穿透性电极探入灰质深处。这是一个很有前景的解决办法，可以解决一个可能导致精神外科停业的大问题：与那种传统上对大脑中有问题的部分加以烧灼或切除的方法不同，"电损伤"是可调的，也是可逆的。如果电量太少，可以增加；如果电量太多，则可以减少。

在这一过程中，医生们开始注意到，在表现出棘手症状的患者中有两种模式：第一，有时仅靠电刺激就足以缓解症状。第二，电刺激的脉冲越快，患者病情的改善越大。

这些模式很有趣，但电极不能用于家庭护理。就像海曼最早的心脏起搏器一样，这套仪器需要连接到一个笨重的外部设备上，一个巨大的电源通过电线连接到探出头部的电极上。[38] 此外，没有人做过任何大型临床试验来验证刺激某些特定的大脑区域是对每个人都有效，还是仅为个别患者量身定制的。对它是否有效的唯一评估是植入外科医生的保证。[39] 然而，由于人们的相关兴趣与日俱增，美敦力公司开始对心脏起搏器进行改装，使其适用于脑部植入。他们将实验设备送到专门的中心，甚至给"深部脑刺激"（DBS）这个术语注册了商标。他们的设备仍然局限于小型的、一次性的实验。但是，当乔治这个具有启示意义的案例研究出现在格勒诺布尔大学附属医院的阿利姆-路易斯·贝纳比德的办公桌上时，这位医生改变了这一切。[40]

贝纳比德是少数在精神外科手术前仍使用植入式电极识别正确脑区的精神外科医生之一。他痴迷于在帕金森病患者身上看到的由电刺激产生的清晰而明显的效果：在手术室里，症状会实时消失。当了解到乔治病例研究的意义后，他便从美敦力公司获得了新型脑起搏器，并为一些患者植入了这种起搏器。其效果十分显著。起搏器通过中止从大脑该部分产生的错误神经密码，消除了颤抖，使患者能够再次按照自己的意愿活动肢体。美敦力公司旋即聘请贝纳比德设计大规模试验。现在，人们看到的不再是不科学的电击疗法以及临床医生翘起的毫无说服力的大拇指，而是一种疾病：它有极其明显的症状，有一个相关的大脑区域，还会对一种已获批准的医疗设备产生强烈的反应。

美敦力公司一直迫切希望找到一种方法，让已大获成功的心脏起搏器业务更上一层楼。从贝纳比德的研究中，他们看到了新的机遇。在一次又一次的试验中，他们发现了同样的显著效果：启动电流，使其流经这些深度探入脑部的电极，颤抖就会立即缓解。手术前无法拿起一杯茶的人，现在也能自信地为自己泡上一壶茶了。1998年，欧盟监管机构批准了这种针对帕金森病的植入物；2002年，美国食品和药物管理局（FDA）也批准了这种治疗方法。一位开始为病人植入起搏器的医生称赞它令病人"重获生机"。于是起搏器转战大脑，深部脑刺激应运而生。

目前为止，已经有超过16万台这种"脑起搏器"被植入人体内，以缓解帕金森病、特发性震颤及肌张力障碍患者的致残性肌肉痉挛。[41] 就脑部手术本身而言，这其实很简单。首先，在颅骨上钻两个洞。其次，将两个金属电极插入大脑中引起症状的区域，每个电极的尺寸相当于一根干意面。最后，将电线蜿蜒穿过头部，沿颈部向下延伸到锁骨附近的皮肤下，并在此连接一个秒表大小的物体。这就是脑起搏器！现在它会发送电流，在接下来的几周内，技术人员会调整电流的脉冲和振幅，直到症状消退。

在有众多参与者的大型临床试验中，只要知道哪个脑区应该被外来电流覆盖，外科医生就能成功地让这些受损脑区的故障信号短路。还有哪些脑区可以通过这种方式冻结，从而扩大脑起搏器的控制范围？许多小型试验为下一个重大疾病的研究提供了线索。

1999年，比利时鲁汶天主教大学的研究人员将DBS电极植入了4名重度强迫症患者的内囊区域。其中3人的症状得到改善。[42]更多针对其他疾病的试验也接踵而至——同样是小规模的调查性研究，参与者通常只有10人或10人以下。但是，尽管规模很小，这些试验却成了引人注目的头条新闻，正如我的同事安迪·里奇韦于2015年在《科技新闻》上指出的那样。[43]DBS让一个13岁的孤独症少年第一次开口说话。[44]它使抽动秽语综合征患者免于引发骨折的身体抽搐。据说，它还能让肥胖者不再暴饮暴食，让厌食症者不再节食。[45]此类小型试验可谓层出不穷——还有什么疾病是可以用脑起搏器治疗的，焦虑症、耳鸣、上瘾、恋童癖？[46]

美敦力把宝押在了抑郁症上，并不是只有它认为这个领域很有希望。这个想法从2001年就开始萌芽，当时神经科学家海伦·迈贝格萌生了研究用DBS治疗难治性抑郁症（无论如何治疗都不见效的抑郁症）的想法。2018年，我在圣地亚哥举行的国际神经伦理学会研讨会上遇到她时，她告诉我，DBS"似乎可以遏止帕金森病患者的大脑功能异常，所以我们想以此遏止我们自己的抑郁特异性区域"。[47]迈贝格重点研究了大脑中被称为"布罗德曼25区"的区域，该区域被称为大脑的"悲伤中心"。迈贝格及其同事认为，该区域的过多活动会导致负面情绪和缺乏生存意志等症状。那么，如果你冻结了这些神经元，会发生什么呢？她最初的6名患者中有4人的病情得到了显著的改善。[48]另外20多个小型试验记录的改善率高达60%或70%。"人们从那种非常危险的状态中走了出来，并保持健康，"迈贝格告诉里奇韦，"他们只是重回正轨了。"在世界各地的其他试验中，抑郁症患者的病情也得到了类似的缓解。

在积累了足够多此类有趣的研究结果之后，美敦力的竞争对手圣犹达医疗公司决定豪赌一把，资助了一项重大试验。这似乎是自用于治疗帕金森病以来，DBS首批商业化应用的最高潮。超过12个医疗中心的200名参与者接受了植入。当时情景可谓盛况空前。然而6个月后，试验停止了。业内人士纷纷传言，该公司未能通过FDA的无效分析，该分析的目的是确保那些靡费巨大的试验在明显浪费时间、金钱而无产出的情况下得到终止。坊间传闻称其导致了可怕的副作用，并使人产生自杀意图。[49]这意味着安慰剂组和植入物组之间未见差异，如此结果给该技术的未来蒙上了一层阴影。[50]

当所有的戏剧性发展和各方指责的戏码都尘埃落定之后，这个故事的最终版本比最初的报道还要离奇得多，颇有些云遮雾绕之感：正如记者戴维·多布斯在2018年发表于《大西洋月刊》上的一篇深度报道事后分析中所总结的那样，这似乎是一个看似确实有效的治疗方法被一个无效的试验耽误的案例。对于治疗起效的人来说，这种疗法几乎是一种恩赐，它产生的效果如此立竿见影，又如此显著，已近乎神迹。"你做了什么？"这是仍在手术室里的清醒患者在刺激器启动时做出的反应。当这种情况发生时，其结果是持久性的。迈贝格在试验结束后对多家媒体说："如果你的病情一时有所好转，那么在持续刺激下，你的病情就会一直好转。"同样的模式也适用于强迫症：在天主教鲁汶大学进行的脑刺激试验中反应良好的患者，其强迫症在15年后仍然得到控制。另一位参与者告诉美国国家公共广播电台节目《无形之物》的主持人阿利克斯·施皮格尔："这就像有人对我的大脑进行了一次春季大扫除，把所有不必要的想法都一扫而空。"[51]

但我们无法预测谁的治疗会出现奇迹；谁的治疗不会，而且有一些奇怪的副作用。[52] 抑郁症和帕金森病患者大脑中接受电刺激的深层古老区域涉及的不只是运动和情绪控制，它们还与学习、情感和奖励——成瘾——息息相关，对它们进行干扰会产生不可预测的后果。有一个病例是关于一名患有严重强迫症的荷兰男子的，负责治疗他的阿姆斯特丹大学的医生称他为 B 先生。在新脑部植入物刚刚工作了几个星期后，B 先生偶然间听到了约翰尼·卡什的歌曲《火之环》。在双电极植入他大脑深处之前的 50 年里，他从未被音乐深深打动过——他是那种自称同时喜欢披头士和滚石乐队的人。然而，就在约翰尼·卡什的歌声击中他刚被电流激活的愉快中枢的那一天，一切都改变了。从那时起，他对其他音乐再无兴趣。B 先生买下了他能得到的每一张约翰尼·卡什的 CD 和 DVD。但是当电刺激器关闭后，他却无论如何也想不起约翰尼·卡什到底有什么令他着迷之处。[53]

不过，并非所有的副作用都那么讨人喜欢。据报道，帕金森病植入者的冲动控制障碍的情况会增加，出现如赌瘾和性欲亢进等现象。[54]

这体现了 DBS 一个令人不安的公开秘密：尽管人们对大脑特定区域的功能高谈阔论，但没有人确切了解 DBS 究竟是如何起作用的。[55] 就在 2018 年，学术报告还称 DBS 是一种行之有效但我们"知之甚少"的治疗方法，即使 DBS 已被批准用于治疗帕金森病和其他运动神经元疾病长达数十年，这一点也未见改变。[56] 美国国立卫生研究院（NIH）前院长基普·路德维希说："如果把执行神经密码的神经元想象成在钢琴上弹奏旋律，那么 DBS 就像是用木槌敲击钢琴。"

这种方法有其局限性。电击特定的大脑区域可以宽泛地控制某些疾病，但不可能真正细化到足以可靠地击中像抑郁症这样稍纵即逝的目标。我们需要确切了解大脑密码对这些电击做出的反应。

为此，我们需要破译神经密码。

读取神经密码

20世纪70年代，弗朗西斯·克里克已经对分子生物学感到厌倦，尽管这门学科基本上是他开创的。他想解开下一个大谜团。如果说破解生命蓝图令人兴奋不已，那么破解意识的秘密又如何呢？于是在1977年，他离开剑桥，来到加利福尼亚的索尔克研究所，在那里，他将研究重心转向了他认为前途不明的神经科学方法。他要建立新的"直面信息处理的理论"，并找到新的方法，将行为和行动与伴随它们的神经放电联系起来。

1994年，他在《惊人的假说——灵魂的科学探索》一书中总结了自己的研究，这本薄薄的书对神经科学和哲学产生了爆炸性的影响。他写道："人们可能会得出结论：为了理解各种形式的意识，我们需要知道它们的神经关联。"[57] 他还进一步论证道，我们所想、所感或所见的一切"实际上不过是一大堆神经细胞及其相关分子的行为"。[58]（他没有论述这与我们的本体不过是一大堆基因的行为有什么本质区别。）该书的副标题——灵魂的科学探索——清楚表明了其雄心壮志。

在克里克的著作出版之前的整整20年里，只有不到10篇经过同行评审的学术论文提到"神经密码"一词。然而，在《惊人的假说》出版后，神经科学家们越来越多地将注意力转向寻找大量行为和思想的神经特征。对于研究感觉中枢的学者来说，神经密码是新的潮流。

他们甚至不清楚这个词的确切含义。就在克里克写那本书的时候，神经科学界对这个词的定义还存在争议。阿德里安认为，信息可以通过单个神经元传递的莫尔斯电码点进行编码，这一观点仍有拥护者，但现在有了一个更新的想法。脑可塑性——概括来说就是"神经元只需一起放电，就会连接在一起"——的观念开始大行其道，因为它简明扼要地解释了在你学习从语言到芭蕾舞等不同技能的过程中，不同的神经元是如何学会协同工作的。新一代学界领袖的代表们在 1997 年写道，真正的神经密码不可能只专注于单个神经元的放电，而必须考虑到大量不同神经元的同步放电，从而在时间和空间上形成连贯的模式。[59]

这种神经密码将很难测量。那时，我们已经开始了解大脑的庞大规模——860 亿个神经元。无论过去或当时（将来可能也是如此），都没有任何工具能够同时读取所有这些神经元的活动。但随着 21 世纪的到来，我们有了一些选择。

值得信赖的脑电图仍然宝刀不老，它给我们提供了不同的波形，可以显示注意力的集中和分散，还可以揭示更多信息。科学家们花了几十年利用这些读数来增进我们对睡眠的理解。这是因为脑电图不需要打开颅骨，只需要在头皮上放置一些电极，因此科学家能从很多人身上获得大量的数据。脑电图设备也从汉斯·贝格尔实验室里那简陋的原型，发展成一顶镶嵌着数十个电极，可以读取大脑中数十亿居民合唱中细微变化的无边帽。设备的改进有助于我们深入探究脑电波，随后发现的 δ 波和 γ 波（阿德里安界定的 α 波和 β 波以外的波形）帮助研究人员识别出睡眠的不同阶段，揭示了如今已为人熟知的、更深入的 I-IV 期睡眠阶段和做梦睡眠阶段。其他研究则将这些波形的特征性中断与睡眠障碍和神经障碍相联系，甚至还帮助确定了脑肿瘤的位置。得益于日益强大的计算机处理能力和更优秀的信号处理算法，脑电图可以更精细地分析大脑的模式。抑郁症与脑电图中过多的 α 波相关。而在帕金森病患者脑中，则是 β 波的缺乏。阿尔茨海默病患者已被发现缺乏高振幅 γ 波。各种研究论文将人的七情六欲与各色纷呈的脑电波波形相关联，其丰富多彩的程度是贝格尔当年做梦也想不到的。[60]

第 5 章　人工记忆和感官植入物：探寻神经密码　　105

另一种工具——皮质电描记术（ECoG）可以深入大脑，但适用人群较少。它看起来就像把一块电极垫直接置于暴露的大脑褶皱上，这些褶皱有点像放在侧桌上的小桌巾。这种方法可以用来记录大脑皮层的电活动，它需要打开对象的颅骨，所以很少能获得此类记录。唯一会进行这种大脑读取的人类志愿者通常已经因为与此无关的研究目的而进行了开颅。有时，这些人允许研究人员在他们的大脑上放置网罩，并读取某些特定想法的神经关联，但这仍无法让研究人员了解任何特定的神经元。

为此，你需要一种侵入性的脑穿透电极。20世纪90年代，第一种此类电极被批准植入人脑。它被称为"犹他阵列"，它看起来像一个小金属方片，上面有96个微电极探出，有点像给瓢虫准备的钉床。它嵌在大脑的褶皱里，可以记录许多神经元之间的争吵，也可以聚焦于一个特定的神经元。但这种读取方式是最具侵入性的：它不仅需要打开颅骨（或在其上钻一个洞），还需要将穿透电极穿过血脑屏障，并从颅骨中引出一根导线来为阵列供电并加以监听。唯一被认为符合伦理的实验对象是动物——后来，那些遭受了不可逆转的生理创伤的患者也加入了受试对象行列，尽管希望渺茫，他们还是寄希望于这项研究取得的突破能对自己有所助益。

2004年，理论神经科学家克里斯托夫·科克（克里克的好友，对克里克关于意识神经关联的观点产生了深远影响）预言，在这些工具和其他新工具的帮助下，我们很快就能破译神经密码的工作原理，从而理解意识、语言和意图。

在20世纪和21世纪之交，这种对未来的乐观解读在我们身边的媒体报道中可谓随处可见。1993年，研究人员在一名因中风瘫痪的妇女的大脑皮质中植入了一个侵入性电极，使电脑能够精准地确定她的注意力集中在字母方阵上的哪个位置。ECoG能检测到人们用完整的单词思考时发出的电信号，这些单词包括："yes"（是）、"no"（不）、"hot"（热）、"cold"（冷）、"thirsty"（渴）、"hungry"（饿）、"hello"（你好）和"goodbye"（再见）。[61]

这看来与科克的预言一致，你似乎确实可以利用大脑的电信号来窥探人们的思想。到 2022 年，每年至少有 50 篇经同行评审的论文引用了"神经元密码"这一术语。其中不少论文研究了哪些行为、思想和情感可以追溯到大脑中的生物电信号。

这就提出了一个新的问题：既然你可以通过检测大脑的电信号来读取它的状态，那如果你改变了这些电信号，又会发生什么？你能重新编程大脑吗？

重新编程大脑

2004 年 6 月 22 日，一个小金属针垫被植入马特·内格尔的运动皮质，具体来说是控制他左手和手臂的区域。他在一次事故中颈部以下瘫痪，此后神经科学家约翰·多诺霍为他报名参加了一项名为"大脑之门"的临床试验，并为他植入了犹他阵列。最终，内格尔能够仅凭意念随心所欲地移动电脑光标。如果他想将光标向左移动，他大脑中的运动神经元就会像正常情况下控制他的手指那样发出信号。犹他阵列接收到这一信号，将其翻译成机器语言来控制光标，然后光标便向左移动。2005 年，内格尔便是以这种方式在电脑游戏《乓》中击败了《连线》杂志的记者。[62]

多诺霍有更宏大的计划。如果这些信号可以驱动机械臂，为什么研究人员不能以此控制一条真正的手臂，也就是内格尔自己的手臂呢？2005 年，他告诉《连线》杂志，他最终的计划是"将'大脑之门'连接到能够激活肌肉组织的刺激器上，完全绕过受损的神经系统"。[63] 这是一个雄心勃勃的计划，也非常令人兴奋（虽然有点儿科学怪人弗兰肯斯坦的味道）："大脑之门"植入物并不试图治愈导致肢体与大脑脱节的脊髓损伤，而是将驱动意图的电信号直接发送到预期的终点，从而使肢体焕发生机。

这个想法被称为神经旁路术，不到 10 年，它就在 TED 演讲中得到了展示。[64] 查德·布顿是为最初的"大脑之门"项目开发信号处理算法的工程师，他在讲台上踱来踱去，像个电视脱口秀主持人。他告诉观众："我们的想法是，从大脑的某个部位获取信号，然后将它们绕过损伤部位——无论这些部位是大脑还是脊髓，然后将这些信号重新输入肌肉中，让它们恢复运动。但我们仍然没有（让我们的研究对象）运动起来。"这让他帮助那些脊柱受伤的人重新行走的愿景落空了。2008 年，拥有"大脑之门"的 Cyberkinetics 公司倒闭后，布顿转战纽约曼哈西特的范斯坦研究所，开始他的神经旁路研究。在美国国防部资助的一个项目的支持下，他加入了巴特尔研究所和俄亥俄州立大学的一个研究超级小组，并于 2014 年将一块电脑芯片植入了一位名叫伊恩·伯克哈特的年轻人的运动皮质，后者在一次潜水事故后四肢瘫痪。

对于布顿和其他致力于恢复人体精细运动控制的人来说，破译神经密码并不是像埃德加·阿德里安那样计算每根神经产生的动作电位。在一个由 860 亿个神经元组成的大脑中，你不可能找出并分析每一个动作所涉及的约 10 亿个神经元的峰值行为。布顿认为，与之相反，我们应该关注的是，当任何特定的意图被记录下来时，神经元群是如何同步它们的放电时间的。他称之为"时空"关系。在获取这种模式后，他们会将其重新编码为机器语言，并以此激活伯克哈特手腕上的电极袖带。每个电极将刺激伯克哈特手臂上的小块肌肉，而不是像"大脑之门"那样驱动机械臂上的电动机。

这与大脑信号支配肌肉的方式并不完全相同，但经过严密的数学变换后，它还是奏效了。在这个设备的帮助下，伯克哈特拿起一杯水，并举到自己的唇边喝了一小口。伊恩·伯克哈特就此成了第一个通过使用芯片从自己大脑中获取神经密码来"复活"自身肌肉的人。[65] 这些信号精确到足以让他玩《吉他英雄》。[66]

但布顿对此仍不完全满意。如果你对所触摸的东西毫无感觉，那么能动又有什么用呢？这是一个务实的问题。几年后，当我去他位于范斯坦的实验室参观时，布顿告诉我："这对我们来说似乎很简单，但如果你的手没有触觉，意识不到压力或滑落，你就不知道你是否握得足够紧。"如果没有这种抓握意识，你就很可能把杯子摔掉，或者突然把它捏碎，然后把热咖啡洒得满身都是（由于缺乏疼痛意识，你也不会意识到自己刚刚遭受二级烧伤，需要就医）。为了避免这种情况，植入者必须训练自己全神贯注于抓握动作，从拿起杯子的那一刻到放开杯子的那一刻。布顿说："有一个植入者，他可以拿起东西，但只要他想做其他事，或者动别的念头，他手中的东西就会掉落。"想象一下，如果你每次想喝一口咖啡时都得这么聚精会神是什么感觉。再想象一下，如果你握住的不是一杯咖啡，而是你孩子的手呢？如果没有触感，所有这些日常生活中的活动都将毫无意义。布顿认为，目前的成果只是无法彻底解决问题的权宜之计。

感觉运动皮质，即大脑中感觉所在之处，就在产生意图的运动区附近。这是一个好消息。而坏消息是，把正确的峰电位模式写入大脑以复现感觉体验将比读取现有放电信号要困难得多。

几乎就在 6 个月后，一位名叫内森·科普兰的瘫痪志愿者与匹兹堡大学的另一个研究小组合作，蒙上眼睛躺在一个五指机械臂的旁边。每当研究人员触碰机器臂的一根"手指"时，科普兰都能辨认出自己手的哪个部位受到了触摸。当研究人员触摸机械臂的"食指"时，他辨别了出来，同样的还有"中指、无名指"。[67] 除了常见的"大脑之门"式运动皮质植入物，科普兰还在他的大脑区域植入了两个电极阵列，这些区域的神经元对手指的感觉产生反应（每个植入物约有芝麻粒大小）。研究人员每戳一下机械臂的手指，这些小芝麻粒就会向正确的神经元发送电流模式。[68]

这种机制引起了西奥多·伯杰的兴趣，但他的电极无意植入感觉，而是试图激发人工记忆。

记忆制造者

西奥多·伯杰的目标是模仿海马的功能。海马是大脑中处理和编码记忆的一个部位。长期以来，他一直在研究一种芯片，该芯片记录下与他喜欢的行为相对应的任何大脑模式，然后用他所谓的多输入多输出（MIMO）算法将其反馈给大脑，以重现这种行为。

他对 MIMO 进行了测试：以一种专门阻断海马写入记忆能力的方式暂时损伤一只大鼠的大脑，从而模仿痴呆的影响。他之前曾记录这只大鼠成功完成一项特定任务的过程。由于脑损伤，这只大鼠现在无法重复这个动作了。但是，当受损的海马被先前记录的 MIMO 模式电刺激后，大鼠在记忆任务中的表现恢复正常——尽管它的大脑仍然受损。[69]

伯杰认为他创造了一个假体记忆（尽管许多人会质疑这种描述）。他和他的论文合著者得出结论："有了足够的记忆神经编码信息，神经假体可以恢复甚至增强认知过程。"这还不算完。从任何一只老鼠身上获取的密码都可以输入给其他任何一只老鼠，这似乎表明伯杰已经窥见了一种通用密码的某些方面，该密码可以支配所有生物的记忆形成[70]，连恒河猴也在此列。[71] 在这一相应实验中，每当猴子看起来要做出错误选择时，MIMO就会被触发并进行干预。得到"正确决策"密码刺激的猴子在15%的情况下做出了更好的选择。伯杰坚持认为，这表明MIMO并非针对某一种特定动物。因此，当有一天你想要吃薯条时，你脑内的"正确决策"植入物可能会给你施加一点吃"沙拉"的刺激。

伯杰长期以来一直依赖美国国防高级研究计划局（DARPA）的资助，DARPA被普遍认为是美国军方的"疯狂科学"分部。伯杰的研究与DARPA了解记忆和脑外伤神经科学的意图（旨在修复那些因简易爆炸装置和其他战争损伤而受伤的人）不谋而合。该机构正在资助一种用于植入人脑的假体记忆装置，但由于时间太短、资金不足，人体试验尚遥遥无期。[72]这时布赖恩·约翰逊翩然而至，他将自己的在线支付公司卖给了PayPal，赚了8亿美元，正在寻找更令人兴奋的投资项目。[73]

当约翰逊发现伯杰的研究成果后，他立即向新成立的初创公司Kernel投了1亿美元，该公司致力于使记忆芯片成为现实。通过操纵神经密码，你似乎可以为所欲为。如果你所有的感官最终都能归结为到达大脑不同区域的电信号，难道你就不能通过模仿这些信号从零开始构建记忆吗？

工程师们说，他们所需的只是接入更多的神经元。另一组研究人员使用了32个电极，他们声称自己传输了一种感觉的记忆。但约翰逊告诉记者，他们的计划是打造包含近2 000个电极的假体记忆植入物，5 000个甚至10 000个也是可以实现的。拥有SpaceX和特斯拉的企业家埃隆·马斯克也不甘示弱，提出了一种可以同时从数千个神经元中进行读写的大脑植入物。（马斯克向来雄心勃勃，他主张人类使用这种植入物与人工智能"共同进化"。）这似乎是一个相当直截了当的线性发展过程：你可以操纵的神经元越多，你就可以越精确地编写神经密码；你能写出的神经密码越精确，以此实现的脑机接口就越强大。因此，如果你想读写更多的神经元，只需增加电极。

但是，我们并不能简单地"增加"电极（详见第9章）。在Kernel买下伯杰的研究成果后不久，约翰逊说服亚当·马布尔斯通离开麻省理工学院合成生物学实验室，成为公司的首席战略官。但当审视伯杰的工作和Kernel的目标时，马布尔斯通和他的同事发现了一个潜在的问题。首先，伯杰使用的设备总共只有16个电极，甚至远远少于一个犹他阵列。其次，伯杰宣称"算法恢复了记忆"可能是对相关实验的过于宽泛的解释，因为实验中的任务涉及范围很狭窄，且只是一些基本任务。马布尔斯通说："如果说这就意味着你'读懂了神经密码'，就好比你其实只解码了'yes'和'hello'这两个单词，却说自己破解了语言。严格来说虽不算错，但难免有点言过其实。"

在一次失败的人体试验后，合作关系随即破裂。不过，马布尔斯通并不认为他们应该就此过度怀疑。他说："鉴于我们对神经密码还不太了解，也缺乏密集读写的技术，我们只是不知道这是否可行而已。"但投资者对此并不买账。约翰逊意识到，没有办法将伯杰的产品扩大规模，制造出任何人都能购买或愿意购买的产品，于是Kernel放弃了记忆芯片。

最后，正是对硬件问题的充分认识促使布赖恩·约翰逊重新思考他对神经密码的投入。马布尔斯通说："有一段时间，Kernel一直在考虑制造一种类似于DBS的医疗设备。但除了帕金森病，我们并不真正了解DBS类设备还能做些什么。"

这就为接下来发生的事情提供了解释：马布尔斯通建议约翰逊放弃编写神经密码的想法，转而研究在不开颅的情况下，能对大脑做哪些有意思的研究。约翰逊听取了他的建议，于是Kernel决定致力于读取大脑信号。他们开始制造一种能在大脑受到植入物或氯胺酮刺激时测量其他精神活动特征的设备,换句话说,就是神经科学家海伦·迈贝格所追求的那种闭环设备。这种设备能够在电击或其他刺激发生期间和之后聆听大脑的神经密码,使你能够得知大脑中发生了什么。

记忆芯片可能近期不会实现,但神经密码已经给伊恩·伯克哈特带来了一些实惠。2020 年,巴特尔的研究人员成功使用他现有的植入物检测了来自感觉神经的残余信号,从而为他恢复了近似的感觉反馈。[74] 伯克哈特告诉来自 MathWorks(科学计算软件开发商)的记者:"这意义重大,因为这样我就可以知道,在使用这个系统时,我不会掉落任何东西。"[75]

脑芯片的未来

那么你什么时候才能买到自己的"外部皮质"*呢?自发明以来,犹他阵列的设计基本不曾改变,它是唯一获得 FDA 批准的设备,对于那些希望读取或编写神经密码的人来说,它仍然是当下唯一的选择。需要明确的是,它是被批准用于研究,而不是给我们用的。监管方面的障碍阻碍了更先进的植入设备的发展,使其尚不足以破解大脑的语言。许多设备在大鼠(有时是猴子)身上取得了引人入胜的成果,报纸也对此大肆渲染,但它们未及上市便裹足不前了。为什么会这样?答案总是千篇一律。那些可以在实验动物身上读取复杂信号的硬件,与被允许在实验中植入人类志愿者大脑的硬件之间存在着巨大的差异。

但作为一个脑机接口,犹他阵列这个邮票大小的微型针垫还有很

---

* 外部皮质是一种理论设想中的人工信息处理系统,多见于科幻设定。它将包含记忆模块、处理器、输入 / 输出设备和软件系统的外部设备,通过脑机接口连接到大脑,从而增强生物学大脑的认知与功能。具有外部皮质的人类也被称为"赛博格"。——译者注

多不足之处。它最多只能读取几百个神经元发出的信号，而且只能读取大脑最顶端 1 毫米处的神经元信号。你显然不能在大脑里塞上一大堆芯片。只要芯片数超过两个，连接芯片与颅骨外信号处理装置的电线就会造成越来越严重的感染风险。更别提这将产生令人望而却步的大量数据——其数据量超过了当今机器所能有效存储的范围。[76]

虽然像"大脑之门"这样引人注目的植入装置得到了广泛宣传，但在聚光灯和摄像机撤走后，一些参与者却发现他们的装置停止工作了。在多诺霍的"大脑之门"实验中，另一名四肢瘫痪的志愿者简·肖伊尔曼花了数年时间学习如何使用植入的机械臂，但她的操纵不再灵活，感觉就像第二次陷入瘫痪。正如研究人员向她解释的那样，这是一种可预见的免疫反应所致。[77]大脑将植入的金属针垫视为外来入侵物，并展开激烈的防御，由此形成的保护鞘将植入物隔离开来。因此，犹他阵列不太可能成为未来大脑芯片的基础。

20 世纪 90 年代，一位名叫菲尔·肯尼迪的神经科学家曾构思出一种可替代犹他阵列的设计，从表面上解决了这一问题。他的"神经营养电极"的工作原理与犹他阵列恰恰相反——不是用 100 个大头针插入神经元来偷听它们的谈话，而是反过来让它们靠近你的电极。这种电极是一个玻璃锥体，里面有一根浸有生长因子和其他对神经元有诱惑力的物质的金线。神经元不会产生免疫反应，而是会生长到电极上并与电极缠绕在一起。从理论上讲，这样的电极可以持续工作数年，还是无线的。

1998 年，肯尼迪为一位名叫约翰尼·雷的越战老兵植入了一个这样的电极，约翰尼·雷因中风而无法移动躯体或说话；他的意识完全清醒，但为无法动弹的身体所困。肯尼迪的电极能够很好地接收约翰尼·雷的大脑信号，使他能够在键盘上移动光标，慢慢拼出单词。于是媒体将肯尼迪与电话之父贝尔相提并论，但这种赞誉并没有持续多久。之后几个全身瘫痪的受试对象反应不佳,而肯尼迪又找不到新的志愿者。于是FDA撤销了对人体志愿者使用神经营养电极的批准。肯尼迪不肯提供明确的数据,以说明他在植入志愿者体内的电极中放入了何种物质。而且,既然已经有了犹他阵列,人们对此并没有什么紧迫感。到了21世纪第二个十年,肯尼迪已经绝望了。为了获得足够的数据来说服FDA重新批准他的植入手术,他选择了"唯一"一个可以选择的病人。2014年,肯尼迪飞往伯利兹,借一名高度紧张的神经外科医生之手,以3万美元的费用,将他自己的(禁止用于人体的)电极植入了他自己(完全健康)的大脑。这种手术在美国是非法的。

  肯尼迪挺过了长达11.5个小时的手术,尽管在手术后的几天里,他的状态就像他过去治疗的那些瘫痪病人一样,但几年之后,他似乎基本渡过了难关。不幸的是,电极只在他的大脑里停留了几个月就出了问题。第二次手术切除了记录和传输设备,但没有切除电极,因为它们插入太深,无法被安全取出。[78]

  在这场鲁莽的作秀之后,FDA不太可能再审查肯尼迪的文件了。尽管肯尼迪坚称,他得到的数据足以为今后的论文提供参考,而且他大脑中的残留物显然不会有任何后遗症。然而,已有一些其他新设计方兴未艾——另一种被称为"神经元像素"的电极已经被用于记录接受DBS植入的患者的数据。[79]它还没有获得批准,但它的设计与肯尼迪的神经营养电极相似,能够在大脑深处进行记录。还有一种设计被称为"神经尘",它是微米级的压电传感器,散布在大脑各处,利用反射的声波来捕捉附近神经元的放电。[80]你可能还听说过"神经织网",也就是埃隆·马斯克用机器人缝纫机缝在猪脑中的东西。最近加入这一行列的新产品是"神经颗粒"——一种在2021年推出的、盐粒大小的颗粒,用以生成更好的ECoG。[81]此类产品数量正在激增,很大程度上是因为资金不断涌入。为神经颗粒提供资金的投资基金贝莱德公开表示，他们希望有朝一日脑芯片比起搏器更普及。[82]

  脑机接口的进一步发展面临三个关键问题。一个时而被忽视的问题是，我们实际上并不太了解大脑是如何工作的。北卡罗来纳大学的神经科学家弗拉维奥·弗罗利希说："在很多这样的讨论中，我们忘记了一点，那就是我们对大脑知之甚少。得到独立证实的事实很少，我指的是一些基础知识，包括视觉处理。"这就是约翰逊的设备可能有所助益之处。Kernel 现在正在研发一种新型的脑读取头盔——不需要脑部手术——它结合了脑电图和功能性磁共振成像（fMRI）的优点，被称为脑磁图（MEG）。它提供了一种大脑的"谷歌街景"，显示出电活动发生的位置。MEG 过去只有在超导体上才可行，而超导体必须用液氮冷却，所以 MEG 机器的大小和爱因托芬早期的心电图装置的大小差不多。约翰逊的设计则使用激光冷却；唯一剩下的问题是，和诺比利在努力改进早期电流计时遭遇的情景一样，MEG 也会被地球磁场淹没。"它比你大脑的磁场要大得多。"马布尔斯通说道。这就是为什么现在设备所用的头盔看起来像一个巨大的白色塑料蘑菇，戴起来就像《太空炮弹》版本的《马里奥赛车》。但至少它是有用的。

  从目前的大脑植入技术到硅谷的任何实际应用，我们还有很长的路要走。像记忆这样复杂而主观的功能需要首先读取输出信号，然后操纵数量众多的神经元，我们不太可能通过大脑植入的方法来影响它们。还有一个问题是，在大脑开始抗拒之前，你究竟能在某人的大脑中插入多少根针呢？这一切听起来都很抽象，但你想想伊恩·伯克哈特这样的人的命运就能了然了，他每次自愿到实验室接受实验时，瘫痪症状才会暂时得到缓解。[83] 简·肖伊尔曼是一位逐渐失去使用机械臂能力的女性，她告诉《麻省理工科技评论》的记者安东尼奥·雷加拉多，她曾让护理人员给她戴上老鼠耳朵、装上老鼠尾巴，以一种阴郁的方式进行自嘲,因为她有时觉得科学家们可能就是如此看待她的。[84]可大脑植入技术的进一步发展需要更多像伯克哈特和肖伊尔曼这样的人。

然而,在我们找到前面两个问题的答案之前,任何政府监督机构都不会明确允许在足够大的人类志愿者群体中开展试验,而这对合规的临床试验是必不可少的。但关于大脑植入的未来,主流舆论并不聚焦于此。这是因为并没有多少人觉得自己有能力对那些极端主张说三道四。没有哪个领域的研究主题比神经工程学更不透明,也没有哪个领域比神经工程学更需要跨学科知识。不择手段的初创企业则利用这种混乱局面,好让自己那些站不住脚的主张滥竽充数。Kernel 的故事是一个罕见的例外,因为该公司遵循的是它想要探索的科学方向,而不是"他们"想要它去的方向。

这些挑战不仅仅限于大脑。

至于神经密码,也只是更为宏大的全身生物电信号系统这一"全豹"身上的"一斑"而已。

第6章

治愈的火花：
脊髓再生的奥秘

2007年，布兰登·英格拉姆伸手拿起他的助行器，靠支架从轮椅上脚不点地地"站"起来。挺直身体后，他开始在铺着地毯的客厅里小步走动。他花了很大的力气，也借用了一些辅助，不过最终得以通过腹部肌肉控制自己的双腿。[1]

这一幕本不可能发生。5年前，英格拉姆在一次高速公路事故中被甩出车外，他的脊髓受到不可逆伤害。医生告诉他，他再也不能走路了。

然而，他此时却在这里走着。这种行走有点技术性意味，因为他仍然需要轮椅来做大多数事情，但他已经恢复了其他对于脊椎损伤者而言比行走重要得多的能力：改变身体位置，获得感知。英格拉姆告诉《波士顿环球报》："我非常幸运。"[2]

他的幸运之处在于，当事故发生时，印第安纳州普渡大学正在招募脊髓损伤者以进行一项新临床试验。在他受伤几天后，一名神经外科医生在他被压断的脊椎之间放置了电极，这些电极会发出电场。

研究人员希望，这种电场可以引导英格拉姆脊椎中被切断的运动和感觉神经的两端在受损部位缓慢地接近彼此，并重新连接，让大脑的信号再次畅通无阻。几个月后，植入物被取出。一年后，研究人员对英格拉姆和其他同期参与者进行了随访，大多数试验参与者表示病情有所改善。

2019 年，也就是英格拉姆迈出试探性一步的 12 年之后，发明了这台能缓解英格拉姆痛苦预后的设备——"振荡场刺激器"的科学家去世了，随之而去的还有设备相关的大量专业知识。尽管该设备被认为是安全的，似乎能达成其他药物或技术无法达成的效果，而且美国监管机构已经初步批准了一项规模更大的试验，但在英格拉姆向《波士顿环球报》发表评论后不久，研究工作就戛然而止了。[3] 只有 14 个人从中受益，而且多年来，该设备的研发工作屡屡停滞不前，负责将其推向世界的公司也宣告破产。该设备就此被封存了。

现在仍有人对这一研究的无疾而终感到异常沮丧。颇具影响力的行业刊物《神经技术报告》的运营者詹姆斯·卡沃托说："我认为这让脊髓损伤研究倒退了 10 年。如果不是他们吓跑了想要从事这项研究的研究人员和投资者，我们今天会取得何等成就呢？"振荡场刺激器的失败，是因为被一个不了解其功能背后原理的机构排挤，被那些出于个人而非专业目的，且专事抬高自己、贬低他人的竞争对手攻击。这种设备对时代而言太超前，对人们来说太陌生，又与当时人们对生物学和电学交互的观念相去甚远，因此注定要失败。

这是因为这种植入设备并不是针对动作电位的：它旨在利用一种更基本的电场，这种电场的存在直到 20 世纪 70 年代才被正式确认。我们的皮肤、骨骼、眼睛以及身体的每一个器官都会发出和使用同一种电场信号。新的研究和工具已经开始揭示这种生物电场的生理基础，阐明其内部运作机制和医学潜力。21 世纪 20 年代，将会有更多的设备和技术面世，用以操纵这种电场。不过，像往常一样，为了全面理解这个故事，我们必须回到故事的开头（我保证这并不会很冗长）。

莱昂内尔·贾菲的实验室

这个故事开始于一些颇有年头的研究，这些研究表明万物都会产生自己的电场——即使如水螅、藻类、燕麦幼苗等无脑生物也是如此。莱昂内尔·贾菲在20世纪60年代开始尝试解开这个谜团，当时几乎所有电生理学家都一心扑在神经系统的研究上。但贾菲这位哈佛大学毕业的植物学家却有着一名物理学家的灵魂，他一直在追求更宏大、更统一的理论。

研究褐藻是一个很好的开始（如果你非要刨根问底，这种褐藻的名称是墨角藻）。有一些关于褐藻的有趣事实：褐藻的钠含量比切达奶酪高8倍，钾含量比香蕉高11倍。也许将来我们都会吃它。但生物学家喜欢拿这种东西做实验的原因是，它是一种有性生物，它将精子和卵子直接排入海水中（真慷慨）。这使得研究人员可以从头开始研究它的整个发育过程，而不必想着怎么穿过棘手的子宫进行观察。藻类两侧的生长方式不同，这取决于它们的哪一侧暴露在阳光下。

为了近距离研究它们的电特性，贾菲找来了一些褐藻叶丛，把它们放进普渡大学的热水浴缸里，让它们的流出物混合。有了发育中的新胚胎后，他把它们整齐地排列在一个狭窄的管状物里，用灯光照射一端以模拟阳光，然后测量胚胎开始生长时是否有可测量的电场。经观察，电场果然存在，正极向上，负极向下，就像一个电池一样。现在他需要一些聪明小伙来帮助他研究原因。

普渡大学是当时世界上首屈一指的电生理学机构，因此人才济济。贾菲决定从物理系挖走最有前途的学生。肯·鲁宾逊是他的第一个"猎物"，在听了贾菲的第一堂课后，他就放弃了真空物理学。鲁宾逊对贾菲敬畏有加。鲁宾逊对我说："贾菲对物理和数学的理解是我所认识的人中最准确、最直观的，我被震撼了。"

接下来，贾菲又让理查德·努奇泰利放弃了固态工程。50年后，后者感叹道："谁能想到细胞能产生电流呢？"他离开了物理学，整个学期都在填鸭式地补习生物学，试图赶上实验室的其他同事。他们很高兴他能加入。"他是我见过的最有天赋的技术人员。"鲁宾逊说道。1974年，努奇泰利为贾菲制造了一种全新的电子测量装置——"振动探针"。它的灵敏度和功能都比以往的任何设备强百倍。有了这个趁手的装置，新组建的团队就可以着手研究围绕褐藻受精卵表面旋转的微小电流了。这些电流比产生动作电位的电流要小得多。研究小组将其命名为"生理电流"。除了微弱，它们的另一个特征十分稳定：动作电位像频闪灯一样振荡，而生物体发出的生理电流则像灯泡一样持续且稳定地输出。

这种电场似乎为褐藻指明了方向，使它能够正确地朝向太阳生长。它对其他生物有什么作用呢？贾菲决定自行制造出这种弱电场，他小心翼翼地精确模拟着从褐藻受精卵自然发出的微弱的生理电场，并将其应用到其他生物身上。

第一个对象是青蛙的脊髓神经元。这些细胞是由团队中的生物物理学家蒲慕明按照几个世纪以来的传统进行选取的，而这一传统正是由伽伐尼的制备方法开创的。蒲慕明将这些细胞放入培养皿，置于生理电场下进行观察。一种奇怪的行为出现了。随着神经元长出神经突（神经元胞体突起的广义名称，包括轴突和树突），它们向正电极延伸得更快。神经突似乎更喜欢电场的那一端。[4]

让我们花点儿时间回顾一下法拉第的离子——不仅是离子会向它们喜欢的电荷"侧"游走，事实证明，整个细胞也会如此。贾菲的团队并不是第一个观察到这种现象的——自20世纪20年代以来，人们就已经观察到了细胞的趋电性（细胞在电流作用下的迁移）。[5] 这真的令人大吃一惊。对于一群细胞在培养皿中爬行着追逐电场的现象，人们根本没有合理的解释，只能将其归结为一种不甚明了的化学效应，并尽量不予理会。如今，不同的是在贾菲的实验室里，首次具备了一种仪器和新的知识，以正确研究这种现象。

贾菲实验室的实验和理论统一了细胞电生理学的整个分支，由于这个领域的研究是在神经科学之外进行的，因此之前一直分散在不同的学科中。贾菲的实验室被他的许多学生视为第二个家。无论对自己所从事的科学研究，还是对在他手下工作的科学家们，贾菲都满怀奉献精神。鲁宾逊便被他追求真理的无畏精神鼓舞。鲁宾逊告诉我："贾菲从来不让数据跟着假设走，而是相反。"努奇泰利说："如果你得到的结果与数据不符，他不会因此而生气。他会放下一切，说：'我们必须继续研究，看看它能告诉我们什么。'"蒲慕明现已成为神经科学领域的巨擘之一，在加州大学伯克利分校和中国科学院联合任职。贾菲所营造的"内部圣堂"就是他的实验室大家庭。然后，理查德·博根斯加入了。

神经技术的突破性进展

理查德·博根斯申请在贾菲的实验室学习的时候，履历上有几年是缺失的。贾菲问起了那些年博根斯的经历。博根斯没有回答，而是递给贾菲一张他的乐队"布里克斯"的黑胶唱片。[6]

博根斯来自得克萨斯州，唯一比他的个性更突出的是他的小胡子。他喜欢老爷车、古董枪和两栖动物（从很小的时候起，他就对父亲水族箱里的蝾螈如何在被鱼咬掉腿后重新长出腿着迷）。他前往普渡大学的求学之路与培养出肯·鲁宾逊和蒲慕明的高水准院校人才输送渠道大为不同。[7] 20 世纪 60 年代末，他开始在北得克萨斯大学攻读本科学位，但很快就被登顿的音乐氛围吸引（他的大多数乐队成员就读于库克县初级学院，该学院被一位老师称为"学业不良者之家"[8]）。他担任乐队主唱和主音吉他手，这支乐队神秘忧郁、旋律优美的曲调充分抓住了时代的脉搏，吸引了一批忠实的乐迷，并有几首歌风靡美国。周末的时候，博根斯喜欢和史蒂维·雷·沃恩的哥哥一起演奏，要是后者不在就和唐·亨利一起。40 年后，一位歌迷在纪念网站上写道："我们所有这些追随他们的人都确信他们肯定会走向辉煌。但时势、军队的征召、越南战争以及社会上普遍的狂热情绪，都让事态朝着另一个方向发展。"[9]

博根斯以军医的身份短暂服役，他回来后对事物有了不同的看法。他退出了乐队，完成了学业，获得生物学硕士学位，然后来到普渡大学。博根斯回忆说，当走进贾菲的实验室，看到那里的人在做他已经知道该如何做的事情，并以此获得博士学位，他不禁想道："为什么我不能通过做这样的事情来获得学位呢？"博根斯是贾菲实验室里唯一一个不是物理学出身的人，但没人介意这一点。

和贾菲一样，博根斯也对研究一个系统的各个部分缺乏耐心——他急于了解它们作为一个整体是如何工作的。他进入学术界的方式不像他的一些实验室同事那样按部就班，但是这并不妨碍他很快赢得他们的青睐。努奇泰利说："你知道，他给人的感觉像个乡巴佬，但他真的非常聪明。"博根斯发现努奇泰利会弹奏弦乐贝斯时，两人很快成了朋友："我们一起写了很多歌，取笑我们实验室的人。"

但大多数时候，他们玩的不是乐器，而是如何让电场发挥作用。

博根斯喜欢自称为实验动物学家。[10] 有一段时间，他被一个试图利用电场让蛇长出腿的项目迷住了。蒲慕明早已离开了——他放弃了趋电性，转而采用一种更容易解释的、科学上也更易被接受的机制，即使用化学物质而不是电来诱导培养皿周围的神经突。但贾菲实验室的其他学生即使在离开普渡大学后，仍然坚持了对生理领域的研究——鲁宾逊去了康涅狄格州，努奇泰利去了加利福尼亚州，博根斯在耶鲁大学获得了奖学金。1981年，鲁宾逊和他的学生劳拉·欣克尔发表文章，证明了培养皿中的细胞是对电场而不是对其他神秘的化学信号做出反应。[11] 他们发现，只需重新调整电场的方向，就能将神经突的生长"转向"任何你喜欢的方向。这种方法非常有效，而且结果可以预测，通过不断改变电场源的位置，他们能够"绘制"出错综复杂的图案。他们还玩了一个游戏，在轴突形成的环状涂鸦中寻找自己名字的首字母。[12]

就在他们开始发现这种操纵的力量时，电场的新影响出现了：他们用振动探针测量到的电流也参与了再生。研究表明，两栖动物断肢的切口处残留着这种电场，这表明它们很可能是再生的驱动因素。[13] 博根斯于1981年将贾菲实验室的培养皿研究成果推广到活的脊椎动物身上。他一开始选择的对象是七鳃鳗幼体。[14] 这些海洋生物的独特之处在于，如果脊髓被切断，它们能够自发地再生。这个过程通常需要4~5个月，在愈合过程中，你可以观察到这些生理电场和电流从损伤处涌出，就像杜布瓦-雷蒙测量到的自己伤口的电流一样清晰。

博根斯想知道，是否可以将这一过程加速。当他对再生的神经元施加电场时，他能够将愈合时间加快3倍。电场之所以能够加速脊髓愈合过程，是因为它阻止了被切断的轴突产生一种叫作"顶梢枯死"的行为。顶梢枯死是脊髓损伤愈合过程中最令人头疼的障碍之一，无论是哺乳动物还是两栖动物都是如此。当神经元被切断时，它们最初的反应是收缩，远离切断边缘，然后才开始再生。如果能防止顶梢枯死，就能避免脊髓损伤后出现的其他问题。

濒死的和受伤的细胞会排出有毒的内含物，在无意中杀死附近的健康细胞。这时，负责清理细胞碎片和吞噬外来细菌的巨噬细胞和白细胞就会进入损伤部位。但这些细胞并不善于控制自己的食量，它们总是暴饮暴食、逾期不归，从而形成一个充满液体的大囊肿。然后，疤痕组织开始形成，为任何轴突的再生制造了另一个物理障碍。雪上加霜的是，在成年哺乳动物身上，损伤留下的抑制分子明确地发出信号：这里发生了不好的事情，请勿进入。难怪很少有脊椎动物能重新长出脊髓。

博根斯有一个克服这个问题的办法。他想，如果能让轴突在所有其他混乱状况上演之前立即在这片区域生长，那么其再生的机会就会大得多。蒲慕明已经证实，神经突在直流电场中生长得更快，而且是朝着阴极生长。果然，当博根斯施加电场时，它对轴突起到了教练和向导的作用，诱导轴突忽略正常的抑制信号——这些信号会阻止轴突与丢失的另一半重新连接。要知道这一切可是在活的七鳃鳗体内的复杂环境中发生的，而不是在几个培养皿中。

1982年，他回到普渡大学，在那里，他迅速将他对七鳃鳗的研究成果运用到哺乳动物身上，他将电极缝合到豚鼠被切断的脊柱上。实验结果如出一辙：他再次发现，他可以追踪到轴突在病变部位的再生过程。但他遇到了一个在七鳃鳗身上没有遇到过的问题。豚鼠的愈合是散发性的，并取决于阴极是在损伤部位的上方还是下方。

脊髓的组织结构就像一条双车道高速公路。感觉轴突向上到达大脑，传递感觉。运动轴突从大脑向下，传递指令。因此，如果将阴极置于损伤部位的上方，所有轴突都会向其方向生长，这意味着只有感觉轴突会在损伤部位重新连接。而如果将阴极置于损伤部位的下方，则只有运动轴突会穿过障碍。不过，博根斯记得鲁宾逊曾在青蛙身上证明了，神经元向阴极生长的速度比向阳极生长的速度快 8 倍。他意识到，如果他能让电场"频闪"而不是"保持稳定"——来回颠倒极性，让阴极在损伤的一侧待 15 分钟，然后再切换到另一侧——他也许就能解决这个问题。出乎所有人意料的是，他居然成功了：博根斯创造了一种进二退一的进程模式，最终促使所有轴突片段融合。这让豚鼠恢复了运动和感觉功能。[15] 他将自己的新发明称为脊髓外振荡场刺激器（OFS）。

那时，博根斯和鲁宾逊都回到了普渡大学，准备继续他们的导师莱昂内尔·贾菲所开始的工作。而后者已经离开了普渡大学，前往伍兹霍尔海洋生物实验室指导全新的国家振动探测中心（并将更多的时间投入他的墨角藻研究）。但两人对如何开展研究工作有不同的想法。博根斯已经把目光投向了医学应用，它所蕴含的重大意义显而易见。人类的脊髓不会自然愈合。但是，如果可以通过施加电场诱导豚鼠的脊髓神经元再生，那么这项技术就可以帮助人类治愈同样的破坏性损伤。

当时正是开展此类工作的大好时机。在经历了长期的低迷之后，脊髓损伤研究的乐观情绪正在上扬，这得益于一连串备受瞩目的伤病事件。马克·布奥尼康蒂是超级碗冠军迈阿密海豚队后卫的儿子，他刚刚在大学橄榄球比赛中受了重伤。1985 年，他的父亲帮助成立了迈阿密瘫痪治疗项目。[16] 这是美国和加拿大为解决脊髓损伤问题而成立的几大有影响力的组织之一，所有这些组织都吸引了大量的资金和媒体的关注。1986—2018 年担任实验室行政助理的德布拉·博纳特回忆说，正是其中一个组织邀请博根斯出席了一次脊髓损伤慈善晚宴。她回想道："他回来后说，他能做到这一点，他能想出如何让脊髓再生。我们在他剩余的职业生涯中一直在做这件事。"他的热情显然打动了他在这些晚宴上遇到的慈善家，因为在1987年，其中一位坐着轮椅的加拿大百万富翁向普渡大学捐赠了一大笔钱，专门拨给博根斯。他用这笔钱在普渡大学兽医学院建立了瘫痪研究中心。

有了新资金的流入和全新的大楼，博根斯将目光投向了下一个目标。他想让OFS进入人体试验阶段，但你不能拿着豚鼠或大鼠的试验结果去找FDA——它们的脊髓直径比人类的小一个数量级。电场产生的效果会相差很大，从而使试验失去意义。

博根斯于是选择了狗作为研究对象。这不仅因为狗更接近于人体的解剖结构，还因为狗提供了治疗现实损伤的机会。当狗的脊髓受伤时，其伤势往往与人类面临的脊髓损伤有很多共同之处——凌乱的挤压伤，而不是在实验室中人为地用手术刀划出的整齐切口。这可能会成为通往人类试验的跳板。（另外，不得不说，理查德·博根斯很喜欢狗。）

他联系了一家名为Doggy Kart的为瘫痪狗制造辅助设备的公司。你可能见过装有这种设备的狗转来转去的情景——它们看起来就像小孩子的玩具马车。当狗用前肢拉着它时，狗的下半身则被固定在这个载具上。在路人看来，这种情景可能挺有趣，但对狗和它们的主人来说，瘫痪是一种可怕的情况。当狗瘫痪时，主人必须每天多次手动为狗排便和排尿。兽医通常会建议实施安乐死。

博纳特说，如果狗的主人同意让他们植入刺激器，中心就会为狗支付脊髓手术的费用。"我们还送了他们轮椅，"她说，"我们只是要求他们——如果狗好起来了，我们就把轮椅要回来。"第一次试验在24只狗身上进行，其中13只狗植入了真正的刺激器。[17]（这里需要说明的是，此时我们已经无法测试狗的神经突是否按照博根斯预期的方式生长。人们的宠物狗不是鳗鱼——你不可能在试验后杀死它们，然后解剖它们的脊柱来检查神经突对电刺激的反应。你所能做的只是从狗的行为中找出是否发生了有意义的变化。）6 个月后，7 只被植入 OFS 的狗可以重新行走了，其中两只几乎与从未受过伤的狗走得一样好。其余所有的狗都恢复了对肠道、膀胱和其他生理功能的控制，且这些成果是永久性的。[18]

基于这次成功，20 世纪 90 年代初，他们扩大了试验范围。全国各地的瘫痪狗的主人都把自己的狗送来参加试验。博根斯招募了印第安纳大学的神经外科医生斯科特·夏皮罗，帮助他在更多动物身上植入更多的 OFS 设备。到 1995 年，他们已经治疗了近 300 只脊髓受伤的狗。博根斯对《芝加哥论坛报》说："如果不进行治疗，这些狗中的 90% 都会被安乐死。"[19] 对此，博纳特还不忘补充道："我们要回了很多轮椅。"

将人们的爱犬从瘫痪和安乐死中拯救出来，且根本没有公关方面的负面影响——这些成功让人着迷，而普渡大学也受到媒体的热捧和资本的追逐。1999 年，博根斯促使一项条款被写入印第安纳州法律，该条款规定该州每年向普渡大学提供 50 万美元，用于脊髓损伤研究。[20] 第二年，印第安纳波利斯赛车场主席玛丽·哈尔曼·乔治又追加了 270 万美元。（如果你在 1997—2015 年观看过印地 500 赛事，你应该听过她的声音："女士们，先生们，发动引擎吧！"）[21] 他们此时已经有足够的资金进行人体试验了。于是，夏皮罗和博根斯开始了争取获得 FDA 批准的漫长过程。夏皮罗说："我们花了 2 年时间，写了 4 卷文本，终于获得了批准，可以在 10 名患者身上安装 10 台设备。"

普渡大学举行了盛大的官方发布会，宣布开启人体试验。一只名叫育空的棕色杂种猎狗被牵上舞台，步伐矫健。4 年前，它因椎间盘破裂而瘫痪，是博根斯和他的团队拯救了它。[22] 育空是戴维·盖斯勒的家庭成员之一，他登台讲述了将自己心爱的宠物带到中心进行评估，看它是否有资格参加试验的痛苦经历。他知道如果答案是否定的，结果会怎样。他说："当时团队的所有人都看着我在那里哭泣。"但是，OFS 评估通过了。盖斯勒继续说道："当它开始摇尾巴的时候，我就知道它正在好转。"[23] 当人体试验被宣布开启时，育空又开始在舞台的台阶跳上跳下。新闻发布会上充满了希望的氛围。《洛杉矶时报》也报道了这一事件。[24] 总之，人体试验的门槛定得很高。

布兰登·英格拉姆和其他 9 名志愿者是在开始治疗前不到 21 天的一段极短时间内瘫痪的。他们所受的伤都是灾难性的。博根斯和夏皮罗在他们体内植入了一个心脏起搏器大小的装置，并在那里放置了 15 周。他们希望，在这段时间内，它的振荡将引导轴突穿过损伤部位，就像他们在七鳃鳗、大鼠和豚鼠身上实现的那样。他们希望能重现他们在狗身上观察到的功能和感觉得以改善的结果。

取出装置后，博根斯和夏皮罗对参与者进行了为期 1 年的跟踪调查，定期测试他们感知到的变化。不幸的是，很少有人报告说他们的行动能力发生了像英格拉姆那样显著的变化，但这远非脊髓手术的唯一终极目标。在调查中，脊髓损伤患者总是把恢复行走能力排在一长串更迫切的问题的最后，这些问题包括独立如厕、恢复知觉以及变换少许体位以防止压疮的能力。志愿者不同程度地恢复了上述能力。

一年后，除一人外，所有参与者都恢复了足够的知觉，能够感觉到自己的手和腿。这些恢复的知觉主要是轻触和疼痛感、性功能和一些本体感觉（身体对自身位置的感觉）。没有人恢复肠道和膀胱功能。但这并不令人失望，因为博根斯从未宣称他能让人重新行走。

博纳特告诉我，理查德非常谨慎地对他们说："永远不要说我们能治好瘫痪，只说我们能让一些人恢复一些功能就可以了。"包括英格拉姆在内的两名患者确实恢复了一些下肢功能，两个人都回忆说，另一名患者自受伤后第一次能将双腿水平抬起。最重要的是，任何恢复的能力都得以保持，夏皮罗说："他们的改善是持久的。"

试验结果令人印象深刻，以至于《脊髓神经外科杂志》的编辑在2005年将其选为封面文章。这是一项一期临床试验，只考虑安全性，不考虑有效性，因此其体现的功能改善"不算数"。不过没关系，该设备已经通过了第一关——无死亡、无感染、无痛苦的副作用。事实证明，OFS是安全的。

最终，它还需要通过几次试验才能出售。在美国，如果没有FDA的明确规定，这样的设备是不允许在公开市场上销售的。如果FDA不批准它用于人体，你就不能出售它。那一切就到此为止了。

当然，随后的头条新闻并没有对该设备已通过例行安全检查这一点摇旗呐喊。"神经修复创新给人们带来新希望"这样吸引眼球的标题才更符合它们的风格。[25] 英格拉姆的经历尤其令人振奋。他告诉报纸记者，他已能够自己穿衣、洗澡、上车。直到2年后，还有报纸回访他。[26]

基于一期临床的安全性分析，FDA批准了针对另外10例重度脊髓损伤患者的二期临床试验。[27] 这次试验与之前的试验有一个关键的不同之处：它不是简单地确保设备的安全性，而是致力于探索其实际效果。在任何科学研究中，要做到这一点，最重要的方法是给一些人配备真正的设备，而给另一些人配备假的设备——一个没有任何作用的伪刺激器。这个安慰剂对照组是任何"金标准"试验的关键。它们为你的技术提供了至关重要的对比。如果对照组的改善情况和使用真实设备组的改善情况存在很大的差异，你就可以继续扩大试验的规模，以更精确地确定你的设备的效果是否真实，其效果有多显著。

神经外科医生斯科特·夏皮罗有条不紊地计划接下来的所有步骤。他从其他医疗中心又招募了 3 名神经外科医生，他们都同意参加下一个小型随机对照试验。之后，他计划让美国国立卫生研究院为一项规模稍大的试验提供资金，该试验将有 80 名患者参加，其中 40 人将接受功能性 OFS 治疗。对夏皮罗来说，接下来的步骤非常明确，而且必须按部就班地进行。

可博根斯并不这么认为。他年纪大了，从事这项工作已经有 25 年了。他已经厌倦了"小步快跑"的方式，想要毕其功于一役，而所有的宣传和赞誉也让他更加难以用循序渐进的方式思考问题。他想在市场上有所作为。但对于像美敦力这样的大型设备制造商来说，OFS 是个难卖的产品。在这种相对罕见的损伤上是赚不到钱的。更让他们不为所动的是，这些伤害大多发生在没有保险的男性身上（他们更有可能遭受枪击和潜水伤害）。博根斯认为，他可以生产这种装置并卖给一家有钱的大公司，然后让他们去操心 FDA 的所有文书工作。于是，在杂志上发表论文的 3 个月后，他和几位同事成立了一家名为安达拉生命科学的初创企业，并通过谈判获得了 OFS 的知识产权。不到一年，他们就找到了一家有钱的大公司，后者迅速将安达拉公司并购。[28] 这家公司正是 Cyberkinetics，也就是制造"大脑之门"的那家公司。

普渡大学沐浴在由博根斯的声誉散发的金色光芒中。他的研究为学校带来了大量的国家和私人资金。玛丽·哈尔曼·乔治再次向她的基金会拨款 600 万美元。短期内，OFS 获得了行业观察者的一系列赞誉，他们热切地期待着这款史上第一台神经再生设备上市的那一天。

《神经技术商业报告》的编辑詹姆斯·卡沃托称它"代表了神经技术的突破性进展"。[29] 然而，作为一种试验性设备，OFS 仍未获批销售，这一资格只能通过参与临床研究才能获得（夏皮罗仍在仔细研究其细节）。Cyberkinetics 希望能更快地从最新的投资中获利，于是向 FDA 递交了人道主义使用器械资格申请，如果获得批准，Cyberkinetics 就可以在 2007 年年底之前在市场上销售该设备。博根斯和博纳特被告知，这种审批几乎就是走个过场。博纳特说："他们告诉我们：'哦，不用担心，我们知道如何与 FDA 打交道。'" Cyberkinetics 预计将在第二年开始销售这种刺激器。

"叛教者"

肯·鲁宾逊很是忧心忡忡。在阅读博根斯和夏皮罗的论文时，他曾想知道，将 15 分钟作为阴极和阳极的切换时间的决定是如何做出的。但当他在参考文献中寻找根据时，他发现找到的是自己的名字。这让鲁宾逊大吃一惊，因为他的相关论文根本没有涉及这个观点。"它歪曲了我的工作。"他说道。

鲁宾逊从未观察到任何哺乳动物的神经元能像他试验中的两栖动物的神经元那样对生理电场做出反应。要在前者身上获得任何效果，都需要强度高一两个数量级的电场。于是，鲁宾逊尝试在斑马鱼身上重复试验。这本来就是走个形式，"核查然后打个钩"而已。然而，他试验中的斑马鱼的神经元却对"生理"电流的交互作用无动于衷。他说："我们完全陷入了僵局。你不能直接从两栖动物外推到其他动物，并假设它们是一样的，对哺乳动物来说更不能如此。这让我开始审视这件事的全局。"

2007 年，鲁宾逊在一封长信中向夏皮罗提出了他的疑虑，询问研究小组是否真正直接观察到他们所吹嘘的,"在任何一只青蛙身上都能实现"的双向生长。鲁宾逊说:"我没有得到任何答复。"鲁宾逊开始担心试验不符合伦理标准。"他们没有足够坚实的基础来这样做。"

如果研究中没有人作为"未接受治疗"的对照组(就像这个安全性试验设计的那样),科学家怎么能对干预措施的有效性提出任何主张呢?他们如何解释安慰剂效应?我们没有办法检查志愿者自我报告的改善与脊髓神经突生长的相关性——你又不能把他们切开并解剖。在最初的试验中,夏皮罗和博根斯使用的对照组来自与他们试验无关的其他试验的案例研究。当然,10名试验对象都没有受到伤害,但鲁宾逊坚持认为"即使没有伤害任何人,这些试验也是不道德的"。他指出,跳过必要的基础工作,意味着刺激器的设计是完全随意为之的,仅这一点就使试验变得不道德。创立一家公司并销售该设备更是罪加一等。

2007年,鲁宾逊和他的同事彼得·科米认为他们已经等了足够长的时间,但还是未能等到夏皮罗等人对他们信件的回复,于是他们发表了一篇评论文章,其大致主旨便如上所述。[30] 这篇文章彻底摧毁了博根斯的工作。其最直接的影响是使鲁宾逊与贾菲的其他后继者从此疏远。这种决裂是如此直接和彻底,以至于今天,已在俄勒冈州退休的鲁宾逊仍称自己为"叛教者"。这个词通常是指背弃信仰的宗教信徒。而这篇尖刻的评论文章开启了一场狂风暴雨般的批判。

与人们的预期相反,Cyberkinetics的收购并没有为临床试验扫清障碍。事实上,没有人告知夏皮罗这次收购。"我毫不知情。"他说。他一直在按部就班地实施他那一丝不苟的路线图,为另外两个病人植入了装置,一切都进展顺利。"突然间,这家公司闯了进来,拿走了我所有的研究文件和设备,我只好关门大吉。"

没人知道的是，到 2007 年，Cyberkinetics 公司已濒临破产，急需推出商业产品为其续命。夏皮罗说："他们试图基于对 12 名患者的同情使用原则获得 FDA 的审批。我知道这一定会失败。"在这种情况下，除了未批准人道主义豁免，FDA 似乎还撤销了对二期临床中更多植入患者的批准。

但是，博根斯并不清楚这一切。FDA 只是拖着不批准，似乎是故意拖延时间，等到资金全部消耗完，项目便会宣告流产。

在此，我想为 FDA 辩护：FDA 可能是美国资金最短缺、工作最繁重、受到最不公平指控的监管机构。它的任务是确保每种药品和器械都符合其声明效果，并且不会致人死亡。亲商业的政治管理层喜欢切断其资金来源，认为其热衷于阻碍创新。但是，当 FDA 不能适当履行职责时，就会发生阴道网片植入物灾难和乳房植入物泄漏事故等。多亏了 FDA，在新型冠状病毒流行期间，有问题的呼吸机才得以在导致人员伤亡前被召回。

然而，彼时让振荡场刺激器经历磨难的 FDA 与今天的 FDA 有很大的不同，这在一定程度上导致了该设备的夭折。

与詹姆斯·卡沃托一样，珍妮弗·弗伦奇也对该机构处理安达拉设备审批的方式感到沮丧不已。弗伦奇是 FDA 的患者权益倡导者，她从机构内部目睹了整件事的过程。她对脊髓损伤有一定的了解。1998 年，在一次滑雪事故中，她的脊椎受到永久性损伤，从此四肢瘫痪。1 年后，弗伦奇自愿成为世界上首批测试"植入式神经假体"——一种尖端新型电子植入物的志愿者之一。这种假体可以暂时让瘫痪的人恢复站立和活动的能力。它是通过由精确放置的电极向肌肉和神经注入电流脉冲实现这一目标的。作为这一尖端神经工程的试验对象，她对人们的需求与研究人员提供的产品之间的差距有着无与伦比的洞察力。她很快就参与到为神经系统疾病患者提供支持的工作中，具体来说，就是为各种机构提供支持，这些机构则负责从那些宣称具有神奇疗效的手段中筛选出真正有前途的先进技术。

对弗伦奇来说，OFS恢复患者感觉的能力是最令人信服、最具统计学意义的结果。对脊髓损伤患者来说，感觉绝对是一个至关重要的优先事项。它对防止皮肤上的压疮非常关键。当你感觉不到自己的皮肤时，这些压疮就会被忽视，然后受到感染，引发败血症，使血液中毒。败血症是脊髓损伤患者死亡的两大原因之一。然而，在评估产品疗效的证据时，对于试验中患者关于设备对其生活影响的评价，FDA显得兴趣寥寥，相反却对它认为较"客观"的衡量标准更感兴趣，这就是为什么在2007年FDA对OFS设备的评估标准不包括患者的感觉。她解释说："这被认为是一个黑箱。"FDA需要的证据应该可以由专注于运动活动的临床医生独立评估。如今，在弗伦奇等人的倡导下，这种情况已有所改变，FDA对患者报告的结果比以往更加重视了。

但在当时，FDA并没有真正意识到这到底是怎么回事。这个设备并没有真正让人们重新站起来，所以为什么要进行更多的试验或授予豁免呢？另一个问题是，与今天不同的是，该机构当时还没有制定相关计划，以帮助指导公司通过大量必要的文书工作收集批准所需的有关安全性和有效性的数据。FDA只是让公司自己摸索。一些公司做到了，其他则没有。

在此期间，Cyberkinetics公司继续寄希望于获得豁免，而这一承诺却月复一月地被拖延。卡沃托说："那时，FDA花了很长时间才做出决定。"即使FDA忽视了患者报告，它也会关注大量的其他证据。这些证据可能包括鲁宾逊的评论文章，肯定也包括另一位世界著名的神经科学家在主要报纸上发表的公开声明。2007年，杜克大学的米格尔·尼科莱利斯接受了《波士顿环球报》关于 OFS 的采访。[31] 他怒气冲冲地说:"我在他们最新的尝试背后看不到任何可靠的科学依据,他们只是想快速地赚一些钱,或者挽救他们的股价,使其不至于彻底崩盘。"

米格尔·尼科莱利斯对生理电场了解多少?事实证明,他知道的并不多。卡沃托说道:"这与安达拉公司无关。"这其实与约翰·多诺霍,也就是 Cyberkinetics 的创始人之一有关。卡沃托回忆说,尼科莱利斯讨厌多诺霍。他俩都是脑机接口领域的先驱,但多诺霍是媒体的宠儿,在《纽约时报》上有专栏,而尼科莱利斯没有,这让后者一直妒火中烧。"尼科莱利斯对这项技术一无所知,他只知道这是约翰·多诺霍的公司。"

在这些诋毁性评论发表后,卡沃托写了一篇辩护社论——针对的是 FDA——恳求 FDA 不要听信尼科莱利斯的谗言,但为时已晚。卡沃托认为这篇文章导致公司垮台。"FDA 不慌不忙,而 Cyberkinetics 的资金已告罄,投资人也撤资了。事情就是这样。"他说。然后,2008 年经济衰退来袭。Cyberkinetics、安达拉、人道主义用器械豁免——这一切都化为了泡影。

15 年后,卡沃托对这一事件的发展仍耿耿于怀,不仅仅是哀叹设备本身的失败。他说:"当你迫使 Cyberkinetics 倒闭时——这便是 FDA 的所作所为——你就是向研究界和投资界发出了一个明确的信号:从事这个领域,你将一事无成。"他宣称,FDA 的作为在 10 多年后的今天仍有余波。"在我看来,这可能让这个领域倒退了 10 年。"

路的尽头

与此同时,普渡大学实验室却始终无法正常开展二期临床试验。

"FDA 不允许开始试验，"博纳特说，"只是不断要求提供更多信息。我们却从来不知道为何提供。我只记得我对理查德说：'你得罪谁了？'"不过，博根斯有不服输的性格，在经历了种种挫折之后，他仍然不肯放弃，多次尝试重整旗鼓。他和夏皮罗——后来还有他的博士后李建明（音译）——都付出了艰巨的努力，希望重新启动 OFS，或者至少不让它被人遗忘。2012 年，夏皮罗撰写了一篇出版后同行评议，报告了 OFS 的研究成果，包括他设法凑齐的另外 4 名参与者的情况。2014 年，他在一份欧洲期刊上发表了另一篇类似的综述，这也是他为使这项工作保持学术相关性所做出的部分努力。[32]

但最终，即使是博根斯也无法承受这一切。安·拉杰尼切克说："FDA 将他埋没在大量的文书工作中，以至于他最终宣告放弃。"拉杰尼切克在鲁宾逊的指导下获得了博士学位，但在事件发生后与后者断绝了关系。她说："博根斯经常把手举起来，你知道，就是把胳膊伸得老高比画着，然后说：'我已经为 FDA 填了这么高的文件，就是为了实现这个目标。现在我再也无意于此了。'"

现已成为研究教授的李建明试图接手这项研究。他对 OFS 电子设备进行了现代化改造，并对电极位置进行了优化。自 2001 年以来的技术进步带来了惊人的升级——改变设备设置的能力、新的算法、使用 App（应用程序）控制设备的能力，但博根斯已经将注意力从该技术转向可以融合神经元的药物上。[33]

然而，他于 2018 年被诊断出患有前列腺癌。这时，普渡大学开始清理门户。博纳特说，一位院长强迫博根斯退休。部门里没有被解雇的其他人要么提前退休，要么离开。博根斯于 2019 年年底去世。即便如此，李建明仍努力继承他的导师的事业，试图让瘫痪研究中心和 OFS 继续维持。[34] 由于原始专利已过期，李建明整理了一份新的专利申请文件，并公布了一些进展。[35] 通过与凯斯西储大学的初步合作，他们即将在人体中测试新版OFS。随后，新型冠状病毒突然来袭。

在一片混乱之中，李建明被解雇，取而代之的是一位新主任，他改变了中心的使命，不再进一步开展关于OFS的工作。博纳特说："这太令人难过了。他有办法帮助人们，但他们不让他继续下去。"2021年，夏皮罗从印第安纳大学退休。理查德·博根斯在普渡大学留下的唯一痕迹，只有一扇被漆成得州州旗模样的办公室大门。

几十年后的今天，我们对安达拉公司的过往充满了各种假设。如果它没有被Cyberkinetics收购，没有被经济衰退摧毁，它会成功吗？鲁宾逊说博根斯在一开始就跳过了关键的步骤，他是对的吗？这些步骤在后来的试验中会补上吗？还是说，这个想法太超前了？

这是一个作用于神经元的装置，但与我们熟悉的神经密码和动作电位等概念无关。这是一种使用电的伤口愈合机制，不是生物学家所关注的，而且唤起了人们关于电疗骗术的陈旧记忆。理查德·努奇泰利说："他所做的确实处于最前沿。试图引导脊髓再生——典型的电生理学家对此一无所知。他们对此也不感兴趣，只对动作电位感兴趣。"

今天，脊髓刺激又成了新闻热点。[36]但这些新研究工作的重点是动作电位，它们从传统的角度研究脊髓连接，不是试图重新连接被切断的轴突，而是对脊髓中残存的完好轴突施加强脉冲电流，迫使它们产生驱动运动功能的动作电位。事实证明，这些剩余的少数未受损通路可以表现出可塑性，就像大脑最常见的可塑性一样。这似乎是电在目前脊髓损伤研究中的常用方法，其不再试图将断裂的神经元重新融合。这些方法还取得了一些成功。一些患者已经可以行走，而在技术干预之前，他们无法做到这一点。对此，卡沃托抱怨道："如果安达拉公司获得批准，也许这一切都会早几年通过更多不同的方法实现。也许现在会有更多人可以在脊髓受伤后重新行走。"

博根斯的装置实际上是按照这些原理工作的吗？还是说，今天的装置奏效的原因是，其施加的部分电场正在像 OFS 那样重新连接轴突？问题在于，像布兰登·英格拉姆这样的对象究竟是通过什么机制恢复运动功能的？博根斯对这一现象的认识是正确的吗？对此，我们并没有什么测试办法。你无法就像对狗一样剖开人的身体进行检查。

不过，人体生物电的其他领域开展的工作有望很快解决这个问题。这是因为理查德·博根斯利用的是细胞的生物电特性，而人们现在才开始对这些特性有全面了解。博根斯的 OFS 所借助的生理电场绝对是真实存在的，而且并不是脊髓细胞所独有的。人体中的每个活细胞都具有相同的电特性。博根斯可能是以一种本末倒置的方式利用了它们，但很明显，他确实触及了一些本质的存在。随着这项研究最终走向成熟，它正被整合为某种理论，即生理电场如何修复身体——无论身体以何种方式损坏——而我们又如何创造新设备来帮助这一电场更好地工作。

博根斯的工作继续在小规模试验中得到复制，最近的一次试验是斯洛伐克的一个团队于 2018 年开展的，他们精确地再现了 OFS。他们在大鼠身上进行了测试，在博根斯的大鼠试验的 30 多年后，借助改进的成像和分析技术，这个团队能够准确地看到 OFS 是如何工作的。在电场的引导下，受损的轴突成功地在损伤部位与它们原先断开的伙伴紧紧连接。也许，振荡场刺激器还没到落幕的时候。

事实证明，博根斯的直觉是正确的。

人体内充满了电池

在博根斯为之不懈奋斗的几十年里，其他研究人员已经动作迅速地编出了生物电领域的"元素周期表"，只不过这张表里填充的是所有对超弱生理电场做出反应的细胞。

科林·麦凯格着手建立一套无懈可击的证据体系，以证明神经和肌肉会在弱电场的作用下自动排列。他意识到，他需要向怀疑论者证明自己的观点，而他可以通过证明所谓的"生理电场"在其他类型的身体组织中也有同样的作用做到这一点。他招募了安·拉杰尼切克（她是与鲁宾逊断绝关系的门徒）和赵敏（音译，曾师从中国顶级创伤外科医生）来到苏格兰，加入他在阿伯丁大学的实验室。他们一起着手证明，生物电对人体各部位都有深远的影响。除了神经元，阴极还能拖动些什么？

事实证明，几乎任何细胞都可以被拖动。博根斯曾试图利用微电场来使受伤的轴突愈合，蒲慕明也早就发现这些微电场引导着那些脊髓神经突。而新的研究发现，它们还能从皮肤细胞、免疫细胞、巨噬细胞、骨细胞以及能施加它们的任何其他细胞中诱导出沿着培养皿的爬行行为。

这些电场所能产生的巨大力量让赵敏感到尤为震惊。来到麦凯格的实验室后，他原本以为一切经历都会如他预料那般波澜不惊：像科学界的惯常做法一样，他将花一些时间来描述众多复杂生物过程中的某一个，并归纳出其众多有趣因素中某一个因素的特征。当然，这项工作会很"重要"——但他怀疑，这项工作并不那么惊心动魄，实际上也没有那么大的影响。它不会改变世界。生物学通常就是这样，它涉及的因素太多了，不可能精确地指出某一个因素的首要重要性。在伤口愈合方面尤其如此，该机制是由一系列相互关联的生长因子、细胞因子和其他竞争因子组成的。他说:"每个人都有自己中意的分子,而且他们都能证明这种分子发挥了重要作用。"但当赵敏打开电源进行治疗实验时,结果却是所有这些因素全部失灵。

赵敏惊呆了。一个微小的电场,竟然对任何其他生长因子、基因,或其他人以往认为伤口愈合的影响因素都具有否决权。[37] 不管有什么因素吸引细胞的注意力,细胞都优先按照电场的指示行事。[38] 这是表观遗传变量的一个特征。赵敏告诉我:"就在那时,我意识到我们正在研究的东西远比其他人预想的重要,甚至比我自己预想的都要重要得多。"

令他(以及麦凯格和拉杰尼切克)惊愕的是,没有人对他们的研究成果感兴趣。尽管他们的工作具有明显的颠覆性——有望实现更好的组织修复,加深对胚胎发育的理解,只要你想得到的领域都将受益——但在其他电生理学家眼中,他们的工作在很大程度上被视若无睹了。[39] "电做不到这一点"——这是许多科学家的内心独白,他们带着对顺势疗法的厌恶态度看待这一发现。

然而,这支"阿伯丁梦之队"毫不气馁。他们继续砥砺前行。目前他们只是初步窥见了这些电场的重要性而已。在培养皿中穿梭的单个细胞并不是重点。毕竟,你的身体并不是由一堆四处游荡的单个细胞组成,而是由这些细胞的庞大集合体组成的,它们组合成相互合作的组织和器官。这些细胞形成了四种主要类型的组织:除了神经组织和肌肉组织,还有结缔组织和上皮组织(皮肤)。阿伯丁大学的研究有望解答一个长期存在的谜团:当这些组织受到损伤时,为什么会有电流涌出?

你的皮肤是由数十亿个细胞组成的一个紧密协调的集合体。它由被称为上皮的三层组织构成,外层则被称为表皮。如果做一个极简的比喻，你可以把皮肤看作一个放大版的细胞膜，只不过是包裹整个身体的细胞膜。从电学的角度来看尤其如此。

上皮细胞自身会产生电压，你可以将其理解为"所有系统正常"的信号。当你的皮肤完好无损时，它会产生一个电势，因此相对于皮肤内层而言，皮肤外层始终为负电位。

不过，真正有趣之处在于切开皮肤后会发生什么。你切断了表皮的上皮层，这时，原本通过它们之间的"缝隙连接"所提供的好的通道有序流动的所有钠离子和钾离子，现在却随意地泄漏到各处。打个比方，如果把切开皮肤看成剪断一根电线，那么会造成短路，这意味着电流会向各个方向流动。好的电流通道已经消失或被破坏，因此离子就会涌向所有可用的空间。

正如我在引言中提到的，你如果咬了自己的脸颊内侧，然后用舌头触碰咬痕，就能感受到这种伤口电流。由此产生的刺痛感就是你感受到的电压。拉杰尼切克回忆说，肯·鲁宾逊曾在普渡大学为他的学生做过一个更具戏剧性的演示。他会拿起一个电流表，将其表盘投影到讲堂前方的屏幕上，表盘指针静静地停留在0处。然后，他会用夸张的动作展示两个连接到电流表上的盐溶液烧杯，并将手指浸入盐溶液，以显示表盘不受干扰。拉杰尼切克继续说："至于下一步，我不建议今天这样做。"鲁宾逊会掏出一把刀片，割破手指，然后把血淋淋的手指再次浸入烧杯。针头会猛地弹起。她说："你可以看到电流读数飙升。每次这都会引起观众的一阵惊叹。"

所有泄漏的电流都会形成一个电场，在体内的一定距离内都能感受到它的影响。对周围细胞而言，这就像一个防盗警报器、指南针和蝙蝠回声定位信号的组合。就像蒲慕明和安·拉杰尼切克利用人工产生的电场拖动单个细胞在培养皿中移动一样，伤口电流产生的自然电场也能让一整队细胞迁移到伤口处。它引导并指挥着人体内的急救者

（重建结构的角质细胞和成纤维细胞）以及清理者（巨噬细胞）。它们齐心协力，重新封闭表皮。还有比这更酷的呢！电场会将细胞引向伤口的中心。这就是你身上的自然阴极——一个红色的大靶心，身体里所有随之迁移的辅助细胞都会朝着它集结。

修复过程由此开始。随着修复过程的进行，伤口电流及其相关电场逐渐消失。等到伤口愈合后，就再也检测不到伤口电流了。这就是它在所有上皮细胞中的工作原理。

而且你猜怎么着：你的皮肤并不是你唯一的上皮细胞。

为了将问题进一步简化，你可以将皮肤上皮看作包裹身体的带电收缩膜，它让你的身体内外有别。而就像你的整个身体被称为皮肤的多层带电上皮包裹一样，你的所有器官也被各自的带电收缩膜包裹。

根据器官的不同，这层上皮收缩膜要么在器官外侧，要么在器官内侧（严格来说，它如果在内侧，就被称为内皮，但它仍然是相同的东西）。有些器官内外都包裹着这层膜，如心脏。它包裹着你的肾脏和肝脏。它分布于口腔、血管和一些器官的中空部分，如肺、眼睛、泌尿生殖道、消化道、阴道、前列腺等。我再三强调：它在你的体内无处不在。它的主要作用是决定什么东西可以进出它所包裹的器官（循环系统对此也有贡献），就像细胞膜创造了一个边界来决定什么东西可以进出细胞一样。上皮细胞和内皮细胞都是带电的，这意味着所有这些结构都是电池。你身体里的每个器官都有一个电压，并且器官会利用这个电压。心脏需要利用电池的原因很容易理解——心脏实际上使用电场来控制它的心跳。努奇泰利说："这是一种电收缩。"但你也有一个肾脏电池，一个乳房电池（乳腺腔），一个前列腺电池（看来你跟亚历山大·冯·洪堡也差不多）。只要电流穿过上皮细胞，就会形成电池。

眼睛电池可能很难想象，但它是最酷的。眼睛有超强的伤口电流，当角膜和晶状体受伤时，它有助于加速愈合过程。[40] 这是因为视网膜上皮是人体内电活动最活跃的组织之一：我们能看到任何东西，都可归功于视网膜多层上皮细胞中呈旋转运动的电流和电场，20世纪70年代的研究人员将其命名为"暗电流"。[41] 虽然这名字听起来像是对摇滚乐队平克·弗洛伊德的致敬，但顾名思义：这种电流只在黑暗中流动。当你打开灯，钠离子通道便关闭，一堆其他信号则按下彩色视觉的开关。

因此，神经、肌肉和皮肤都被证实是带电的。还剩下最后一类组织——骨骼和血液等结缔组织，它们对其他组织起着黏合和支撑作用。它们是带电的吗？

好吧，如果它们不是，你就不会在读一本叫作《解码生物电——下一场生命科学革命》的书，所以我就不吊你的胃口了。

我们的骨头也是带电的。骨骼是一种压电材料，这意味着它是一种可以将一种形式的能量（如跑步时的压力）转换成另一种能量的组织。例如，你的脚步对骨骼造成的压力会让骨骼变得更强壮，因为骨细胞在响应这种机械活动时产生的电荷会转化为电信号，从而促进骨骼生长。骨骼在断裂时也会释放强烈的伤口电流：骨折部位出现电压，帮助骨骼愈合伤口。

简而言之，只要谈论生命系统，就不能不涉及其电组件。没有电，我们什么都不是。

那么，如果人体能够自然地利用自身的电流愈合伤口，我们是否可以学习如何控制它，就像我们使用起搏器和深部脑刺激那样？

操纵电场

人们逐渐发现，只要干扰电流，就能破坏人体的自然修复过程。

苏格兰的研究人员发现，如果他们使用通道阻断药物来抑制钠离子，从而中断大鼠伤口电流发出的电信号，那么它们的伤口愈合时间就会更长。[42]

但这一点反过来是否也对呢？我们是否也可以通过放大人体的自然电流来加快愈合过程？过去10年间的一系列临床试验日益表明，答案是肯定的。最令人痛苦的伤口可能是严重的褥疮，这种伤口需要数月到数年的时间才能愈合（如果还能愈合的话），而且会侵袭皮肤下深层的组织、肌肉和骨骼。大多数利用电刺激治愈人体伤口的研究是针对这类伤口开展的——就像脑深部刺激一样，这是在其他方法似乎都无济于事的情况下的方法。经过多年的此类实验，两组科学家进行了元分析，得出了结论：通过电刺激放大自然伤口电流，几乎可以使伤口愈合速度快1倍。

这种效果也不仅限于皮肤；自20世纪80年代以来，越来越多的证据表明，同样的小电流可以加速骨折愈合，有些人甚至认为它可能有助于治疗骨质疏松症。[43]它可以帮助新血管更快地长到伤口中，也开始被正式研究如何用于眼部。电刺激甚至被证明对皮肤移植有效——它似乎有助于新皮肤的生长。

有一个问题：所有这些类型的实验结果大体上是积极的，但也有不一致和不可预测的地方。北达科他大学研究生物电伤口敷料的马克·梅瑟利说："问题在于这种方法没有得到优化。"因为我们不了解电能加速伤口愈合的机制，所以我们无法采取任何有针对性的措施来增强或改善刺激效果，甚至使其标准化。这就给希望对病人使用电刺激的医生带来了困难。"要优化伤口愈合，我们需要了解它的工作原理。"

2006年，赵敏和遗传学家约瑟夫·彭宁格进行了首次对照试验，旨在锁定伤口上被电场激活的一些基因，从而极大地推进了人们对这一问题的认识。[44] 这项工作在新闻中被广泛报道——它终于把电带入了基因的可辨认区域。对于电子组的表观遗传能力而言，这些证据是最初步的，也是最有力、最引人遐想的。

接下来要做的就是找到一种测量人体伤口的实际电场的方法。在现有电疗设备施加电流时，没有人了解电流对人体自身生物电的影响。要改变这种状况，就需要一种设备来帮助识别一个人的伤口电流是否异常或失灵。从来没有一种工具能够测量干燥的哺乳动物皮肤附近空气中的电场——一直以来人们都是在实验室的控制条件下，在潮湿的青蛙皮肤上测量的。2011年，理查德·努奇泰利发明了一种非侵入式设备，可以测量人的皮肤，密切观察我们的损伤电流。这种被称为"皮肤电线"的设备可以感知最近处的电压。将它贴在皮肤上，它就能绘制出皮肤表面的电压图，并将其与伤口深度相关联。[45] 这样你就能得到伤口的三维电图。拉杰尼切克说："这是医生可以真正用到病人身上的第一款工具。"

这大大加深了人们对电如何作用于伤口愈合的理解。努奇泰利发现，伤口电场的大小与伤口愈合的进展密切相关——电场在损伤时达到峰值，随着伤口愈合缓慢降低，当愈合完成时恢复到不可测的水平。但更有趣的是一个人的伤口电流强度与其愈合能力之间的关系。损伤电流弱的人比损伤电流"更喧闹"的人愈合得更慢。最有趣的是：伤口电流强度会随着年龄的增长而减弱，65岁以上的人发出的信号强度只有25岁以下的人的一半。[46]

改进的测量工具带来了更理想的实验结果。2015年，努奇泰利和克里斯蒂娜·普拉在伤口上施加电刺激，并用Dermacorder（一种测量仪器）进行测绘，结果诱导了新血管的形成，使所有患者的愈合加速。

电疗愈

电刺激加速伤口愈合的观念似乎正在经历从怀疑到肯定的质变。2020年，DARPA向赵敏和几位研究人员提供了1 600万美元，用于开发下一代伤口愈合系统。这可不是你切菜时划伤自己后使用的那种膏药。这种新型绷带的目的是治愈重大创伤，因此它将同时调动多种组织的生物电愈合能力——加速所有组织的愈合。

第一项概念验证已经完成：这是一种通过对离子通道施加单独控制维持细胞内特定电压梯度的设备。[47]另一种设备是可穿戴式电子文身，它是由绘制在上皮上的电子墨水构成的电路。[48]它以三维的方式，精确地追踪了伤口愈合时电流穿过组织的位置。这种绷带在观察和诊断方面都很有用，因为它在活体组织中提供了类似地形图的东西。其背后的想法是，你可以像谷歌地图一样使用它实时跟踪伤口电流的各种元素的精确运动。它还能提供类似精度的外部电流。它不只是在伤口上覆盖一个通用电场，然后寄希望于产生最好的结果，而是以一种精确的方式引入电场，将它们引导到需要的地方。

赵敏认为，我们每个人的这种"导电体图"都是相似的，就像每家每户的电线都遵守共同的标准一样。他说："你不能把电源插头随意插在墙上的任何地方。"理查德·博根斯窥见了莱昂内尔·贾菲所发现的人体生理电场的深远影响，并试图加以利用。在这个方面，他远远走在了时代的前列。但是，在匆忙进行临床试验时，他试图跳过一些步骤，结果却是欲速则不达。如今，人们对生物电在治疗中的作用有了更好的理解，并有了精确的工具以绘制和测量生物电，这些步骤才有实现的可能。

事实上，从伤口愈合的角度来看，博根斯对受损神经元所做的尝试可能还不够激进。他专注于控制个体细胞。而在过去的 10 年中，大量新的研究发现，你不必在这个层面上锱铢必较——有一些方法可以开启身体的休眠控制系统，让它代劳。如果你能找到正确的离子通道来打开和关闭，那么你能做到的就远远不止治愈受伤的肢体了，你甚至可以让整个肢体从头再生。

第 4 部分

生物电与生死

> 我们体内有数万亿个细胞……你鼻子里的细胞有基因，眼睛里的有基因，嘴巴里的有基因，手肘里的也有基因，也就是说，这些组织中的细胞都是一样的。那它们为什么会做这么多不同的事情呢？
>
> ——米娜·比斯尔

到了 21 世纪初，我们开始怀疑，在我们体内所有这些移动的离子所编码的信号起到的作用远不止修复损伤。过去那种认为只有神经元才会发送信息以控制通信的旧观点开始逐渐淡出，一种新的观点得以浮现：也许所有的细胞都会发送和接收电子通信。指导伤口愈合的生理电场似乎也指导着我们的身体根据一致的蓝图从头开始塑造自身的能力，而这似乎也是癌在体内扩散的关键。理解这种电子语言，有助于我们解答生命中最基本的问题和棘手的难题：从我们如何降生到我们如何死亡。

第 7 章

生之初：
创造新生与再生的电

薛定谔式的手指头

在过去的 10 年中，迈克尔·莱文的会议演讲和论文中都出现了一幅精细的线描图，画上是一只用后腿坐着的小白鼠。它脸上的表情暧昧不清，只能用"蒙娜丽莎的微笑"来形容。[1] 画面上另一个可能的暧昧之处是它的左前腿。这部分肢体被封装在一个小盒子里。盒子里的爪子可能有 5 根指头，也可能只有 4 根。

在塔夫茨大学的莱文实验室里有几只真实的小白鼠，它们每只都戴着一个小盒子，且都被截去了 1 根指头。这个叫作生物反应器的小盒子被置于小白鼠截肢后的残肢上，与其相连的是一些专利设备，这些设备可以操纵小白鼠残肢的剩余组织中的电子通信。有可能其中一个盒子里的爪子会再次长出完整的 5 根指头。实验目前还没有结果，但这个薛定谔风格的小物件很可能会改变整个科学领域的未来。

"再生医学"是一个涵盖性术语，大约 30 年前才被发明出来，用于涵盖人们试图复原因创伤或衰老而造成的损伤的各种方法。[2] 这门学科有点像弗兰肯斯坦式的缝合怪物,由植入和移植医学、假肢学和组织工程学等其他分支学科的不同集合拼接而成;而干细胞的发现及其展现的令人振奋的前景,则将所有这些学科连成了一个整体框架。

你总是听说干细胞,因为它们具有独特的能力,可以分化成许多其他种类的细胞。它们有点像孩子:最初具有无限的可塑性,但随着日渐成熟并按最终功能定型,它们会专职扮演特定的成熟角色,如肌肉、神经或骨骼。当你还是一个只诞生了3~5天的囊胚时,你的所有组成物都是干细胞(事实上大约有150个)。而当你长大成人时,干细胞已经所剩无几,你仅有的干细胞大多数生成于你的骨髓。

1998年,人们可以从人类胚胎中提取这些神奇的材料,并在实验室中将其分化为其他任何细胞。突然之间,在我们眼前呈现出了一幅诱人的前景:我们可以用这些干细胞来修复或替换任何器官或身体部位,而不是像我们之前那样换上金属或塑料替代件,或是换上需要抑制免疫系统的捐赠器官。无论器官是老化、受损还是患病,无论这些器官是肝脏、关节、心脏、肾脏、眼睛,还是任何你想要修复的其他器官,干细胞很快就会使它们重获生机。[3]

在围绕干细胞的一片争议声(人们并不喜欢以胎儿组织作为医学基础构件的想法)和新涌现的希望中(事实证明,成人体内的其他细胞也可用于类似目的),与之相关的头条新闻不绝于耳。干细胞将治疗神经系统疾病,治疗腰痛,治愈任何疾病。它们是生物学的奇迹。

尽管30年来干细胞一直是引人瞩目的头条新闻,但其大多数医疗目标仍然遥不可及。匹兹堡麦高恩再生医学研究所负责人斯蒂芬·巴迪拉克说:"这么多年来,对任何一种损伤、疾病或相关问题,干细胞疗法并不比我们正在实施的其他疗法更优越。"因此,莱文正在尝试一些完全不同的方法。他认为,与其过度关注单个细胞构建附属器官或附属肢体所涉及的极其复杂的分子和化学相互作用的细节，不如打开最初塑造小白鼠（及其所有指头）的那个生物电"开关"。他寄希望于这样一种想法：因伤病而失去的任何身体部分的再生能力不是写在基因里，而是可以通过身体的电语言控制，身体用这种电语言与自身对话，告诉自己该长成什么形状。找出这个密码，你就可以让大自然为你制造一个新的身体。而且，在我们知道如何使用这些电开关之前，早有迹象表明它们的存在了，最初的迹象可以追溯到近1个世纪前。

生命的火花

如果哈罗德·萨克斯顿·伯尔试图在今天开展他的实验，他可能会被直接告到人力资源部。但在20世纪30年代，作为耶鲁大学生物实验室主任，伯尔要求为他工作的女性每天测量自己的身体电压，并将其与自己的月经周期对照的做法似乎并无不妥。

伯尔的整个职业生涯都是在耶鲁大学医学院度过的，他在那里发表了大量论文，发表时间贯穿了20世纪中叶。他的毕生使命是弄清所有生物系统是否都具有电特性；如果是，那么原因何在。为了全面记录生物电活动，他花了30年联系起从细菌到树木再到女性的一切生物，测量并绘制其释放的微妙电力。当伯尔开展这个项目时，EMG（肌电图，用于肌肉）和ECG（心电图，用于心脏）已经得到广泛使用。但他对这些响亮且明显的节律并不感兴趣。在这些嘈杂的噪声中，伯尔发现了一种不同的信号，一种微弱的电子信号，它不增不减，只是持续存在。他想对此了解更多。为了确定这种信号，他首先花了3年设计了一个毫伏表，其灵敏度之高，足以令奥古斯塔斯·沃勒用他的盐水桶探测到的心跳声像偷听到的枪响。[4]

在最初的调查中，他要求实验室里的男性都接受电压测试并提交读数。他将两个电极插在装有电解质溶液的杯子里，让他们各自将两根食指分别浸入其中，以感受两根手指之间的电压差异——这有点像肯·鲁宾逊演示伤口电流的方法，但没有人需要切开任何身体部位。不过，伯尔极其灵敏的电压表还是记录下了差异。他写道："很明显，两根手指之间有一个电压梯度。"[5] 他意识到，这种稳定的直流电场证明，所有这些男性的身体都是"电极化"的——我们身体的一边是负极，另一边是正极。他将其称为"电动场"或 L 场。这是我们所有人都是"人体电池"的第一个证据。

为了确定这种信号是真实的，伯尔和他的同事重复了 10 次实验（而且为了排除误读，他们还对实验做了些许改动）。他们对结果感到满意时，便开始正式对这一信号进行研究。他们要求这些男性每月、每周、每天都进行这些测量。在检查结果时，伯尔发现他可以沿着一个光谱绘制出不同男性的场强。有些人持续表现出高达 10 毫伏的强劲电压梯度，而有些人则勉强达到 2 毫伏，但每个人的场强每天不会有太大的变化。

从那时起，伯尔开始对他实验室里的女性感到好奇。她们的信号会不会更多变呢？他邀请她们参加这个实验。[6] 果不其然，"我们惊讶地发现，每个月的 24 个小时，女性的身体电压会大幅上升"。经过"对女性个人记录的检查"后，他们确认这一时间大致与月经周期的中点重合，这表明上升可能与排卵有关。

即使在 20 世纪 30 年代，他们也不可能在人类女性身上进行更进一步的实验了，因此伯尔在兔子身上检验了他的假设。兔子的排卵是可以预测的：刺激其子宫颈，9 个小时后就会有一个卵子排出。他们做了一个相当可怕的实验，能够在读取兔子卵巢电压的同时直接观察到排卵的实际情况，具体做法就是剖开它的腹部并挤压输卵管。[7] 伯尔写道："令我们高兴的是，卵子排出时卵泡破裂，电子记录仪上的电压梯度随之发生了急剧变化。我们开展了足够多次数的此类实验，毫无疑问，电的变化与排卵事件有关。"[8]

在一个活着的、有呼吸的女人身上重复这个实验当然是不可能的。不过，伯尔找到了一个非常接近的替代对象：一位即将接受手术的年轻女子。她同意让他们进行研究，于是，在她等待手术的56个小时里，他们用记录式电流计对她进行了连续测量。伯尔把一个电极放在她的腹壁中央，把另一个电极放在她子宫颈附近的阴道壁上，以便观察两者之间的电压变化。当电压记录显示出与伯尔在兔子身上观察到的相同的电压梯度峰值时，病人立即被送进手术室进行剖腹手术。她的卵巢按计划被切除，他们仔细检查她的卵巢后发现了一个刚刚破裂的卵泡——这正是排卵的迹象。

对伯尔来说，这清楚地证实了他在兔子身上的发现同样适用于女性。[9] 他又在这方面做了一些研究，并很快引起了《时代》杂志的注意。[10] 该杂志在1937年报道了这个"可能为伯尔博士带来诺贝尔奖的小型电子装置"。[11] 记者详细地描述了这个小玩意："在一个小到可以随身携带的盒子里，装着4种不同的电池、1个精密的电流计、2个无线电真空管、11个电阻器、1个栅漏和4个开关。"[12] 伯尔表示愿意把装置接线图分享给任何想要自行制造设备以供个人使用的人，但他告诫记者，该装置必须由"对无线电设备构造非常熟悉的经验丰富的技工"来组装。不过，这也许值得一试，因为这个复杂的装置可以让你能人所不能：它会告诉你女人的卵巢什么时候会产生卵子。对此，《时代》杂志尽职尽责地解释说，这对想要组建家庭的人来说是一大福音，但在文章的结尾处，记者还是委婉地承认，"如果女人不想生孩子，这种预知能力可能会为其行为提供指导"。今天，我们大可以说得更直接一些：它可以提供生育控制手段。

与此同时，伯尔的发现在其他动物身上也得到了几位科学家的证实，其中包括康奈尔大学动物行为学家玛格丽特·阿尔特曼，她在母猪和母鸡发情时也发现了同样的生物电相关性。[13]这一切终于引起了哈佛大学妇科医院的经营者、著名产科医生和生育专家约翰·罗克的注意。

罗克之所以参与，是因为伯尔的假设引起了一些争议。当时，人们认为所有女人的排卵都像发条钟表上的报时娃娃一样精确，在月经周期的正中——月经来潮前 14 天，随着钟表嘀嗒作响，一个卵子就蹦了出来。这些数据并没有特别扎实的科学依据；它们来自对一战后回国的退伍军人进行的流行病学研究，以及他们的妻子随后"怀孕"的速度。这些观察结果很快就成了普遍的科学知识。

而伯尔的研究结果表明，虽然这种"周期中期排卵"的规则可能是一个很不错的经验法则，但个别女人的每月排卵时间可能有所不同，有些甚至差异巨大。事实上，他的数据表明，一些女人每月排卵不止一次，而另一些女人的受孕窗口会有很大的变化（连续几个月的窗口都不相同），因此，仅仅假设你的受孕窗口是月经来潮前 14 天很难让你成功怀孕。另一方面，当你不想怀孕的时候，这种推算可能反而让你意外有喜。

罗克是一位信奉天主教的生育专家，他是早期精子冷冻和体外受精技术的先驱。但与教会步调不一致的是，他强烈支持妇女控制自己的生育命运，后来他在第一种避孕药的研制中发挥了关键作用，并试图游说教皇接受它——当然没有成功。[14]但在 20 世纪 30 年代末，唯一一种被天主教会认为符合道德标准的——而且还是有条件的——节育方法是安全期避孕法，即女性通过追踪她们过去的月经周期来预测她们一个月中最不容易受孕的时间（这需要坚定的信念，即过去的表现是未来结果的保证）。罗克是一家诊所的负责人，他在那里教导客户如何使用这种方法。

然而，要使节律避孕法可靠，普通女性群体就需要在固定的时间间隔内排卵；如果一个女人在其月经周期第 21 天才真正排卵，却只在这一周期的中期节制性生活，那么她可能会一不小心导致更多婴儿呱呱坠地。当罗克看到伯尔的实验后，他很快就在自己的医院里安置了一些测量设备，并在另外 10 名女性研究对象身上完成了实验，以证实伯尔的发现。

最初的发现似乎颇有应用前景，但罗克在一年内改变了主意。在注意到一些电压偏差表现的差异后，他放弃了相关调查。罗克的结论是，伯尔的研究被误导了：排卵不可能在这些远离月经周期中点的随机时间发生。在他最后发表的有关论文中，罗克否定了伯尔关于电信号的研究结果，并重新认为这些偏差是本该呈现可靠常态的结果中出现的异常。[15]

尽管罗克对自己关于女性生殖机制的见解充满信心，但我们今天知道伯尔才是对的——节律避孕法是个骗局。后来我们发现，一些电变化确实与生育能力密切相关。例如，体内氯离子浓度在排卵前会飙升。[16] 这一点在宫颈黏液和唾液中表现得尤其明显，因此已成为排卵测试的基础，该测试是专门为检查这些离子浓度而开发的。在显微镜下观察这些液体，你可以看到氯化物晶体沉积物形成类似蕨类植物的结晶状花纹。[17] 这些都是真实的生育指标。（据说，伯尔的一位朋友在与不孕症做斗争时，使用了他的电测法并最终成功受孕。伯尔将其写成了案例研究。[18]）

伯尔的早期实验对员工的要求与现代职场规范相去甚远，但他是有先见之明的：他关于人体生物电的所有理论在他提出这些理论后的 50 年里都得到了验证。

电学的发展

除了在 20 世纪 30 年代和 40 年代进行的小规模重复研究，没有人重复过伯尔关于排卵电压的研究。所以我们不能确定他到底探测到了什么信号。但是，从此后将近 1 个世纪的其他实验中，我们已经知道，卵子和精子都是能产生电活动的生电活细胞。它们产生的电量之大令人难以置信。

正如伯尔和莱昂内尔·贾菲告诉你的那样，在自然环境中研究人类的卵子要比研究褐藻和青蛙的卵子困难得多。后两者可以简单方便地在子宫外完成所有的生殖阶段。这就是为什么在青蛙身上进行的动物发育研究如此之多，而在人类身上进行的研究却如此之少。

当未成熟的卵子（卵母细胞）和未成熟的精子（精原细胞）还在卵泡或睾丸中沉睡时，它们并不会发出强烈的信号。但随着它们的成熟，所有物种的卵子都会增强其电活动。[19] 就在卵子准备离开母体之前，它开始活力满满地广播，就像有人打开了一个电开关一样。（这种信号的强度如今已被用来确定哪些卵子最适合用于体外受精。[20]）那不勒斯安东·多恩动物研究所的生物学家伊丽莎白·托斯蒂发现，这种"开启"的信号是由穿过卵子膜的离子数量和种类变化传递的，这会导致卵子"超极化"。

精子也有一个类似的电开关，让它们准备好与卵子相遇。在 20 世纪 80 年代，对海胆精子的研究发现，它们富含钾离子和氯离子通道，以及神经元中的其他常见通道——就像在神经元中一样，阻断这些通道会阻止精子达到它们的目标。例如，人类精子中最重要的电流之一是钙离子提供的，它就像是精子的额外涡轮增压动力，帮助后者闯过生殖道的险恶环境。[21] 没有了钙离子通道，精子就会蹒跚，裹足不前。（这一机制已被视为男性避孕的潜在途径。）

一旦精子真正接触到卵子，你可能会认为它只有一个任务，但实际上它有两个。我们在学校里都学过精子是如何把雄性基因组运输到卵子内的。然而，为了实现这一目标，精子首先需要触动卵子膜上的另一个电开关。这被称为"激活"，不管有没有基因组，它都是受精卵进一步发育的关键。它不同于生殖细胞本身的成熟开关，就像打开你的床头灯不同于点燃宇宙飞船的第一级一样。精子与卵子的第一次接触会触发巨大的钙电流，冲击整个卵子。没有其他精子可以进入，这使得获得亚军的精子难以越过终点线。

这个过程有很强的一贯性，以至于当研究人员向没有与精子结合的卵子中注入钙电流时，卵子会被激活，并开始变成胚胎。没错，这就是处女受孕！通过人工模拟（正常情况下）精子诱导的钙波，它能在没有精子或其基因组的情况下使卵子迅速分裂。[22] 出于伦理方面的考虑，我们尚不知道这种生殖过程的引导能让人类胚胎发育到什么程度，但在兔子的卵子中，这种胚胎发育了大约 1/3。（有趣的事实是：作为世界上第一只克隆哺乳动物，克隆羊多利虽然并非此类孤雌生殖，但在其克隆过程中，电击充当了激活过程的特殊辅助手段。[23]）

问题的关键在于：在从卵子产生到受精的所有受孕阶段中，离子通道及其产生的电流始终都在这个绽放生命火花的过程中扮演着重要角色。然而，这些都无法与电在影响我们的最终形态方面的重要性相提并论。

供"一人"使用的组装说明

一套乐高玩具一般都附有详细的分步说明手册，让你对如何拼接每一块乐高积木一目了然。此外，它还会让你清楚地了解任何一个特定部件在蓝图中的位置，蓝图上展示的是组装完成后的最终结构。

制造一个胚胎就像建造一座乐高城堡：城堡需要炮塔、滴水兽和护城河，而你也需要两条腿、两只眼睛和一颗心脏。但与乐高版本的亚瑟王城堡不同的是，你不会在自己的包装盒上看到你最终的样子，更不会有说明书，而且你也不会是动手组装这一结构的人。相反，你只能坐等构成自己身体的"乐高积木"自行组装完毕。我们的细胞——我们的小"乐高积木"会自己组装。更令人吃惊的是，当它们组装完成时，所有细胞都以大致相同的方式组装成功：我们都成功地组装出了与我们物种相符的特有形状和身体比例（我们都能分辨出鸡、青蛙、老鼠或人类的常规形状）。

那么，我们最初的祖细胞怎么知道应该如何组成我们，也就是按照正确的位置和顺序形成我们的眼球、腿、手指等所有身体构件呢？是谁给了它们一份蓝图，让它们能够核对所有这些手指、鳍或喙的形状，以便其不会太大、太小或长度悬殊？最重要的是，它们怎么知道什么时候该停下来呢？

你可能会想：这就是DNA的作用。其实不然。你可以搜索基因组中所有的A（腺嘌呤）、T（胸腺嘧啶）、C（胞嘧啶）和G（鸟嘌呤），把它们翻来倒去，巨细靡遗地搜一遍，但你不会找到任何关于解剖结构的指导。你会找到很多参数说明，这些代码会告诉你婴儿头发的颜色、皮肤和眼睛，但你找不到关于"要有多少眼睛"的信息。没有告诉你"眼球要有两只"的基因，也没有告诉你"眼球要长在头的前面"的基因，更没有告诉你"两只胳膊和两条腿的距离应该多远"的基因。仅仅通过阅读基因组的输出来复原生物体的形状是根本不可能的。

那么，如果不是基因，那是什么控制着你的体形塑造呢？

当迈克尔·莱文还是个孩子的时候，他脑海中就浮现出一个问题：一个完整的人是如何从一个卵子中组装而来的。后来，当深入思考莱昂内尔·贾菲和哈罗德·萨克斯顿·伯尔的以往研究时，他开始怀疑贾菲在褐藻周围发现的涡离子流，以及伯尔测量到的从一切生物中发射的电场，可能在决定生物的解剖结构方面起着至关重要的早期的作用。但这么大的问题该从何入手呢？

碰巧，莱文在哈佛大学医学院的博士论文需要一个主题。20世纪90年代初，关于人类在子宫里是如何形成的问题，有一个方面仍然是一个谜，那就是胚胎是如何区分左右的。对此有一些理论，但从未有过定论。对于一个研究生来说，这是一个容易实现的诱人目标。所以莱文开始研究这些并没有大脑指挥的细胞是如何区分左右的。毫无疑问，它们在发育过程中分辨左右的能力对我们的生存至关重要。从外表上看，我们可能会产生身体对称的错觉——我们都有两只眼睛、两只耳朵、两只胳膊、两条腿，一侧的身体与另一侧是一样的。但在体内，却完全是另一番景象。你可能知道你的心脏和胃偏左，而你的肝脏、阑尾和胰腺在右侧。大约每两万人中就有一个人，其体内整个脏器排布是镜像异位的。[24]而这并不造成任何问题！这些人通常十分健康（除了会被过度热心的研究人员又戳又碰，以了解他们的状况，即所谓的"内脏反位"）。[25]然而，当只有一些部位翻转时，就有问题了。这类翻转会把人体内部的精确不对称搅乱，特别是当它影响到精密的心脏管道时，便会成为许多先天性心脏缺陷和其他危及生命的综合征的根源。

是什么导致了这一切（正确的模式、翻转的模式、混乱的模式）？这是一个长期存在且始终饶有趣味的未解之谜。为什么心脏长在左侧而不是右侧？身体是如何知道以这种方式发育的呢？没有人能指出具体的分子指导成分，所以没有来自遗传因素的线索。无论如何，基因不可能是全部的答案。毕竟，遗传信息不是空间信息。基因组不能区分左和右。莱文在研究旧的关于离子电流的论文的过程中发现，电流似乎是确立细胞极性的基本要素。但它们是如何做的呢？

贾菲不是唯一一个研究这些问题的人。[26] 通过几十年的工作积累，人们对每个物种的胚胎发育过程中进出的每一种离子进行了分类，并确定了在胚胎开始向发育胚分化的过程中，将这些离子送入合子和卵裂球*的离子通道。在这种转变过程中，细胞内的离子和离子通道发生了一件有趣的事：它们都发生了神秘的变化。一些通道突然出现，另一些通道消失然后再出现，它们的电流也随着这些消失与再现的行为而不断起伏。

关于这些奇怪离子事件到底有何功能重要性的问题，另一条线索是当你对它们进行干扰时发生的情形。意大利生物学家伊丽莎白·托斯蒂指出，即使是看似微小的钠离子电流干扰也会导致胚胎形成"玫瑰花结"，这是一种"似乎已经失去空间定向"的异常胚胎。她的结论是，受精期间和受精后的电流对胚胎的正确发育至关重要。[27] 干扰钾离子电流也会导致发育缺陷，这进一步证明了离子运动对胚胎至关重要。但是，没有人能够将这些乱七八糟的有趣信息碎片拼凑成一个连贯的整体。

到了 21 世纪，莱文已经拥有了位于哈佛大学福赛斯研究所的实验室，他可以在自己的实验室里认真研究这些问题了。电是如何决定细胞极性的？他和肯·鲁宾逊发现了质子泵，这是我们在第 3 章中遇到的一众"保镖"中的一类。质子是氢离子。这种保镖专门确保氢离子和钾离子保持严格的比例。在未受精的青蛙卵上，质子泵均匀地分布在其整个表面。

但当莱文和鲁宾逊在蛙卵受精后再来检查这些泵时，他们发现了

---

* 合子是有性生殖生物的雌雄配子结合形成的新细胞的统称。高等生物卵式生殖所形成的合子即为受精卵。卵裂球是指由受精卵分裂成的形态上尚未分化的细胞。——译者注

一些奇怪的现象：所有的通道开始漂移到卵子的一侧，在那里它们自行挤成一个紧密的小团体。没有人见过这样的景象。质子泵聚集在卵子的一侧时，就意味着氢离子只能从这一侧进出细胞。这就产生了一个电压，而且是在受精后不久产生的，当时青蛙的胚胎还只有四个细胞。这就是他们想要寻找的答案吗？

当科学家们认为他们已经找到了这样一种诱因时，他们的下一步就是试图想出一个实验来证明他们自己的想法是错误的。莱文和鲁宾逊决定看看，如果他们阻止质子泵在受精后出现的这种对完美对称性的偏离，会发生什么。为此，他们在发育胚中添加了额外的质子泵或钾离子通道，使其分布均匀，以模拟未受精卵上的平滑分布。如果研究人员的想法是正确的，那么这种分布均匀性将对胚胎分辨左右的能力造成严重破坏。他们是对的。加入了额外质子泵的胚胎全都乱套了，其心脏可能在右侧，也可能在左侧。质子泵显然是决定左右侧差异的关键。

但胚胎也改变了自身的膜电压，这很奇怪。正如我们在第3章中看到的，膜电位的变化是神经借以发送动作电位的方式。但是为什么一个全新的胚胎会改变膜电位呢？在它甚至还没有发育出神经的时候，这有什么用呢？莱文想知道，这种电压是不是一个系统的一部分，而胚胎正是借助这个系统来告知其组成细胞分化成不同类型的组织。生物学家米娜·比斯尔阐述了这一观点：如果我们所有的细胞都有完全相同的基因，那么为什么不同的细胞会各司其职？为什么有的细胞会变成骨细胞，有的细胞则会变成皮肤或神经？

鬼脸青蛙

2003年，丹妮·斯潘塞·亚当斯还是马萨诸塞州史密斯学院一名不安于现状的生物学助理教授。虽然即将获得终身教职,但在接受发育生物学的生物力学培训后,她发现自己的工作让她缺乏成就感。经过几个不眠之夜后,她决定放弃终身教职的前景,碰碰运气,试着去做一些更有趣的事情。

她在招聘广告上看到一个博士后职位,研究生物左右不对称。这不是一条标准的职业道路,但亚当斯很感兴趣,于是她驱车前往波士顿一探究竟。不到1个小时,莱文就给了她这份工作,而她知道自己一定会接受。

亚当斯从莱文和鲁宾逊发现的质子泵入手。第一步是将他们的发现转化为一种工具,可以通过控制这些离子调节细胞的膜电压。通过调整青蛙胚胎中的电压,她和莱文便能够主动创造出"内脏反位"——一种镜像器官状况。

他们开始注意到,许多经过这类调整的蝌蚪不仅有倒置的器官模式,它们的头部和面部也有非常相似的异常。其呈现出一个明显的模式。这为莱文的假设提供了有力的证据,即这些膜电压可能掌管的不仅仅是身体内部的不对称——如果它们掌管的是整个身体呢?

要想更进一步,他们就需要用肉眼跟踪的方式来观察这些不断变化的膜电压。但是,有什么工具让你不仅能看到膜电压在空间上的变化,还能看到其在时间上的不断变化呢?

亚当斯最终选择了一种电敏染料,这种染料能够将电压的差异转化为清晰可见的实体,在这一例子中表现为亮度的梯度。[28] 梯度电位的不同极值被转化为亮度的程度,高电压表现为亮白色,低电压表现为黑色,而介于两者之间的则表现为灰色。研究者可以将这种染料注入每一个细胞并对其进行追踪,甚至在它们分裂和增殖的过程中也是如此。如此一来,他们就能够观察胚胎发育的每一个电子步骤。

还记得我说过神经元的内部负电压比外部高约70毫伏吗?教科

书上是这么说的，因为神经元和许多其他成熟细胞都是如此，但胚胎干细胞（在发育第一阶段增殖的小家伙）不是这样。干细胞的静息电压更接近零。（这意味着细胞膜内外的电荷差不多，这也是神经细胞经历"迪斯科舞厅恐慌"时的电压。）不过，对于神经来说，零电压状态只是一瞬间而已，而对于干细胞来说，它却是永久性的。

等到干细胞分化成其他细胞。这种角色分配也反映在细胞呈现的不同电位上。[29] 你们已经知道神经细胞的电位（–70）。皮肤细胞具有与此相同的电位。但骨细胞的电位更高，是坚定不移的 –90。脂肪细胞的电位在 –50 左右摇摆。它们的共同点是，利用离子电流将膜电压保持在静息点，而这一静息点决定了它们的细胞特性。干细胞的低电位确保它可以分化成任何其他细胞。但一旦成为骨细胞、神经细胞或皮肤细胞，它的电位就会停留在对应位置。它会变得故步自封、不思改变，这有点儿像我们。

利用电敏染料，我们可以实时观察所有这些电变化的发生。不同的细胞区域在不同时间亮起，在胚胎表面形成忽隐忽现的图案。胚胎许多区域的电位都接近零。但在任何给定的点上，一些细胞"斑块"的电位可能会升高至 –30，另一块可能达到 –50。你可以看到每个区域慢慢发光，就像小人国的城市纷纷通电一样。这样的景象很美，但它无助于构建任何总体理论。

2009 年秋天的一个晚上，亚当斯在对这些胚胎呈现的微光观察了一整天之后，决定让她的相机记录下整个夜晚。她对此的期望很低：这些发育中的小胚胎很可能会开始蠕动，让她的镜头变得模糊不清，让拍摄的画面无法使用。但是，当第二天早上回到实验室时，她却发现了一段"令人瞠目结舌"的画面。[30]

和以往一样，在原本毫无特征的光滑球状青蛙胚胎上，超极化（带负电荷）区域在去极化细胞的黑暗区域衬托下，闪烁着明亮的光芒。但是，随着小青蛙的不断发育，在黑暗表面上随机出现的明亮图案突然连成了一幅图画，看上去非常像嘴巴上方的两只眼睛。然后，在这些闪光消失后不久，真正的身体特征开始在它们的位置上显现。就在电光预示有眼睛的地方，很快就出现了两个真正的眼球。也正是在图案投射出嘴巴影子的位置，真实的嘴部开始发育。

很快，在她看到电预兆的地方出现了各种特征。你不仅可以将这些电压斑块与之后生成的组织相匹配，还能完美预测该组织的类型及其确切形状。这真是一目了然：电信号似乎编码了解剖特征的位置。[31]

下一个问题相当重要——这些信号是形成正常头部和面部的必要条件吗？或者它们只是些无关紧要的指示灯？为了弄清这个问题，亚当斯和莱文需要证明，如果你关掉这些信号的电源，正常发育就会受到影响。当他们扰乱了负责运作这种预测性拼图的离子时，所发生的便是：这不仅导致基因表达发生变化，而且在移除这些按数字绘制形态指示器后，从一片电子混乱中浮现的青蛙面部也发生了变形。[32]

那么，他们到底扰乱了什么？这些全新的、尚未成形的细胞又是如何能够相互谈论它们的电压，或者就它们应该形成什么部分的问题相互交流的呢？膜电压是如何在细胞间传导的？还记得缝隙连接吗？在合子（卵子和精子结合后产生的第一个新细胞）形成的那一刻，缝隙连接就形成了。它们立即建立了一个与神经系统完全无关的细胞内网，将细胞与细胞相连。[33]每一个分裂的新细胞早已与周围的细胞相连了。早在神经细胞形成突触之前，我们这些"与神经兴奋无关"的胚胎细胞就有了另一种更快、与电更相关的交流方式。

莱文长期以来一直怀疑，这些缝隙连接参与了生物体决定如何塑造自身的过程。在研究左右模式的最初阶段，他发现关闭缝隙连接也会扰乱不对称。后来，他和另一名博士后野木泰作（音译）发现，缝隙连接正是一种名为三角涡虫的奇怪小水虫具有无与伦比的再生能力的原因。无论你将其切得多碎，这种扁平的小蠕虫都能重新生长——它只需要大约一周的时间就能完全恢复正常的身体功能。野木和莱文意识到，缝隙连接可以解释重新图案化的信息如何能迅速在成千上万个细胞中传递。

在两种不同的动物身上，缝隙连接似乎可以在没有神经系统的情况下实现远距离信息传递。在某些方面，它们比神经系统表现得更好。当两个细胞以这种方式连接时，每个细胞都有特权直接访问另一个细胞的内部信息世界。一个细胞所了解或体验的信息会立即通过连接门扩散，让它的邻近细胞也能了解或体验。其效果接近于心灵感应。

我们逐渐明白了整个发育过程是如何进行的：离子电流控制着膜电压。膜电压决定一个细胞加入哪个组织群，而组织群将决定细胞变成什么样的组织。细胞根据从周围细胞那里得到的线索改变自己的身份，而整个过程是由电启动的。

这时，莱文首次着手阐述他的生物电密码理论。膜电压携带信息，而缝隙连接形成了一个全身网络（并不是神经系统的电网络），以便将这些信息传递到身体各处。

莱文开始认为这些信息是以密码的形式存在的。这些密码通过执行细胞生长和凋亡的受控程序，控制着在子宫里形成"你"这一复杂的生物过程。生物电密码是你一生都保持相同身体形态的原因；它会对你正在分裂的细胞进行修剪，使你始终可被识别为你。当然，对于形体塑造，这也不是唯一的重要因素——生物力学、生物化学，以及其他所有的因素都很重要。但是，正如神经密码控制行为和感知，遗传密码控制可遗传特征一样，生物电密码是身体告知自身形态的方式。

但如果这些都是真的，莱文就需要证明这一点。他需要证明，改变这些诱因能让细胞做出它们通常不会做的行为，且必须是非常疯狂的行为。

2007年，亚当斯、莱文和他们的研究生谢里·阿乌在干扰蝌蚪体内的一个特定钾离子通道时，无意中改变了蝌蚪的生物电信号，使蝌蚪在原来的附属肢体旁长出了两条相同的额外右肢。[34] 不过，这只是个意外——那他们现在能故意做到这一点吗？阿乌假设"青蛙体内的每一种结构都有一个特定的膜电压范围"，这驱动了这种结构的产生。[35] 他们在2011年验证了这一想法，调整了正在发育的青蛙肠道上一块组织的膜电压，以模仿亚当斯在鬼脸青蛙眼部形成之前看到的超极化状态。结果实验成功了。青蛙的肚子上长出了眼睛。他们又在尾巴上做了一次实验，结果是尾巴上也长出了一只眼睛。亚当斯说："通过改变膜电压，你可以在青蛙身上几乎任何地方长出眼睛。这就像给这个地方标了一个叉号。"

而如果我们可以让青蛙的任何部位长出新的眼睛，那么在人类身上又能如何呢？

像蝾螈一样再生

我们过去一直认为，只有某些动物如水螅、蝾螈、螃蟹等可以自我再生，而哺乳动物不在此列。但到了20世纪，对生物再生的正式研究揭示了这种现象实际在动物界很普遍。

在自然界中，如果你想把某种动物切开并期望其恢复如初，那么只要你找对了动物，其选择范围似乎没有理论上的限制：水螅——一种微小的淡水生物——可以被切成绝对意义上的碎片，而这些小碎片将重新长成功能齐全的动物。我们之前讨论过的淡水扁形虫——三角涡虫也是如此。

事实上，这就是它们的繁殖方式，它们会把自己撕成两半（你肯定以为自己看错了）。[36] 如果你有这种能力，有人可以把你的一段手指扔到海里，一周后，它就会长成另一个你。事实上，你可以亲眼观察这一幕：把水螅劈成两半，尾端会长出一个新的头，头端则会长出一个新的尾。

海星兼具水螅和三角涡虫的能力。除了能从断臂再生出新的身体，有些物种还能从头开始再生出整个中枢神经系统。据了解，它们会故意把自己撕成两半以组建一个家庭，[37] 它们也会用自己的断腿来击退敌人。

还有蝾螈，它们可以再生大量的组织和器官，包括四肢、尾巴、颌骨、脊髓和心脏。一种被称为美西螈的颈部长有红色褶边状鳃的蝾螈，可以治愈它身体上的任何伤口而不留下疤痕，包括大脑。青蛙在蝌蚪时期可以再生完整的四肢和尾巴（甚至眼睛），但它们在蜕变成青蛙后就失去了这种能力。

人类也是如此——至少在你离开子宫之前是这样。化用一句经常被认为出自亚伯拉罕·林肯之口的名言：我们有时可以暂时再生我们所有的组织，甚至可以一直再生某些组织，但我们不能一直再生我们所有的组织。*我们的再生能力遵循一个严格依赖年龄和身体部位的一览表。

合子的再生能力相当于三角涡虫。有人把它切成两半，这两个细胞就会继续发育成同卵双胞胎。[38] 这种能力很快便会衰退，但即便如此，胎儿的再生能力仍令人印象深刻。20 世纪 80 年代末，当胎儿手术成为常规操作时，人们发现大多数胎儿受伤后不会留下瘢痕。[39]

---

* 林肯的原句为"你可以暂时欺骗所有的人，你甚至可以永远欺骗一部分人，但你不能永远欺骗所有的人"。——译者注

然而，胎儿出生后，这种超能力很快就消失了，只有一个例外。在7~11岁之间的某个时间点前（出于显而易见的原因，没有很多实验证据证明确切的时间点），如果你失去了你的指尖，你可能会重新长出完整的手指。

这种现象并没有在科学文献中得到广泛的记载，而且"断小指"的原因也不是你可能认为的那种。拉斯维加斯大学教授曾爱新（音译）在课堂上描述过她的研究工作。曾爱新领导着一个专门研究再生的实验室。她的讲课内容让一个学生十分激动。他说道："是的！看看我的手指！"他在菲律宾长大，有一次，他的4根手指的指关节以上被砍掉了。因为事发的时候他还不到11岁，所以手指都完美地长回来了。但他的年龄并不是唯一的因素。他家太穷了，请不起医生，所以他的家人包扎了他的伤口，并使其保持湿润和清洁——最终，他的四根手指包括指甲都完美地再生了。几十年后，当曾爱新检查这些手指时，人们已经难以区分它们和其他从未残废过的手指。在几年后的一次会议上，曾爱新向一群同事讲述了这个故事，其中一位是儿科外科医生。他指出，面对类似的情况，大多数父母实际上拒绝利用这最后的再生能力。他对她说："他们太害怕留下开放性伤口。他们担心会感染。所以要求外科医生缝合周围的皮肤，用纤维瘢痕组织保护伤口，使手指失去再生的希望。"她记得这位医生还对她说："我们可以了解儿童再生这回事，部分原因是发展中国家或较贫穷国家的儿童没有接受医疗保健。"

我们的再生能力取决于年龄，也取决于身体的部位。肝脏大约每2个月更新一次。你的肠黏膜会完全脱落，每7天更新一次；处理你下周六所吃东西的一组细胞，与处理今天早餐的细胞完全不同。[40]你肺中的一小群干细胞有规律地进行细胞分裂。你眼睛的晶状体甚至也会再生。然而，随着年龄的增长，所有这些组织都会失去再生能力，皮肤就是一个例子，在你十几岁的时候，皮肤外层每 14 天更新一次，但到了中年后期，这一速度会减慢至 28 天甚至 42 天。当然，我们的大部分组织根本不会再生。如果你切掉自己的鼻子或手，那你就会失去。

但是，为什么我们明明携带再生的基因指令却做不到这一点？为什么儿童可以再生指尖，却不能再生鼻子？在过去的几十年里，多门学科达成了共识，即这种潜在的能力实际上潜伏在每一种动物体内——有了这种能力，就有能力使失去的肢体或其他器官再生。但如何才能解锁这种能力呢？我们再次求助于电。

破解人体之图

莱昂内尔·贾菲曾发现，动物在肢体再生过程中所持续释放的电流与那些在伤口上留下疤痕就收工的电流之间存在巨大的差异。[41] 在 21 世纪初，肯塔基大学的贝蒂·西斯肯煞费苦心地复制了在再生动物身上观察到的电场的确切性质，并将其施加到无法再生动物的组织上。她对一系列动物进行了截肢——包括两栖动物、小鸡胚胎和大鼠——然后这些动物在电场作用下形成肢芽。这些肢芽具有复杂的组织，如软骨、脉管系统，具备一个正常肢体所需的所有材料。[42] 但可惜的是，这仍然不是一个真正有功能的肢体。随后登场的是曾爱新，当时她是莱文实验室的一员，她通过调整离子通道来操纵膜电压，对这种操作我们早已游刃有余了。

她和莱文一直在讨论一个想法——与其对再生过程进行微观管理，是否有可能通过调整生物电，以启动最初构建这些附属肢体的发育过程？曾爱新开始寻找可供调整的离子通道。她发现了一种对再生至关重要的钠离子通道。更妙的是，人们已开发出一种可以作用于这种离子通道的药物。这种药物被称为"莫能霉素",它能够将额外的钠离子转运到细胞中。曾爱新有一种预感,如果让细胞充满钠离子——模拟贾菲多年前发现的电差异——就可能让一种通常不会再生的动物(如蝌蚪)重获再生能力。结果这个方法不仅起作用了,而且起效速度快得惊人。在钠离子通道药物浴中浸泡1个小时,就能驱动蝌蚪为期8天的尾部再生。当她把这一结果告诉莱文时,连他都表示怀疑。1个小时似乎太短了。但曾爱新是对的。莱文说,这一短时间的浸泡足以让细胞产生这样的想法——"把原本在那里的东西长回来"。[43]

这正是他所设想的生物电密码具备的可能。曾爱新已经证明,对于使个体细胞协调生成复杂组织所需的所有精细化学梯度、转录网络和力信号,我们可以通过一套相对简单的电子指令加以利用。基因是硬件,我们可以通过操纵离子流控制它们,而离子流是来自软件的指令。曾爱新和莱文很快发表了介绍他们新想法的开创性论文,标题为《破解生物电密码》。[44]

随后的研究催生了多肢蛙,当然还有证明生物电在再生中发挥作用的其他证据。其中最令人吃惊的是,通过生物电干预,被横切成两半的三角涡虫长出第二个头,而不是尾巴。媒体最热衷报道的就是这类突变体,由此产生的媒体关注转化成了滚滚财源。首先,DARPA拨了足够的资金用于制造小型再生盒,这些盒子现在正被用在莱文实验室的老鼠身上。他们的研究还扩展到了青蛙身上,并让成年青蛙长出了一条新腿。这条新腿并不完美,但它是有功能的——这只青蛙用它游泳,几个月后它甚至长出了脚趾。2016年,微软亿万富翁保罗·艾伦为莱文的金库又追加了近1 000万美元。

现在悬而未决的问题是:什么时候对人类开展实验?

令人振奋的再生医学

斯蒂芬·巴迪拉克领导了迄今为止规模最大的再生项目之一。该项目由来自8个不同机构的15位不同学科的研究人员参与，并由美国陆军资助（即使你对它颇有微词，值得欣慰的是：这能帮助那些被其扔进地缘政治绞肉机的士兵疗伤）。项目的目标是建立一种系统，从而全面了解从基因表达到身体机械性能等各个层面的损伤生理状态，然后改变这些状态，使愈合模拟发育过程，而不是遵循默认的疤痕组织形成过程。巴迪拉克说：''这是'星球大战'式的大项目。''他坚信生物电将在其中发挥作用。

生物电研究人员被认为是再生医学领域的怪人。他们的研究范式与21世纪初的科学并不完全一致，后者非常注重将遗传学作为人类生理学的主要驱动因素。报纸上每一篇关于莱文工作的文章都会引用一些迷惑人心的遗传学家的话，他们嘴里念叨的大多数是''好吧，我们走着瞧''。大部分的兴奋点仍然集中在组织工程学和遗传学等传统途径上，这为大部分人体试验和实验室培育器官的工作提供了信息。在这种背景下，像莱文开展的这些工作自然会引来一些质疑。

10多年前，当莱文的团队公布他们的实验结果时，许多生物学家公开反对这一观点。如今，随着越来越多的传统研究人员开始深入研究生物电模式与基因开启或关闭之间的具体关系，情况开始发生转变。例如，因研究早期胚胎发育的遗传控制，于1995年获得诺贝尔奖的克里斯汀·纽斯林-沃尔哈德，现在正研究似乎会对斑马鱼如何获得条纹产生影响的电学维度。[45]

应该说，再生医学肯定需要电学的一臂之力。器官移植通常需要接受移植者终身服用免疫抑制药物，以阻止身体对新器官产生排斥反应，这也会对其健康造成影响。金属替代部件会随着时间的推移而松动，工程组织支架会导致发炎，而人造皮肤没有汗腺或毛囊。

在一个完美世界里，所有这些问题都会由那些名声在外的干细胞来解决。但是，尽管媒体吹得天花乱坠，干细胞的表现还是不尽如人意。我们面临的挑战是，如何刺激它们，使其分化成我们想要的细胞，让它们去到所需部位，并保持它们的新形状。目前，关于如何做到这一点的研究大多数集中在生化控制方面。但我们的愿望清单上还没有什么是可以兑现的；识别、培养、诱导或安全地将干细胞输送到适当的目标位置，这些目前均无法做到。事实上，干细胞进入人体后会发生什么，是相当难以预测的。

这就是干细胞作为实验药物受到监管的原因，而一些相当可怕的传闻则凸显了上述问题。例如，一名妇女在车祸后注射了嗅觉干细胞以治疗脊椎，结果她的脊椎中长出了鼻子的前体。[46]另一位患者为了让脸更年轻而注射了干细胞，结果她的眼睑长出了很大的骨头，每当她睁开或闭上眼睛时，它们就会发出喀哒声（这是"一种尖锐的声音，就像一个微小的响板啪地合上"）。[47]在这些骨头影响她睁眼后，她做手术摘除了骨头，但这不能保证将来没有更多的干细胞会带来更多的喀哒声。还有3名女性因一项对照与设计均很糟糕的试验而永久性失明，该试验从她们的体脂中获取细胞，以改善她们的视力。[48]这些例子是美国本土禁止干细胞再生的原因之一，当然，干细胞在黑诊所中很盛行，导致监管机构和其他当局经常就私人治疗领域呈现的"蛮荒西部"情景发出警告。[49]

但是，生物电医学可以为再生医学提供一条走出死胡同的道路。莎拉·桑德拉克鲁兹的初步工作表明，你可以通过调整干细胞的生物电参数影响它们的最终身份。桑德拉克鲁兹曾在莱文门下受教，单飞后随即被私人企业笼络到麾下。最近，桑德拉克鲁兹的研究表明，你甚至可以分析干细胞的生物电特性，以确定它们是否能很好地保持自己的形状，或者它们是否会分化成你不想要的那种细胞——也许这有助于避开那位眼睛"喀嗒"作响的女士的命运。这种方法甚至可以用来引导干细胞进入需要它们的特定物理位置：赵敏的团队已利用电刺激引导干细胞在脑损伤区域生长为替代神经元，这在以前几乎是不可能实现的。[50]

但是，当决定细胞身份的生物电信号出错时会发生什么呢？其后果可能是致命的。

第 8 章

生之末：
让人身亡命殒的电

无法愈合的伤口

20世纪40年代末，动物学家西尔万·梅里尔·罗斯在史密斯学院的实验室里辛勤工作，创造了癌症嵌合体。他在青蛙体内培养快速生长的肾肿瘤，将其从宿主体内切除，然后小心翼翼地将生长的肿瘤移植到蝾螈腿上，并将其埋入皮下。（正如我们在前一章中了解到的，除了在发育过程中的某些短暂时期，青蛙不能再生，但蝾螈可以让整个肢体再生。）被移植肿瘤后，可怜的蝾螈通常都会死于由此产生的恶性肿瘤，但有一个例外：如果罗斯把被移植肿瘤的那条腿切掉，精准地把植入的肿瘤一分为二，动物每次都会重新长出腿。这时再生的肢芽吸收了肿瘤的残余部分，并将癌细胞转化为生物组织的正常细胞构件。[1] 再生的腿基本上吸收了癌细胞。

他的实验是最早发现再生和癌症之间奇特联系的实验之一，但并非最后一个。[2] 这些实验中最怪异的是发现了裸鼹鼠的三重超能力：

这种啮齿动物不但很少得癌症，而且似乎可以在不留下疤痕的情况下愈合伤口[3]——它还违背了已知的衰老生物学规律。[4]这些动物在圈养条件下可以活30年（非裸鼹鼠的普通大鼠大约可以活1年）。长期以来，人们一直认为裸鼹鼠几乎完全不受肿瘤影响，但2018年，人们又发现它们不像其他哺乳动物那样死于衰老。新出现的证据也表明，它们比其他哺乳动物的愈合能力更强。

这个奇怪的故事为我们带来的是伤口愈合、再生和癌症的众多奇特联系之一。早在贾菲和博根斯之前，我们就已经知道，生物电信号的差异是伤口愈合和肢体再生的重要组成部分，但如果生物电信号不是产生更多我们需要的东西，而是产生更多我们不需要的东西，比如肿瘤呢？然而，要对电与癌症之间的复杂关系进行合理研究，我们还得等上很长一段时间。第一批试图研究癌症电治疗的科学家经历了一段艰难的旅程，这要归咎于维多利亚时代的庸医，他们的电子癌症疗法骗局败坏了电疗法的名声。

癌症的指示灯

就在西尔万·罗斯忙着给蝾螈截肢的同时，哈罗德·萨克斯顿·伯尔和他的同事则迎来了曼哈顿贝尔维尤医院产科医生路易斯·朗曼的拜访。朗曼希望伯尔的电子排卵检测技术能帮助他提高人工授精的成功率，因为必须要有排卵才能进行人工授精。[5]伯尔刚刚结束了与天主教医生约翰·罗克就排卵电信号问题的激烈斗争，他很乐意提供帮助，并指导朗曼如何正确使用该设备。使用效果很好，电测量提高了朗曼帮助妇女受孕的速度。但他很快就发现，这并不是他接近伯尔的唯一原因。他真正想知道的是，这项技术是否也能帮助他识别客户生殖系统中的癌症。

伯尔加入了这个研究。他热情地将其中一个装置送到朗曼的病房以供试用。在最初的 100 名女性中，他将一个电极绑在她们耻骨上方的下腹部，另一个则置于宫颈上或宫颈旁。[6]那些患有卵巢囊肿或其他非癌疾病的女性几乎总是测出正值；而患有恶性肿瘤的女性每次都会在宫颈区域显示出电的"明显负值"。[7]朗曼通过病理检查证实了她们的诊断结果。癌组织似乎会发出一种明确无误的电特征。

朗曼在大约 1 000 名女性身上重复了这项技术，以观察他的结果是否成立。结果确实如此：他的 102 名病人表现出了明显的电压逆转。当朗曼对她们进行手术时，他证实 102 人中有 95 人患有癌症。[8]更引人注目的是，通常情况下，这些病人的肿块甚至没有发展到会促使她去看医生的程度，而且就算她们去看了，也无法获得正确诊断。在切除这些癌症后，静电计上显示的电极性通常会回到"健康"的正指标，但并非总是如此。当它保持负值时，伯尔和朗曼怀疑，这表明要么肿块没有被全部切除，要么癌细胞已经转移。在身体的某个部位，一个癌变的肿块仍在发出邪恶的信号。

让他们称奇的是，生殖道内的电极不必直接放置在恶性组织上，甚至不必特别靠近恶性组织，就能检测到异常。这就像一个呼救信号通过人体的健康组织被远距离传递。

我们很难在近 80 年后对这些实验进行评估。但从表面上看，这似乎是一种潜在的、可靠的非手术检测恶性肿瘤的方法，且早在 20 世纪 40 年代就被发现了，然后就被遗忘了。朗曼和伯尔欣然承认："这项研究采用的方法显然是其他诊断程序的辅助手段，在任何意义上都不应被视为这些诊断程序的替代品。"[9]不过，这想来是一个好方法——他们也略带哀求地写道，希望其他人能改进这项刚刚起步的技术，以帮助癌症的早期诊断。在他 25 年后出版的回忆录中，伯尔明显失望地指出，没有人跟进他们的文献或进行任何重复。

事后看来，他们的研究无人问津的原因其实显而易见。没有人知道什么可能解释癌变组织中的电压差异。人们对朗曼和伯尔的发现知之甚少，就像神经科学之外的大多数生物电现象一样，他们的发现被忽视了。当然，短短 4 年之后，随着詹姆斯·沃森和弗朗西斯·克里克宣布他们发现了 DNA 的双螺旋结构，生物学中的电信号研究就此变得毫无意义。肿瘤学开始围绕基因打转。在 DNA 被确定为遗传的唯一主宰者后不久，"任何破坏 DNA 并导致其突变的东西都可能引起癌症"的观念成了一种准则。在 20 世纪 70 年代和 80 年代，人们开始大力寻找异常基因。[10] 这可不是与科学潮流背道而驰的好时机。

听起来简直像科幻小说

20 世纪 40 年代，当朗曼和伯尔在研究癌症电测诊断技术时，比约恩·努登斯特伦正皱着眉头，对他不断在肺癌和乳腺癌患者的 X 射线照片中发现的细微异常感到困惑。作为斯德哥尔摩卡罗林斯卡研究所的诊断放射科医师，他曾使用 X 射线成像技术检查肺癌组织内的血管。正是在这些检查过程中，他对图像中持续出现的、令人费解的异常现象产生了疑问。[11]

X 射线照片中的图像看起来像肿瘤和病变周围的尖刺状耀斑。[12] 同事们认为这些是成像方法造成的伪影，但这个解释不能让努登斯特伦满意。1983 年，他提出了一个理论。像伯尔和朗曼一样，努登斯特伦也发现了正常组织和肿瘤之间神秘的电差异，并得出结论——这些差异是肿瘤周围离子流动方式不同的结果，也是他所发现的耀斑的来源，他将其命名为"冕状结构"。他认为，这种冕状结构和引起它的离子流动都是全身电循环系统的一部分。该系统与我们传统的血管系统并存，就像额外的血流。这个系统将我们体内的"导电介质和电缆"（包括血液）中的离子通过连贯的电路输送到身体各处，就像一套小型天气系统一样。我们的电循环系统不仅像血液循环一样复杂，而且同样涉及身体的所有其他生理活动。但由于它看不见摸不着，直到现在我们才发现它的存在。

有争议的是，努登斯特伦并未将这一假说以一系列小篇论文的形式发表在高水平的期刊上——这也是科学理论通常的传播方式——而是决定跳过这一切步骤。1983年，他自行出版了一本长达358页的巨著，并将其命名为《生物闭合电路——额外循环系统的临床、实验和理论证据》。[13] 没有出版商会愿意碰这部著作。

不过，有些研究人员对此书表现出了热情。在该书的文前部分，有4位科学家为这一不同寻常的想法撰写了3篇前言和1篇序言。艾克斯-马赛大学的生物化学家雅克·豪顿带着不容嘲讽的法式傲慢咆哮道："我觉得没有必要长篇累牍地论述它的科学价值。"他接着说，"它的重要性在今天还无法被充分认识"，但它代表了"我们对生物科学认识发展的一个重要节点"。[14] 其他参与推荐者也同样被该书迷住了。

在当时，距离人们观察到第一个离子通道将钠离子运进运出细胞仅仅过去了7年。在科学的发展长河中，这不过是弹指一挥间，因此癌症中的生物电在当时实属不可思议的想法。1986年，美国国家癌症研究所副主任格雷戈里·柯特告诉《洛杉矶时报》："这个理论听起来漏洞百出。根据我们对癌症生物学的了解，没有证据表明变化的电场对肿瘤有任何影响。"[15]

然而，努登斯特伦已经开始利用他的生物闭合电路原理来治疗病人，（他声称其可以）中断促进癌症的电信号。他将一根带正电荷的电极针插入肿瘤，将另一根带负电荷的电极针插入健康组织，然后发送10伏的直流电以穿过组织，并持续几个小时。如此反复，直到肿瘤开始缩小。

努登斯特伦告诉《洛杉矶时报》，他正在进行实验的患者"已被外科医生和其他医生放弃了，因为他们都认为这些病人的癌症已到晚期，无法治疗"。[16] 1978—1981 年，他治疗了 20 个这样的无望病例。尽管有他的干预，但仍有 13 人死亡。但努登斯特伦坚持认为，许多肿瘤缩小甚至消失了。1984 年的《生物电杂志》对前 20 个案例进行了简短的描述。[17] 他坚称自己太忙了，没有时间在主流期刊上发表详细的报道，他还告诉《洛杉矶时报》，他所做的研究太过复杂，以至于他的许多同事都无法理解。"人们说这一研究有争议，这其实是他们说自己不理解这一研究的另一种表达方式。"

这无疑凑齐了伪科学的三要素：理论与当前的科学思想完全脱节，拒绝在合适的刊物上发表文章，并坚持在方法得到有效验证之前进行治疗。努登斯特伦表现出了江湖郎中的所有特征。然而，那些聪明过人的研究人员并不能同意这一点。莫顿·格利克曼告诉《洛杉矶时报》："这项研究不遵循通常的医学逻辑，但符合许多学科的科学事实。"[18] 格利克曼是耶鲁大学医学院的放射学教授，他花了整整 1 年的时间才理解这种让人头疼不已的生物闭合电路理论。他最终成了该理论的一名信徒。他说："我觉得这很有可能（被证明）是真的。"

媒体的态度说不上满怀希望，而是将信将疑。1988 年 10 月 21 日，备受推崇的电视新闻节目《20/20》播出了一个关于一种惊人的癌症治疗新方法的片段。[19] "报道令人振奋的医学突破是《20/20》多年来一直在做的工作。"主持人芭芭拉·沃尔特斯在开场白中说。然后她介绍了节目的审核过程，"以确保我们不会轻信骗子"。尽管主持人想表现出笃定，但这种一反常态的过分强调反而让人觉得她有点心虚。她接着说："这是一个听起来简直像科幻小说的故事。这个故事涉及一个理论：电在人体中起着非常重要的作用。它可能会彻底改变医学科学。它甚至可能提供一种治疗癌症的新方法。"

那么，我们该如何看待这个问题呢？正如沃尔特斯表现出的不安所揭示的那样，在当下，要区分江湖骗子和创新者确实很难，但在几十年后，孰真孰伪往往会变得日渐分明。可努登斯特伦却不然，他就此消失了。据另一种神秘的说法，他于 2006 年去世。[20] 一些赌上自己的职业生涯支持其主张的研究人员也陆续离世了。大多数人已经忘记了他……但并非所有人。我采访过的一些研究人员悄悄收藏了他的书，这些书都成了难得一见的珍本。他们很好心地给我寄来了某些章节的影印件，因为他们和格利克曼一样，相信努登斯特伦会得到平反——当然这种态度是非公开的。

无论你如何看待他的理论——如果你能理解的话——他的理论中有一些我们当时无法理解的基本原理，现在却已经有了坚实的基础。其中之一就是离子通道存在于所有细胞中。它们的活动决定了细胞和组织的膜电压，从而决定了这些细胞和组织的行为。它们甚至决定了癌症的行为。

癌症的专用离子通道

穆斯塔法·迪加哥兹在酒吧喝到第三杯酒的时候，突然有一种冲动，想把一个癌细胞放进膜片钳*里。他从未听说过伯尔或努登斯特伦。他甚至不是一名癌症研究员——当时，他是伦敦帝国理工学院的一名神经生物学家。那是 20 世纪 90 年代初，一天晚上，他在一次会议结束后与一些老同事聚在一起，喝了几杯酒。

---

* 膜片钳技术又称单通道电流记录技术，是一种细胞内记录技术，也是研究离子通道活动的最佳工具，还是应用最广泛的电生理技术之一。——译者注

他们正在探讨癌症的电行为，却毫无头绪，这时一辈子都在研究离子通道的迪加哥兹突然"灵光一现"。"就在一刹那，我的脑海中闪过一个重大想法：'天哪，没有人研究过癌细胞中的电信号！'"于是他向朋友要了一些细胞，然后开始埋头研究。迪加哥兹当时并不知道，他即将迎来自己职业生涯中最复杂难懂、最令人沮丧的7年。

好在他对复杂性和挫折并不陌生。迪加哥兹在塞浦路斯长大，那里的希腊和土耳其居民长期以来一直存在各种领土纠纷。1878—1960年，该岛一直处于英国的殖民统治之下，因此当迪加哥兹出生时，英国特有的红色电话亭和邮筒坐落于他所在社区附近的每个角落。在他的童年时期，他一直梦想着能进入伦敦帝国理工学院学习。十几岁时，他自学制作了一台无线电发射机。在这个过程中，他每天都会电击自己多达50次——而且并不总是出于意外，因为他很快就对电在人体生物学中的演绎方式产生了浓厚的兴趣。这个不寻常的孩子很快获得了奖学金，从阳光明媚的塞浦路斯来到肯特郡一所阴暗潮湿的寄宿学校学习物理，这是他进入伦敦帝国理工学院的跳板。这所大学在视觉心理物理学方面享有盛誉，该学科是视觉研究的一个分支，旨在探究动物如何将光子等物理刺激转化为我们对世界的主观感官体验，比如蓝色。迪加哥兹从零开始为他的导师建立了一个电生理学实验室，甚至包括放大器，作为回报，他获得了博士学位。

在接下来的20年里，他一直在研究视网膜的电生理反应。他说："视网膜是中枢神经系统的一个出色的模型。你把它从眼睛里剥离，把电极放进去，让灯光闪烁，你就能看到所有这些个体细胞对此做出的反应。"他仍然记得第一次将电极插入视网膜细胞并向其发出红光的情景。细胞立即进入一种松弛的去极化状态，其内部电压与周围环境相同，让离子能随心所欲地进出细胞。然后他向这些细胞发出蓝光，细胞的反应截然相反，其开始超极化——重新建立了内部和外部之间的巨大电差，这意味着离子的运动再次受到严格控制。"这个细胞知道它看到的是什么颜色，"他对此惊叹道，"你知道这一点，是因为你可以看到示波器上的电位在上下波动。"

20世纪90年代中期，迪加哥兹正在进行的是这些实验，当时正值对"成人突触可塑性"进行科学研究的萌芽期——这种观点认为，大脑改变连接的能力并不会随着童年的结束而终结，而是会一直持续到晚年。[21] 迪加哥兹的研究也为这个观点提供了证据，他使用视网膜作为其模型来收集证据，证明成人视网膜细胞可以改变它们的连接并适应不同的条件。这项研究为他赢得了神经生物学教授的职位，如果不是在酒吧的那个宿命之夜，他很可能会在神经生物学领域度过余下的职业生涯。

此时，癌症引起了他的关注。那天晚上与他对话的一位研究者后来给了他一批来自老鼠的前列腺肿瘤细胞。回到实验室后，迪加哥兹对这些细胞进行了通常用于视网膜的电生理检测。他发现这些细胞充满了电活动，但不是他在健康细胞中经常观察到的那种。

人们早就知道，当健康细胞癌变时，它们会去分化：这意味着它们会抛弃之前作为骨骼细胞、皮肤细胞或肌肉细胞的身份，回到类似于干细胞的原始状态。但两者的不同之处在于，干细胞通常会尽职尽责地分化为新的身份，并前往需要它们的位置，而癌细胞拒绝"生长"。它们只是随波逐流，疯狂地增殖和消耗，从不为周围的健康细胞社群做出贡献。迪加哥兹在癌细胞中观察到的电活动完美反映了这种去分化。癌细胞已经舍弃了它们的强负电特性（–70毫伏），以换取永久去极化的"零"电位，而这正是永久干细胞的特征。（他的这一观察结果并非独一无二，而是与之前几十年的观察结果一致。）

但这并不是吸引他注意力的唯一一种癌细胞电现象。这些细胞还在做别的事情，一些更令人费解的事情。这些去极化的癌细胞正在以某种方式发出锋电位。迪加哥兹说："这些是标准的动作电位。"但这些细胞与动作电位有什么关系呢？这些细胞来自肠道细胞或皮肤细胞，并不是神经细胞。然而，这些侵袭性癌细胞在从健康细胞转化而来的过程中，不知何故获得了像神经元一样发出锋电位的能力。但它们发出的锋电位并不是可靠而明确的神经信号发出的锋电位，而是更加混乱，充满了摇摆和闪烁。关于其表现出的不连贯模式，迪加哥兹以前只在癫痫发作中见过。这些奇怪的动作电位在癌细胞中起什么作用？

迪加哥兹知道，这些电位毫无疑问是电压门控钠离子通道所产生的，该钠离子通道与让神经发出动作电位的钠离子通道属于同一家族。从来没有人研究过这些离子通道的行为变化是否与细胞转变为癌细胞有关。这些异常的锋电位通道会不会是肿瘤具有侵袭性和转移性的原因呢？这是迪加哥兹在第一篇论文中提出的问题。他和他的同事将这篇论文投给了英国顶级科学杂志《自然》。但这篇论文立即被编辑们拒绝了，他们认为这些观察结果只是一种附带现象。不过，迪加哥兹和他的合著者最终还是在一次不起眼的泌尿系统会议上介绍了他们的研究。这足以使他们的论文发表在一个小型但体面的期刊上。[22] 那是1993年的事，而穆斯塔法·迪加哥兹自此便与神经生物学结下了不解之缘。视网膜已经不入他的法眼了。迪加哥兹此时眼里只有癌症。

在接下来的7年里，迪加哥兹发起了所谓的"魅力攻势"：发表了大量渐进式研究进展的论文，从小型期刊一路攀升到中型期刊，并与任何愿意倾听的人谈论电生理学、生物电和基础生理学。既然越来越多的疾病被发现是由各种离子通道的病理突变引起的——包括囊性纤维化、癫痫、心律失常，甚至胃肠道疾病——那癌症凭什么被排除在外？他记得自己曾对肿瘤科的同事大喊道："你体内的电能帮助你站起来并四处走动。那么，它也能帮助癌细胞站起来并四处活动！"他一边不断地向他的同事发表长篇大论，一边则致力于为理论奠定坚实基础,以了解这些通道在癌细胞转移中的确切作用。

当时关于癌症的广泛共识是,它是由基因的异常表达引起的——或者至少,细胞从健康到癌变的最初转变通常被归因于基因缺陷和基因突变。然而,这并不是最终导致死亡的原因。人们普遍认为,大多数由癌症引发的死亡发生在癌细胞侵入身体其他部位时。[23] 众所周知,离子通道在细胞的一系列基本行为中起着至关重要的作用——移动、繁殖、附着等,而这些行为也促进了癌细胞的入侵。我们不太可能通过观察某人前列腺肿瘤中的基因,并从其 DNA 中得出以下结论:肿瘤是会待在原地、秋毫无犯,还是会在你的身体里四处游走。但是,迪加哥兹及其团队开始怀疑,癌细胞的动作电位中藏有相关线索。它们呈现的锋电位是否与癌症的侵袭性相关?若是如此,这将是一个非常有价值的诊断工具。

到了 20 世纪和 21 世纪之交,人们不再排斥这些观点。其他研究人员已经开始研究离子通道与癌症之间的联系,其中最突出的是意大利病理学家安纳罗萨·阿尔坎杰利,她几十年来一直是致力于将癌症的电特性与特定基因相联系的先锋。[24] 在佛罗伦萨大学,她确定了一种名为 hERG 的基因的致癌相关性,许多拥有电学背景的生物学家对这种基因已经非常熟悉:它编码的离子通道通过控制钾离子电流,在协调心跳方面发挥着众所周知的作用。[25] 在阿尔坎杰利和迪加哥兹这样思维缜密而富有才华的科学家的努力下,越来越多的研究人员开始加入他们的行列,大量的证据表明离子通道在癌症进展中确实起着关键作用。[26] 突然之间,这已不仅是一个有趣的学术发现,甚至不仅是一种新的诊断方法,而是一条有望创建癌症新疗法的途径。

现在,离子通道药物成了治疗癌症的一条可行之路。市场上约有 20% 的癌症药物以某种方式靶向离子通道,其或阻断离子通道,或撬开离子通道。[27] 如果离子通道被证明对癌细胞增殖非常重要,那么阻断正确的离子通道是否有助于阻止癌细胞增殖？现有的离子通道药物中是否有一种药物是阻止这些侵袭性癌症的关键？

但有一个问题：迪加哥兹所确定的那些使癌症更具侵袭性的特性是由掌管动作电位的电压门控钠离子通道控制的。你无法阻断它们。当你试图阻断这些通道时，你当然可以阻止癌症转移，但你也会阻止患者神经系统的运作，这对他们的心脏和大脑可都不是好消息。

这是癌症治疗中最困难、最令人头疼的问题之一：要找到一些独特的靶点，这些靶点只存在于癌细胞中，但又不会扰乱正常的健康细胞。梅尔·格里夫斯告诉我："在癌症领域，人们很早以前便能识别出癌细胞的某些特性。但当你深入研究时，你往往会发现这些特性根本不是癌细胞特有的，而只是癌细胞在利用一种完全正常的特性。"任职于伦敦癌症研究所的格里夫斯是一位致力于癌症研究的王室成员。2018 年，他因研究儿童白血病的诱因而获得骑士爵位。[28] 当想知道一些研究是否在肿瘤学上站得住脚时，记者们就会给他打电话。

但迪加哥兹进行了更深入的研究。他由此发现，这些罪恶细胞使用了一种特殊的离子通道，这种通道通常只存在于发育中的胚胎细胞。在胚胎中，它们为细胞增殖和其他一些重要过程提供了超级加速，这些过程是迅速从无到有形成一个完整人体所必需的。不过，当婴儿出生时，这种涡轮增压版本的离子通道应该已经被关闭并移除了，取而代之的是正常的"成人"版本的离子通道，后者只进行获得批准的活动，比如发送动作电位。

迪加哥兹研究的前列腺癌细胞中充满了这种胎儿在出生前才有的离子通道，他称之为"胚胎剪接变体"。当原本健康的组织癌变时，某种东西再次唤醒了这些通道。

现在，既然迪加哥兹知道了这种具有侵袭性的剪接变体与正常的、维持生命的常规钠离子通道有何不同，他就有了一个靶点，将其移除也不会损害正常的身体运作。在接下来的几年里，他在其他转移性癌症中寻找相同的通道变体，并对人类癌症患者的活检样本进行搜索，结果在结肠、皮肤、卵巢和前列腺的恶性肿瘤中均切实地发现了剪接变体（或其对应物）。[29] 这一次，他们没花多少力气就从英国癌症研究中心获得了一笔资金，用于研究一种专门抑制这些变体的抗体。

如今穆斯塔法·迪加哥兹和安纳罗萨·阿尔坎杰利已经无须再为让人们接受他们的观点而劳神费心了。在迪加哥兹的离子通道被当作偶然而被否定了20多年后，探索离子通道与癌症相关性的领域已经呈现爆炸性增长。[30] 世界各地的研究人员正忙于在现有药物的庞大目录中挖掘隐藏的宝藏。[31-32] 更重要的是，钠离子通道和钾离子通道也不再是唯一的选择。人们也在关注氯离子通道和钙离子通道。正如迪加哥兹在2018年的一次采访中所说，目前研究所揭示出的图景是，许多不同类型的通道在复杂的同步过程中共同工作，就像一个交响乐团。钠离子通道"可能是首席小提琴手，但要演奏出完整的交响乐，我们还必须了解其他演奏者"。[33] 例如，阿尔坎杰利发现的 hERG 通道现在成了制药公司热捧的对象。在2019年举行的《生物电》编辑圆桌会议上，她预测，靶向离子通道的新型疗法将成为未来的癌症治疗方法。[34]

迪加哥兹现在有了自己的公司，他们正进行人体临床试验，但新型冠状病毒大流行让一切都搁置了。无论是疫情，还是他本人并非临床肿瘤学家的事实，都没能阻止那些绝望的人不分昼夜地给他打电话。对此，他说道："他们很绝望。这些被诊断出罹患癌症的人需要新的选择。"

抗击癌症的新盟友

最常见的癌症疗法的疗效取决于癌症是否能在早期被发现，是否能在它还只是一个潜伏在原位的肿瘤时加以根除。一旦癌症向身体其他部位扩散，患者存活率就会开始下降。梅尔·格里夫斯在2018年的《BMC生物学》杂志上概述了他的理论，解释了其中的原因：当我们用放疗或化疗成功摧毁一个肿瘤时，从理论上讲，你就赢了。如果当前没有癌细胞残留，你暂时就没有癌症。但是，如果哪怕只有一个癌细胞存活下来，那么根据定义，它现在对你之前向肿瘤施加的任何手段都具有免疫力。这个细胞就会成为你未来肿瘤的母体，随着它的增殖，它的所有后代都将具备同样的抗性。（同样的逻辑也适用于抗药性。）[35] 有证据表明，这批新的癌细胞不仅比原来的肿瘤更顽强，还更具侵袭性。伦敦弗朗西斯·克里克研究所的肿瘤学家查尔斯·斯旺顿告诉《科技新闻》："我们正在与自然选择——宇宙的基本法则之一——做斗争。"[36]

  为了制订新的抗癌计划，梅尔·格里夫斯于2013年成立了癌症演化研究中心。他在伦敦科学媒体中心发表了一次演讲，提出了一个解决抗性问题的新想法：对于一些晚期癌症患者，尤其是老年患者，与其为了根治而消灭每一个癌细胞，或许我们更应该像对待慢性病一样对待它。"大多数癌症都是在人们60岁之后发作的，"他向我解释道，并讲述了他在中心发表的演讲梗概，"如果你把癌症当作慢性病来治疗，不让它变得具有侵袭性，你可能会多活10年或20年。"这比某些治疗方法为了治愈晚期癌症而仅仅延长患者几个月的生命要好得多（更不用说高昂的费用和有毒的药物了，这些药物往往比癌症更能摧毁患者的生活质量）。并不是每个人都服膺于此。他在谈话中回忆说："我因此遇到了很多麻烦。"《泰晤士报》的一位编辑告诉他，这是前者听过的最糟糕的观点。出版界的公开反应也同样不友善。《每日电讯报》对此讥讽道："癌症教授说，让我们停止试图治愈癌症吧。"

但时间始终站在格里夫斯这一边。今天，许多科学家都同意：癌症要及早发现，但如果做不到，那么"控制病情是一个更现实的目标"。

基因组学为癌症治疗带来了革命性的变化，极大地促进了我们对癌症的深入了解。它催生了强大的新型诊断和治疗工具，这些新疗法在某些情况下效果惊人，其中便包括一种改变成人白血病治疗规则的方法。

但是，若因这些成功就断言"癌症是一种基因组疾病"，则未免言过其实。格里夫斯说："癌症并不纯粹是基因组疾病，就像进化并不只与基因有关一样。"一个细胞可以根据环境动态地改变自身的众多属性，而这是基因组无法完全解释的。"所以说，将这些问题全都归因于基因组学是错误的。"格里夫斯这样告诉我。

所以问题是：如果电子组影响癌症，我们可以用这些信息做什么？

生物阻抗

自哈罗德·萨克斯顿·伯尔和路易斯·朗曼首次提出利用癌症的电特性来检测癌症以来的几十年间，许多研究工作发现，由于癌细胞会扰乱体内电流的流动，因此可以利用生物电特性来区分癌细胞和健康细胞。这种特性在伯尔和朗曼进行研究时还是一个陌生的概念，但现在已被广泛称为"生物阻抗"。[37] 你可能会从健身房和水疗中心的那些测量身体成分的高级体重秤上认出这个术语（不过大多数使用这类体重秤的人感兴趣的主要还是其显示的身体脂肪和肌肉的精确比例）。其工作原理是，电流无法通过脂肪细胞——脂肪具有较高的"阻抗"——但可以通过肌肉等瘦瘦组织，因此可以据此估算体脂比。而癌症也有自己的生物电特性。

当从身体任何部位切除癌症肿瘤时，外科医生在手术室里的目标是不留下任何残余。但是，他的手术切割是盲目的，他看不出癌变组织和健康组织之间的区别。虽然成像技术和其他技术可以提供肿块的位置和分布图，但在实际操作中，从肉体中切除肿瘤却是一种建立在高度经验基础上的猜测。为了提高将整个肿块彻底切除的概率，外科医生不仅要切除肿瘤，还要在肿瘤周围切除大量健康组织，通常要多切除几厘米。

手术后，切下的肉块会被送到病理学家那里。后者会对其进行检查，特别是肿瘤周围的健康肉块，即"癌旁组织"，以确保这些边缘没有任何癌细胞。问题是，结果可能需要几天才能出来，如果分析发现癌旁组织呈阳性——肿瘤边缘存在癌细胞，这就意味着病人需要进行第二次乃至第三次手术，并且需要更多的治疗以增强疗效。[38]

几项新技术正处于不同临床试验阶段，旨在帮助外科医生在第一时间摘除整个肿瘤。由旧金山一家初创公司开发的 ClearEdge 就是其中一项很有前途的候选技术，它利用生物阻抗进行乳腺癌癌旁组织检测。该公司将这项技术集成到一个名为"边缘探针"的设备中。手术后，当病人仍处于麻醉状态时，外科医生就可以用它来测量刚刚切除肿瘤后的周围区域的生物电特性。一张如同"交通灯"的生物电阻抗图可以帮助外科医生看到他遗漏了哪个部位：红色代表癌变，黄色代表不确定，绿色代表清除。英国多家医院对该系统进行了临床评估。2016 年，爱丁堡大学医学院和爱丁堡西部综合医院的外科医生成功使用该设备识别了切除手术周围区域的癌症，并报告称该设备可减少重复手术的需要。[39] 比起更耗时的现有癌症检测方法，该设备更有优势。

那么，ClearEdge 现在在哪儿？为什么你没听说过它？试用该设备的外科医生之一迈克·狄克逊告诉我，虽然该技术易于使用，效果也不错,但其后续研究从未开展。"公司依赖于风险投资,"他说,"这项技术听起来很不错。"但他们团队参与的许多其他与"边缘探针"类似的项目也是如此。有些被证明过于复杂,有些不够精确,有些则干脆销声匿迹了。

丹妮·斯潘塞·亚当斯正在研究一种方法,以生物电染料(正是这种染料帮助她使鬼脸青蛙可视化)为基础,制造出一种人人可用、经济实惠的精确版检测技术。它以另一种方式揭示了癌细胞奇异的电特性——根据癌细胞的膜电压使其高亮显示,使癌细胞看起来与健康细胞的颜色不同。不过,他们并不是在手术中的病人身上做这个实验,而是用已经切除的肿块和一张非常漂亮的吸墨纸进行的。切除肿瘤后,外科医生会将这种特殊的纸按在肿块的边缘以转移细胞,然后将纸放入染料中,拍照后将结果上传到计算机程序中。10分钟内,你就能得到整个手术边缘的热图——一幅按数字绘制的横向图,告诉你哪里有遗漏。如果有遗漏,他们就可以趁病人还在手术台上时重新进行手术。

这就是她的思路。在培养皿中对众多细胞进行测试,并观察到电压染料使癌细胞显著发光后,在活体组织上的测试已经开始,结果令人鼓舞。不过,目前这种技术还无法使用。临床试验总是耗资巨大,而且有时投资者的目标可能反而阻碍新设备的应用,因为在这种情况下,从初创公司套现比让外科医生使用这些设备更重要。因此,这类生物电诊断技术要进入手术室,还有一段路要走。当其被应用于手术室中,可以使癌症手术更加有效,减少复发,还能减少众多手术带来的创伤和降低感染风险。

再进一步,我们有可能通过检查癌症的生物电特性,从而确定是否需要手术切除肿瘤。请记住,最初的癌症可能是由基因缺陷引起的,但至于它是否生长,是固定还是四处游荡,则取决于你身体的生物电特性。并非所有肿瘤都具有侵袭性——有些肿瘤生长缓慢,可能会自行消失。在一项尚未发表的研究中,迪加哥兹及其同事收集到了更多证据,以证明他们研究的钠离子通道本身可以作为癌症侵袭性水平的诊断标志物。[40] 他在2019年的离子通道调制研讨会上说,当这一通道激发离子电流时,患者生存率便会下降。这可以帮助人们做出艰难的治疗决定,例如,评估是否需要进行根治性的、改变生活质量的手术及其他治疗。他告诉我:"我们从未见过在这种通道不存在的地方发生转移。"迪加哥兹对该类钠离子通道的研究成果也为我们如何治疗所发现的癌症提供了一些意想不到的新选择。

黑障区*

为了防止癫痫发作,一些癫痫患者会服用药物以关闭引发神经异常动作电位的钠离子通道。这样就能平息大脑中过度活跃的动作电位,使其不易发生级联。这类药物不仅能治疗癫痫症状,还有多种用途,如治疗心律失常,以及作为某些类型的抗抑郁药。[41]

10多年前,一些诊所里的逸事和偶尔提交给FDA的报告开始暗示,服用这些钠离子通道阻断药物的人罹患某些癌症的风险似乎较低,而且如果他们真的患了癌症,也更有可能存活。[42] 根据随访综述,这些类型的癫痫药物似乎与结直肠癌、肺癌、胃癌和血癌的低发病率相关。[43]（需要明确的是:这些只是早期迹象,并不是确凿的证据。这些数据不足以让任何人在无必要的情况下开始服用抗癫痫药物!）

然而,这些钠离子通道阻滞剂的初步研究结果恰好非常符合迪

---

* 黑障区是航天器返回大气层时无线电信号中断的飞行区段。作者在此喻指通过关闭离子通道屏蔽身体电信号的做法。——译者注

加哥兹的理论。除了这块拼图，迪加哥兹的研究还揭示了钠离子通道阻滞剂如何阻止癌症的神秘机制。他的剪接变体会发出不稳定的动作电位，这为肿瘤细胞相互之间及其与附近的细胞建立联系提供了一种途径。"它们在相互交流。"他说。阻断它们就能阻断这种交流。

这些试验都处于早期阶段，但如果试验成功，带来的会是一个好消息：批准这些药物治疗癌症的过程可能会非常短。迪加哥兹、黄和阿尔坎杰利是投身该领域的众多研究人员中的几位，他们重新利用现有的大量离子通道药物来阻止癌细胞与周围环境交流及对其产生作用。重新利用现有离子通道药物的一大好处是，你不必从头开始研发药物——新药研发可能需要几十年的时间——这可以大大加快药物进入临床阶段的速度。

迪加哥兹认为，如果这类药物能够消除癌症的转移能力，它们就可以把癌症变成一种慢性的、可控的疾病——这与格里夫斯的立场完全一致，即癌症应该作为一种慢性病来治疗。迪加哥兹在 2018 年接受采访时说："我们提倡'与癌症共存'，就像我们可以与糖尿病和艾滋病等慢性病共存一样。与癌症共存意味着要抑制转移，因为这才是癌症患者死亡的主要原因。"[44]

但离子通道药物的作用可能远不止于此。一些非常初步的研究提出了一种可能：正如西尔万·罗斯的再生蝌蚪能够对肿瘤的生长按下"撤消"键一样，调整合理的生物电参数也能帮助我们做到这一点。

细胞社群

在过去的几年里，人们已形成了一个明确的普遍共识，即癌症问题的解决之道很可能在于新的癌症理论。1999 年，塔夫茨大学医学院的安娜·索托和卡洛斯·索南夏因提出了一种全新的范式：如果我们不再将癌症视为个体细胞的崩溃，而是视为细胞社群的崩溃，会怎么样呢？当个体细胞聚集在一起时，它们会形成组织，而组织就是一种社群。他们认为，增殖是单个细胞的默认状态。因此，癌症并不是由一个不听话的细胞引发的，而是由于体内局部环境无法控制细胞的"自然本能"。

根据这种观点，癌症是人体组织的紊乱，而不是个体细胞的缺陷。这是一个引人入胜的比喻，尤其是它与癌细胞的癌变方式，即停止对身体的贡献，并决定按照极端个人主义的方式过活的风格极为吻合。而且，现在看来，这种假设也并不像最初以为的那么激进。

最近的一系列研究开始更深入地探讨非遗传因素对癌症扩散的重要性：如微环境中的张力和生物力学，以及它们对肿瘤扩张和侵袭周围环境的能力所起的作用。2013年，纽约纪念斯隆-凯特琳癌症中心的研究人员写道，"许多研究表明，微环境能够使肿瘤细胞正常化"，对肿瘤周围的细胞进行再教育，而不是试图清除它们，"可能是治疗癌症的有效策略"。[45] 换句话说，在决定肿瘤是否会扩散方面，肿瘤周围的健康细胞与肿瘤同样重要。癌症不仅是细胞本身的问题，还是它们所处环境（社群）中的某些因素在调节细胞行为方面出了问题。

最近的相关证据尤其显示出，细胞用以处理信息的生物电信号非常重要。同样的微弱电场能让健康细胞爬过培养皿，也能诱导脑肿瘤细胞、前列腺癌细胞和肺癌细胞爬过培养皿。[46] 当然，这种电场也存在于人体内部——它们是所有细胞的细胞质周围的涡电流和膜电压所产生的。

总而言之，癌细胞与周围生物电场之间的相互作用被越来越多的人认为是细胞如何根据其邻近细胞状态做出决定的一个方面，这一方面以往都被我们忽视，却至关重要。在这一框架下，癌症可被视为一种沟通失败——在协调个体细胞能力，以使其成为体内正常生命系统一部分这一方面，相应信息场出现了故障。

如果是这样，是否有可能重建通信协议？对于癌症治疗来说，这是一种相当标新立异的想法，却有越来越多的追随者。[47] 不过，随着我们对生物电信号在癌症中的各种作用有了更深入的了解，新的可能正在浮现。对癌症生物电的专注研究有望带来一系列新工具，可能会让我们更早地诊断出癌症，并将其转化为一种慢性病，甚至有可能找到说服癌细胞按下"撤消"键的方法。

你是否还记得，细胞的膜电压与细胞的身份密切相关（并能决定细胞的身份），从干细胞到脂肪细胞再到骨骼细胞皆是如此。[48] 操纵这种电压能使生物体发生许多显著变化：就像青蛙屁股上长出的那只眼睛。事实证明，能让青蛙屁股上长眼睛的因素，也能抑制细胞癌变的意愿。

如果人体对其细胞的"社群"控制是通过膜电压信号实现的，那么检验这一大胆理论的一个好方法就是，看看我们是否只需改变细胞的电压，就能使健康细胞变成癌细胞，或使癌细胞恢复健康状态。

2012年，塔夫茨大学迈克尔·莱文实验室的研究人员进行的正是这些实验。他们推断，如果生物电信号是细胞沟通模式和一致性的重要组成部分，而癌症代表着对这种多细胞契约的背离，那么干扰细胞发送生物电信号的能力就会引发癌症。莱文的博士生玛丽亚·洛比金对正常细胞进行去极化处理后，这些去极化的细胞开始表现出恶性。[49] 这证明了生物电正是将庞大多细胞结构黏合的"信息黏合剂"。她和她的论文合著者写道，膜电压是"肿瘤出现广泛转移行为而非集中一处的表观遗传启动因素"。

翌年，莱文团队的另一位成员布鲁克·切尔内特在此基础上更进一步探讨：能否仅利用膜电压来预测细胞是否会癌变？他们在青蛙胚胎上验证了这一假设，这些青蛙胚胎被添加了人类癌症基因，导致它们形成了肿瘤。他们使用与丹妮·斯潘塞·亚当斯用来观察青蛙面部电变化相同的荧光电压报告染料，并观察到了肿瘤中的去极化膜电位。正如亚当斯能够根据电信号预测面部特征一样，电信号变化本身就能使他们预测哪些细胞会变成癌细胞。[50] 他们写道，这个实验不仅涉及肿瘤形成过程中的生物电信号，还为抗癌治疗提供了新方法。这是因为当他们对低电压的癌变细胞膜进行再极化（和强化）时，细胞与身体细胞社群保持了联系，于是其自身突变基因使细胞癌变的作用被无效化了。换句话说，切尔内特和莱文仅仅通过使去极化的癌细胞恢复极性，就减少了肿瘤的数量。[51] 这是生物电密码的又一次胜利。

到 2016 年，切尔内特已不仅能阻止新肿瘤的形成，还能将蝌蚪体内已有的肿瘤"重新编程"为正常组织。这些蝌蚪的肿瘤属于晚期肿瘤：它们已经扩散并形成了自己的血液供应。但当切尔内特使用光激活通道（一种被称为光遗传学的技术）来调节这些细胞的静息电位时，它们就不再像癌细胞那样活动了。亚当斯是这篇论文的合著者之一，他告诉路透社记者："你可以打开灯光……然后肿瘤就会消失。"[52] 莱文告诉我，电会提醒细胞它们在组织其他部分中的作用，这似乎让它们摆脱了"中年危机"，帮助它们重新融入细胞社群。生物电凌驾于基因之上。这些实验和其他实验均表明，电压变化不仅仅是癌症的征兆。它们还控制癌症。[53]

这一切听起来令人神往不已，但它们离医生的诊室还很遥远。就像近期所有的生物电研究成果一样，癌症方面的研究成果还处于早期阶段。小蝌蚪真的和我们不一样。此外，一些重复实验已经发现了不一致性。[54] 对此，我们还要做很多研究工作。

然而，与再生研究一样，它也给出了一个非常诱人的奖励：一个对更复杂生物过程的控制开关。莱文说："细胞间的电通信对抑制肿瘤非常重要。"更重要的是，这种控制开关也可能用现有的药物干预来实现。与迪加哥兹和阿尔坎杰利一样，莱文也在研究离子通道药物。[55]

不到一个世纪，癌症中的生物电信号从原先被置若罔闻的奇谈怪论，先是沦落为可疑的江湖骗术，继而又摇身一变，成了一个有望改进癌症检测和治疗的方法。最近的研究揭示了伯尔和朗曼当年的观点是正确的：癌症具有可用于检测的特征性电信号。事实上，这些特性可能仅仅是相关领域研究的开端。

早在20世纪40年代，努登斯特伦就曾尝试用电流破坏肿瘤，他的想法可能是对的。现在这成了一个蓬勃发展的研究方向——用纳秒级的冷等离子体脉冲来摧毁肿瘤，这种脉冲比努登斯特伦当时所能接触到的任何工具都要精确和强大。[56] 美国国家科学基金会等离子体物理项目负责人何塞·洛佩斯说，这种驾驭"室温闪电"以实现医疗目的的新能力正在迅速改变我们治疗肿瘤的方式。这是未来10年内值得关注的又一项生物电技术。

目前，许多设备和技术正被用于与人体内的电流接口，以促进再生、伤口愈合和癌症治疗，它们正与离子通道阻滞剂一起成为医药领域新的前沿技术。

但我们的目光并不应囿于当下这些进展。还有一些事物正在研发中，它们看起来与我们目前使用的这些工具迥然不同。它们不是由金属制造的，有望在更深层次上与我们接口。它们很可能是由我们在自然界中发现的某些"原材料"制成的，而这些原材料拥有与我们相同的电编程。

第5部分

生物电的前景

有人向我们打包票,未来将是铬合金构成的,
但如果未来是血肉组成的呢?
——克里斯蒂娜·阿加帕基斯

生物电密码只是我们开始发现的电子组的诸多面相之一。所有这些都表明,要成功地与我们体内的自然电打交道,并不是要控制和操纵它,而是需要根据它自身的条件与之交互。要了解电子组涵盖的全部广度,需要的不仅仅是对离子通道的掌握或对神经系统的了解。这将需要跨学科的巨大努力,也需要批判地审视当今科学本身的结构是如何限制科学理解的。它还需要我们重新思考用来进行电子交互的材料。也许它甚至会引导我们以一种全新的方式思考我们所服用的药物及其对电子组的影响。换句话说,这将是革命性的。

第 9 章

将生物纳入生物电学

在过去 200 年的电生理学发展历程中，从伽伐尼的怪诞木偶戏到马泰乌齐的活体恐怖电源，青蛙可谓命运多舛。但是，没有人能够预料到，它们还将在生物与电的结合过程中扮演下一个角色。2020 年，青蛙成了世界进化史上从未出现过的一类生物的原材料。

好吧，这次用到的是它们的细胞。研究人员从青蛙胚胎上刮下几千个细胞，然后重新组成大约 2 000 个细胞群。在一些巧妙的程序指导下，这些团块开始合作，自行移动和行动，成为——用其创造者的话说——"异种机器人"（xenobot），即字面意义上的"青蛙机器人"〔其词根来自非洲爪蟾（xenopus）〕。这些团块并非一般人想象中的机器人，但它们也不是青蛙。它们没有大脑或神经系统，因此它们的移动和决策能力超出了传统动物的范畴。它们没有嘴或胃，所以不能进食。它们没有生殖器官，意味着它们不能进行自我增殖。佛蒙特大学的机器人专家乔舒亚·邦加德帮助创造了这些机器人，他用自己认为唯一合适的名称称呼它们："这些是新型的活体机器。"[1]

不过等等，机器人专家？为什么一个机器人专家要创造青蛙细胞机器人呢？

机器人学正在发生变化。过去，人们认为机器人是一种棱角分明、外观坚硬的设备，只是偶尔以生物的形态出现（如电影《终结者》中的机器人）。而现在，随着我们对生物学和机器人学的了解日益增进，这两者之间的界限也越发模糊。毕竟，机器人就是一种可以管理信息的可编程设备，而细胞也是如此。据这些异种机器人的创造者推测，有朝一日，这些微小的有机体可能会将药物输送到人体的目标区域，刮除动脉斑块，或清理海洋中的塑料垃圾。不过，它们提供的最重要洞见，也许是让我们对未来可能用于机器人、电子设备和植入物的材料有了难得的管中窥豹的机会。

多年来，研究人员一直在努力寻找新的、更好的方法来与我们的神经系统连接，但由于现有设备的机械、化学和电学特性，以及它们与我们大脑的根本不匹配性，他们的努力始终受挫。这些金属设备与其操控的信号相比既僵硬又笨重。对此，安德鲁·杰克逊抱怨说："这就像用木槌弹钢琴一样。"当时我正拜访他位于纽卡斯尔大学的神经接口实验室，希望能更好地了解大脑植入物的未来。（他的措辞与基普·路德维希在描述深部脑刺激术时的说法如出一辙——两位研究人员使用这一措辞是一个有趣的巧合，而如果有第三个人使用它，我可能会大喊"阴谋论"。）

过去10多年来，金属设备表现出的局限性推动了一项庞大工程的开展，那就是创造更柔软、更有弹性、更具生物兼容性的材料，让我们的身体能与插入其中的异物进行电通信。这一趋势从组织工程延伸到机器人领域，越来越多的机器人开始被水凝胶等合成材料增强，或完全由合成材料制成，水凝胶是一种柔软的聚合物，在软机器人中很受欢迎。[2] 未来，这种纳米糊状机器人可能会在我们的身体中游走，

并对偏离正轨的组织进行调整。³

随着我们对生物本身的电指令有了更深入的了解,一大批科学家开始怀疑,最终的生物兼容材料是字面意义上的"生物"本身。这就是为什么研究人员现在正在研究海洋生物、青蛙和真菌的特性,以了解它们具有的可编程性和生物兼容性。

电子药物的兴衰

大约 10 年前,《连线》杂志报道了一项惊人的突破,随后这则消息迅速传遍了其他媒体。神经外科医生凯文·特雷西在一名研究对象的颈部植入了一种电子植入物,以电刺激其迷走神经。迷走神经是一种巨大的树状神经束,其分支从大脑延伸至全身各处。对迷走神经进行电刺激后,患者的类风湿性关节炎的痛苦症状得以缓解,这是一种他已患了多年的免疫系统紊乱病。⁴ 这是一个不同寻常的故事:在接受治疗之前,研究对象的身体一度非常虚弱,甚至不能和孩子们玩耍,但电刺激非常有效,现在他可以重返工作岗位,和孩子们打成一片,甚至可以继续进行他最喜欢的乒乓球运动。(结果过犹不及——他打了太多乒乓球,反而把自己弄伤了。⁵)

类风湿性关节炎远非这种无须药物也不存在副作用的干预措施所能治疗的唯一的免疫系统问题,哮喘、糖尿病、高血压和慢性疼痛也是前景光明的治疗目标。特雷西告诉《纽约时报》的记者迈克尔·贝哈尔:"我认为这是一个将取代制药业的行业。"⁶ 很快,科学杂志和报纸上就充斥着用于描述电与药物相融合的新合成词——"电子药物",它的时代似乎已经来临。

不过,电子药物让我们这些科学媒体人如此着迷,不仅因其超越药物的前景,还因这一新机制所体现的优雅简练:你不必与药物和副作用打交道，只需按下开关，身体就会完成剩下的工作。也就是说，根据他的最新发现，神经系统能控制的远不止我们的运动神经，它可能还能够控制炎症和免疫系统。特雷西认为，迷走神经与我们体内的每个器官和腔隙纠缠，从而能够控制它们的任何功能，而他所发现的回路只是其众多控制方式中的一种。免疫反应以前一直被认为超出了神经系统控制结构的范围，但这只是因为我们根本没有意识到神经会将其触手延伸至这一领域并行使自身功能。而现在，电子药物干预的目标疾病清单已扩大到了慢性阻塞性肺病（COPD）、其他心脏疾病和胃肠道疾病。医生们需要的只是相应的回路接线图。

为了找到它，全球制药巨头葛兰素史克公司（GSK）设立了100万美元的奖金。他们在2016年向我解释说，公司最终目标是在迷走神经的特定控制分支上植入米粒大小的电子植入体，以便当信息在大脑和内脏之间闪过时，由我们对其进行监控：弱化一些信息，放大另一些信息，并全面记录其中的电活动，以发现问题并迅速解决。这听起来就像美国国家安全局的窃听器，却是以你的健康为目的的。当时，谷歌的生命科学部门 Verily 也对这一项目非常感兴趣，于是这两个超级组织组成了一个新的超级集团，并将其命名为伽伐尼生命科学公司。早期的试点研究证实了这种方法的潜力，其中一个研究小组发现，向恰当的神经束施加一系列恰当的电脉冲可以逆转小鼠的糖尿病。

葛兰素史克公司生物电子研发部门负责人克里斯·法姆告诉《纽约时报》的贝哈尔，克服剩余的技术障碍"可能需要 10 年"。但他在一年后再次对未来 10 年做了展望，并对 CNBC 的记者说，"我们应该有一些微型设备，可以治疗我们今天使用分子药物治疗的疾病"，这预示着"新类别的新疗法"的诞生。对此，我只能告诉你，在科技领域，对这种"10 年后的前景"要小心为上。

在那之后，关于电子药物的讨论就变得寂静无声了（部分原因是专利申请失败）。没有人在体内植入米粒大小的植入物来传递神经信号。伽伐尼生命科学公司仍在继续努力，但其重复实验的结果并未成为任何头条新闻。

这在一定程度上只是媒体炒作周期带来的不可避免的过山车效应。一开始，你会收到一个关于某种全新可能的轰动性公告，每个人都为此振奋不已。然后，基础研究开始了，因为新的重点设备还没有准备就绪，所以会呈现出一个漫长的幻灭低谷期。最终，积极的结果开始从临床研究的"长尾"中出现，慢慢地，这个曾经被热炒的革命理念被整合到医生的常规护理中，并逐渐融入日常生活的背景中。事实上，有迹象表明，这种情形已经发生——2022年，伽伐尼生命科学公司将首个自身免疫性疾病设备投入了临床试验。[7]

所以，也许电子药物也正沿着这条经典的创新曲线发展。但是，即使通过了临床试验，它们也将受许多当年曾阻挠深部脑刺激术创造奇迹的因素掣肘。

不出所料，将1根针插入迷走神经的10万根纤维中，结果比最初的报告所承诺的要复杂得多，而且存在类似的不确定性和意想不到的副作用。[8] 2018年，一位名叫珍妮·伦策的前急诊室医生助理撰写了一本名为《我们体内的危险》的书。她在目睹了第一代此类植入物对人们生活造成的影响后，转而从事新闻调查工作——这些植入物与伽伐尼生命科学公司设想的"米粒"完全不同，而是类似于起搏器的大型装置，在人们还不甚了解对迷走神经进行刺激如何改善耐药性癫痫症状的情况下，这些装置就已被植入了患者体内。伦策的书对这项技术加以特别关注，早在凯文·特雷西发现迷走神经可能影响免疫功能之前，FDA就已经批准了这项技术。对于伦策的一名病人来说，这种干预措施破坏了他的心脏功能。[9]

我们用来刺激神经系统的金属植入物根本不能与神经系统融洽相处。

植入物的麻烦

要与人体的电信号相互作用，无论是读取还是编写，都需要使用电子设备。在大脑和心脏中，心脏起搏器和脑深部刺激器等植入物在传统上都是用半导体工业中使用的材料（如硅）或能控制电流的金属（如铂和金）制成的。

但（不幸的是）你的身体并不是金子做的。这类植入物与生物体之间实在算不上情投意合、相处融洽，生物体很可能会对入侵者发起一场健康的抵抗运动，大脑植入物尤其如此，它会在大脑中产生炎症防御反应。对此，你不能责怪大脑，因为在植入过程中，"微电极会撕裂血管，对神经元和其他细胞膜造成机械破坏，并突破血脑屏障"，这话出自 2019 年一项被广泛引用的研究的作者之口，而这项研究正是关于如何平息由此类植入产生的炎症反应的。[10] 自那以后，情况并没有多少好转。

对于别无他选的人来说——我在第 5 章讲述了其中一些人的故事——电极植入可以缓解急性症状。但是，其中也有权衡和问题。首先，金属往往不适合被植入大脑。这两种材料的杨氏模量不匹配。杨氏模量是量化材料"弯曲或断裂"商数的一种方法。对于大脑来说，杨氏模量不仅描述了它的伸展性，还描述了它的变形能力及变形后恢复原状的能力。假设你有一碗果冻，你把一支铅笔插在里面，然后端着它在家里四处走动。起初，你会发现果冻和铅笔之间没有缝隙：它们完美接触，看起来天衣无缝。但经过一段时间的走动后，你很快就会发现果冻从铅笔上脱落了。对于这碗随着你的步伐摇摇晃晃的甜点来说，除了果冻和铅笔之间出现的巨大缝隙，果冻本身的结构也会因为侵入的不稳定效应而受到间接破坏——这表现为从铅笔间隙裂开的侧向裂缝。于是，果冻开始失去其结构的完整性。

你当然不会想让这些发生在你的大脑里。一旦神经元死亡，它们就不会再生。为了保护它们，大脑依赖于被称为神经胶质细胞的辅助角色。传统上，神经胶质细胞被认为是护卫神经元的战士和看门人，能使神经元保持最佳运行状态。植入电极后，这些细胞会涌向电极，试图将大脑的其他部分与由坚硬笨重的电极和死亡的神经元造成的伤口隔离。为了保护大脑的完整性，它们将植入物包裹在一层由蛋白质和细胞组成的厚鞘中。这就形成了一个空间的和机械的屏障，随着它的增厚，电极发送和接收的任何电信号都将被屏蔽。随着时间的推移，信号的清晰度会降低，植入物最终会完全停止工作。到那时，它将不得不被替换，这需要再一次的脑部手术，再次植入电极，引发更多神经元的死亡和更多神经胶质细胞的"愤怒"。

与此同时，在我们的扩展比喻中，那支"铅笔"面临的情况也不容乐观。与电信号隔绝并不是植入体唯一的麻烦。生物体对硅和金属等物质充满敌意。想象一下，你的果冻不是无害的美味，而是充满盐和醋的腐蚀性盐水。那支铅笔可能暂时看起来没什么问题，但只要在混合物中放置了足够长的时间，它就会开始受到一些损害——对于一支价值1英镑的铅笔来说这还算好，但对于你那极其昂贵、敏感的实验电极来说就大事不妙了。

工程师们通过将植入物在温盐水中浸泡几周，试图还原其在人体环境中几年的效果，以此测试植入物材料的寿命。[11]但是，对于植入物在你脑袋里待上30年后的情况，我们还知之甚少，因为测试范围有限，要知道小鼠最多只能活3~5年。

你现在是否对那些所谓的心灵感应人工智能大脑植入物有了不同

的看法？

为了缓解这些问题，人们进行了大量的研究工作，许多项目正处于不同的成熟阶段。神经植入物、组织工程和伤口愈合材料将适用不同的规则。不过，克里斯·贝廷格告诉我，大致有两条规则。他知道这些规则，因为他正在匹兹堡卡内基梅隆大学的实验室里致力于研发符合这些规则的材料——"制造一种能够避开免疫反应的植入物的主要方法是，要么把它做得非常小，要么把它伪装起来"。

第一条规则解释了为什么要大力发展纳米级制造。根据理论，只要微电线或晶粒微小到一定程度，大脑便不会注意到这些入侵者，因此也就不会产生免疫反应。但问题是，这样一来，你只能用一个很小的设备来聆听或交流。由于基本物理学的原理，电极越小，就越不适合记录大脑的信息。[12] 你必须通过安装大量的小设备弥补这一点。然后，你的大脑可能会注意到这些东西，于是你又会回到原点，产生了免疫反应。

另一种选择能更巧妙地解决这个问题：用某种人体误以为自己熟悉的东西来覆盖电插入器。很多人都在努力寻找一种人体能欣然接纳的材料，用它来掩盖其下的硅或金属。[13] 这种材料既要能导电，又不能破坏大脑结构或引起神经胶质细胞的注意。那么，除了金属，还有什么材料能导电呢？答案是塑料。

我们过去一直认为高分子聚合物是绝缘体——它们确实是，这也是它们被用来绝缘的原因。但 1977 年，艾伦·J. 黑格、艾伦·G. 麦克迪尔米德和白川英树发现了一种名为聚乙炔的合成聚合物，从而发现某些塑料可以导电。他们制造出的这种具有类似金属导电性的"导电塑料"堪称该领域的一项重大突破。2000 年，他们三人因此获得了诺贝尔化学奖。[14] 正是由于他们的发现，我们才有了平板电视、防静电涂层以及其他各种现代生活装饰。他们的发现还开创了一个名为有机电子学的新研究领域,自此以后,已有 25 种导电聚合物被研发出来。

有机电子的一个主要目标是解决杨氏模量的常数问题,从而制造出更柔软、更灵活的电子产品。一些有机半导体符合这一要求,其中一种目前正受到广泛关注,它有一个典型的难以形容的名字——聚(3,4-乙烯二氧噻吩)(简称 PEDOT)。这种材料的运用前景广阔,甚至登上了英国《独立报》:"科学家们发现了一种突破性的生物合成材料,他们声称这种材料可用于将人工智能与人脑融合。这一突破是将电子设备与人体结合,创造出半人半机器的'赛博格'的重要一步。"[15]

PEDOT 确实不错——柔软、稳定,对细胞也更友好。但它能帮你成为赛博格吗?基普·路德维希在业界摸爬滚打多年,始终保持着敏锐的洞察力,但他还是设法克制住了自己的热情:"无论如何,这都不会改变游戏规则。"虽然 PEDOT 已获准用于导管等设备,但与其他争先恐后为我们的"赛博格未来"开路的聚合物一样,PEDOT 还需要克服一些障碍,才能获得 FDA 或其他机构的批准,并被植入某人的大脑。它可能是我们制造过的最无害的植入材料,它的电传导性能与硬质金属植入物不相上下。但有一个问题:我们的神经所用的并非"电子语言"。

如何与细胞对话

"驱动我们信息经济的设备和神经系统中的组织之间存在根本的不对称性,"贝廷格在 2018 年告诉科技媒体网站 *the Verge*,"你的手机和电脑使用电子,并将它们作为信息的基本单位来回传递。然而,神经元使用钠离子和钾离子。这很重要,打个比方,这意味着你需要在两种语言间进行翻译。"[16]

基普·路德维希解释说:"实际上,这个领域的一个错误说法是,我通过这些电极注入电流。而如果我操作正确,就不会真正'注入'电流。"沿着铂或钛金属丝到达植入物的电子永远不会进入你的脑组织。相反,它们在电极上排列。这会产生负电荷,从周围的神经元中吸引离子。路德维希说:"如果我从组织中吸引足够多的离子,就会导致电压门控离子通道打开。"这可能(但并不总是)使神经放电,产生动作电位。使神经放电才是你唯一的干预办法。[17]

这似乎有违直觉:神经系统依靠动作电位运行,那么在大脑自身动作电位的基础上编写我们自己版本的动作电位为什么行不通呢?路德维希说,问题在于,我们试图编写动作电位的努力可能显得非常笨拙。[18]它们的表现并不总是如我们所料。首先,我们的工具远远不够精确,无法准确触动我们想要刺激的神经元。因此,位于一堆不同细胞中间的植入物会用它的电场扫荡并激活不相关的神经元。还记得我说过,神经胶质细胞传统上被认为是大脑的看门人吗?最近的研究发现,它们也做一些信息处理工作——我们笨拙的电极也会激发它们,产生未知的效果。路德维希说:"这就像你拉开浴缸的塞子,却只想让浴缸水面浮着的3艘玩具船中的1艘移动一样。"而且即使我们设法触动了我们试图触动的神经元,也不能保证刺激触动的位置是正确的。

要将电子药物引入医学,我们确实急需更好的技术来与细胞对话。如果说电子到离子的语言壁垒是与神经元对话的障碍,那么对于那些不使用动作电位的细胞,比如我们试图通过下一代电干预技术瞄准的目标细胞,如皮肤细胞、骨细胞和其他细胞,我们甚至连对话的门都摸不到。如果我们想控制癌细胞的膜电压,诱导它恢复正常行为;如果我们想调节皮肤或骨细胞的伤口电流;如果我们想控制干细胞的命运——这一切都不是我们当下掌握的唯一工具所能实现的，这种工具只能触发神经放电。我们需要一个更大的工具包。幸运的是，这正是一个快速发展的研究领域的目标，该领域希望制造出能用离子的"母语"与之对话的设备、计算元件和线路。

几个研究小组正在研究"混合传导"，这个项目的目标是制造能够发出生物电的设备。它在很大程度上依赖塑料和高级聚合物，这些聚合物的名字很长，通常还包括标点符号和数字。如果我们的目标是制造一种可以在大脑中保存10年以上的DBS电极，那么我们就需要这些材料能以比现在更长的时间与人体原生组织安全地交互，而这一探索还远未结束。

对此，人们自然想要知道：为什么不直接跳过中间材料，用生物材料而不是人工聚合物来制造这些东西呢？为什么不效法大自然呢？[19]

以前也有人尝试过这种做法。20世纪70年代，人们对用珊瑚代替自体骨移植产生了浓厚的兴趣。[20]珊瑚植入物充当了一个支架，让身体的新骨细胞生长并形成新骨，而无须通过创伤性的二次手术从身体的不同部位获取必要的骨组织。珊瑚具有天然的骨传导性，这意味着新的骨细胞很乐意转移到它的上面，并发现这是一个适合增殖的地方。珊瑚还可以生物降解：骨骼长到珊瑚上后，珊瑚会逐渐被人体吸收、代谢，然后排出体外。这种循序渐进的稳定取代几乎不会产生炎症反应或并发症。现在就有几家公司在种植专门用于骨移植和植入的珊瑚。[21]

在珊瑚材料取得成功之后，人们开始密切关注海洋来源的生物材料。这一领域正在迅速发展——新的处理方法使得我们如今可以变废为宝，从过去认为的海洋垃圾中收集许多有用的材料。在过去的10年中，来自海洋生物的生物材料的数量明显增加。[22]其中包括明胶、胶原蛋白和角蛋白（分别可提取自蜗牛、水母和海绵）的替代来源，这些海洋材料来源丰富，兼具生物相容性和生物可降解性。这些材料不仅可用于人体内部，人们对其兴趣大增的另一个原因是，人们正在努力摒弃污染环境的合成塑料材料。

海洋材料除了具备各类优点，还能传导离子电流。2010 年，华盛顿大学的马尔科·罗兰迪和他的同事用鱿鱼的一块残体制造了一个晶体管，当时他想到的就是利用这一特性。

鱿鱼电子学

晶体管是你笔记本电脑里的一小块硅片，它可以打开或关闭通过它的电流。对于晶体管，我不想谈论太多，你只需知道，它是现代计算机的基本单位，数十亿个这样的小家伙被塞入你的笔记本电脑、手机和所有其他数字电子产品，它们造就了这些机器的惊人性能。

罗兰迪的晶体管看起来与笔记本电脑中那些精密、蚀刻精致的设备毫无瓜葛。它既没有经过加工，也一点儿不精致，只是一些看起来湿漉漉的壳聚糖纳米纤维。壳聚糖是一种来自鱿鱼骨的材料，鱿鱼骨是一种鱿鱼体内的残留硬块，来自这种动物祖先的软体动物外壳。这种材料柔软而有弹性，植入大脑后只会造成最小的疤痕，但这并不是它的主要优势。这种晶体管的魅力在于，它不同于那些只能充当电子流闸门的花哨半导体，能够控制质子的流动。

那么，我们为什么对质子感到如此兴奋呢？

你可能还记得我们在第 7 章说过，质子就是氢离子。研究人员对它们可谓知根知底，因为它们对细胞内产生能量的反应所起的作用已经得到了彻底的研究。[23] 质子也是决定细胞内外酸度的主要成分，这些均是生物学中被研究得最透彻的机制之一。[24] 坦白说，到目前为止，这些研究都很无聊。

不过关于质子，有一件事并不无聊：质子能够控制细胞膜电压，从而控制钠离子、钾离子和电压，进而在再生和癌变过程中控制细胞身份。丹妮·斯潘塞·亚当斯说："只要能控制电压，使用哪种离子或离子通道并不重要。重要的是它们产生的生物电状态。"质子是最容易使用的。你只需借用酵母的基因就能制造质子泵。亚当斯和莱文正是基于这一洞见，在青蛙胚胎中创造了镜像器官环境。

控制质子的流动可以做一些以往不可能的事情——将药物的有效性与电刺激的局部精确性结合起来。如果你能制造一种操纵质子梯度的电子设备，就像我们曾通过改变质子梯度而使青蛙再生那样——但要以一种比药物更有针对性的方式，那么你就有了一种全新的生物电医学选择，一种将离子通道药物和电子药物的力量相结合的两全其美的方法。

事实上，你对质子了解得越多，就越能理解罗兰迪为什么会认为一种可以控制质子流动的装置如此吸引人。如果能操纵细胞中的质子，就有可能在不涉及电子或其他离子的情况下对细胞电进行精确调整。亚当斯说："这真的很容易使用。质子泵并不复杂，只是一种蛋白质。"这意味着其很容易进入人体。从酵母中分离出这些蛋白质后，亚当斯简单地将它们注射到青蛙胚胎中。"（质子泵）便在胚胎中自行组装。"电流改变了细胞中质子的浓度，从而改变了膜电压，进而改变了细胞的特性。很快，在亚当斯的实验中，曾经不再生的细胞重新开始再生。反之亦然：她通过抑制青蛙的一个氢泵，使其无法工作，从而阻止了青蛙的再生。"但如何注入或控制这些质子并不重要，"她说，"唯一重要的是电压。"

自罗兰迪首次制造出简陋的壳聚糖晶体管后的大约10年间，他不断改进着自己的设备，并制造出了更多的壳聚糖晶体管。他并不是孤身一人。来自头足类动物的生物材料是一个越来越有吸引力的研究领域。例如，壳聚糖能比传统绷带吸收更大量的血液，因此被广泛用于军事用途的伤口敷料。

但正是它们的电学特性吸引了研究人员对鱿鱼的各个部位进行更深入的研究。鱿鱼骨中的壳聚糖不仅能传导质子，还能传导其他离子。鱿鱼皮肤中一种名为"反射素"的反射蛋白质也能传导质子。就连鱿鱼为了防卫而喷射出的墨汁中也含有能够进行混合传导的真黑素。[25]

随着这些特性的揭示，越来越多的人开始摆弄这些材料，想看看能否以此制造出一种可以控制非电子电流的装置。加利福尼亚大学欧文分校的化学工程师阿隆·戈罗杰茨基得出结论：反射素传导质子的速度足以使其成为一种制造质子晶体管的合格材料——正如晶体管是使电流在电子设备中流动的基本计算单元一样，质子晶体管可以使离子流动。[26] 戈罗杰茨基及其研究小组还一直在测试来自节肢动物的材料，他们认为这些材料将塑造出下一代生物兼容的质子传导材料和质子设备。[27] 这些材料甚至可能是可食用电池的基础，这种电池也可用于植入物。[28]

自从首次涉足鱿鱼电子学领域以来，罗兰迪在这一领域取得了长足的进步，但他已经远离了这种头足类动物。他告诉我："一开始，我们倾向于生物材料路线。"我们的谈话发生在一个清晨，当时他正在加利福尼亚大学风景如画的圣克鲁斯校园附近徒步。他现在是该校工程系主任。"那时，我的想法还没有真正成形。"在首次涉足生物电学领域10多年后，他对使用何种材料仍不置可否。他意识到，材料真正的价值是控制质子的能力，无论其以何种方式做到这一点。

罗兰迪开始用氯化银和钯制造质子装置来调节细胞电流。要点在于，在我们弄清楚如何与单个离子和单个通道连接，并提供比电子更精确的交互和控制之前，质子可能只是一个权宜之计。罗兰迪在

2017年撰写的一篇论文被迈克尔·莱文看到了，于是他与罗兰迪取得了联系。莱文很清楚自己想用这种能力做什么。

莱文发现细胞的命运（是成为骨细胞、神经元，还是脂肪细胞等）与它们的膜电压有关，这一点我们已经讨论过了。脂肪细胞相对于细胞外液的电压在–50毫伏左右。骨细胞极化程度最高，为–90毫伏。皮肤细胞和神经元在–70毫伏左右。他还发现干细胞的电压几乎处于0，随着细胞膜的极化，其特性也会随电压数值而获得不同发展。现在他想亲自调节干细胞的电压，从而控制它的命运。如果你能可靠地诱导它变成一个脂肪细胞，或者一个骨细胞，或者一个神经元，这将证明电可以作为一个控制系统，用于数量令人眼花缭乱的遗传和化学过程。

但是，他怎样才能让一个活细胞在足够长的时间内保持电压恒定状态，从而分化出新的细胞？这个时间可能是几个小时，也可能是几天。细胞的问题在于它们是呈稳态的——如果有什么东西干扰了它们的电压，它们会迅速恢复平衡。在人体内，这不成问题，因为细胞周围的微环境会施加恒定的调节信号，而电生理学家手头的任何工具都无法模仿这一点。

这时，DARPA伸出了援手。长期以来，DARPA一直投入巨资，以推动假肢和神经假体学等领域的发展。在罗兰迪遇到莱文前后，DARPA也对生物电产生了兴趣，这要归功于一位名叫保罗·希恩的新项目经理的到来，他深受罗兰迪的质子晶体管的影响。（希恩之前在美国海军研究实验室任职期间，利用质子泵设计了基于鱿鱼伪装色的变色生物电子设备。[29]）

现在，随着希恩在DARPA手握财政大权，他便给了罗兰迪和莱文一笔资金，用于他们的干细胞命运项目。有了这笔钱，罗兰迪和莱文把玛塞拉·戈麦斯拉入了他们的团队。戈麦斯是圣克鲁斯分校的数学和系统生物学家,具有控制理论和控制论背景。她知道如何使用数学工具来推动生物学的发展,并意识到他们需要的是一个机器学习系统,能够监控细胞不断变化的电压并对其实时采取行动。于是,她便制作了一个。

研究小组将干细胞与罗兰迪设计的装置一起放入一个阵列中,该装置在细胞周围注入质子流,以驱动细胞膜电压上升。每当细胞开启任何通道,试图回到更舒适的电压时,戈麦斯的人工智能就会注意到,并注入更多质子流。它能够持续让活体干细胞的膜电压保持在比该细胞通常的去极化基线高出 10 毫伏的状态。2020 年,三人发表了戈麦斯这一非凡新工具的成果,它成功地持续施加了 10 个小时的人造电压。在此之前,还没有人做到这一点。

然而,当他们在研究如何扩展电压窗口以便观察干细胞分化时,资金却耗尽了。

但那不算什么大问题,因为那时他们已经给希恩提供了他需要的所有证据,以启动他一直在酝酿的更大的项目。2020 年年初,DARPA 启动了耗资 1 600 万美元的 BETR(组织再生生物电学)项目——即使按照 DARPA 的标准,这也是一笔相当大的资金——其目标是从根本上加快伤口的愈合过程。[30] 这一点是无法通过传统电子产品(或其他任何产品)实现的。虽然关于电刺激愈合的个别研究有时会取得令人鼓舞的结果,但没有人能给你一个具体的配方,告诉你如何让电刺激在每个病人身上都能发挥作用。希恩看了足够多的研究,他猜想,用身体自身的语言与之对话可能是打破这一僵局的出路。他告诉我:"我想把重心转向离子介导的生物电,而不仅仅是控制电压。目前,从电信号转换到生化信号是非常具有挑战性的任务,反之亦然。这就是这个项目想要做的。"他希望改善伤口愈合的方方面面,从更好的传感器和致动器到创建更好的愈合模型。

关于伤口，我们还有很多未知之事，这也是至今没有人能想出让伤口更好、更快愈合方法的原因。问题之一是每个伤口都是不同的。希恩为我——列举："伤口的边缘和中心是不同的。你脚上的伤口和你脸上的伤口愈合的速度不同。年轻人的伤口比老年人的愈合得快。"

罗兰迪的研究小组正在利用生物电学来控制伤口再生的不同方面。他们的想法是具体问题具体分析，而不是仅仅施加一个电场，然后寄希望于获得整体的改善。研究小组利用传感器监测特定的伤口过程（如炎症阶段）。然后，戈麦斯的算法会将这些传感器的信息处理成可操作的项目，例如向伤口输送离子或施加电场，以更快地平息巨噬细胞，从而加速伤口愈合过程。如果没有更多样化的工具，他们就无法做到如此精细的控制。罗兰迪说："否则就会出现以下情况：很好，你已经检测到了所有这些信息，你也有了这个非常复杂的算法，可现在你能利用这些信息做的唯一一事情就是向它发射一个电子。这根本解决不了问题。"

但正如干细胞项目对希恩来说是通往 BETR 项目的垫脚石一样，BETR 项目也是迈向更大目标的一步。他说："伤口愈合是一个很重要的起步问题。但如果你纵观全局，在医学的许多不同领域，你都希望能够控制药物化合物的输送。"一个常被引用的例子是向肿瘤投送专门的靶向药物，但这需要一个可以选择的给药时间，而不仅仅是给药位置的通用接口。任何肿瘤学家都会告诉你，他们希望能在晚上病人熟睡时给他们施用抗癌药物，因为那正是身体再生的时候。更重要的是，在这段休息时间里，一些对药物最敏感的非癌变组织不会分裂——此时给病人使用毒性药物将有助于减少一些不良后果。但我们当然不能在半夜直接施用这些药。除了病人，医生、护士和医院管理人员也都在睡觉呢。

因此，希恩跟我说了他的下一个目标："我们真正需要的是一个与生物相连的通用接口，使我们能够将生物信息传送到生物体内。如果有一种通用设备能够投送细胞因子、激素、趋化因子等治疗手段，那就相当于病人身边有了一位 24 小时值守的医生。"或者说，对于伤口而言，它就相当于一个 24 小时待命的外科医生。事实上，这正是"异种机器人"的卖点之一。

青蛙机器人和真菌计算机

当迈克尔·莱文第一次开始拆解青蛙胚胎时，他想了解当活细胞摆脱了生物电环境发出的电信号时，它们会发生什么。我在第 7 章提到过，他和其他一些科学家相信，这些信号在生物体内发挥了关键的权威作用，指导细胞在什么位置呈现什么形状，而这种指导对这些细胞能否与数以万亿计的细胞伙伴通力合作，在子宫中正确地形成我们的身体而言至关重要。

但你如何将这个想法付诸实践呢？"异种机器人便是一块探路石：这里有一堆细胞，在没有任何指导的情况下，它们如何自我指定应该构建什么？"莱文告诉我，"从大的方面讲，我们并不是想用青蛙细胞制造机器人，或者用任何细胞制造机器人。这个实验体现的想法是，我们需要理解那些具有活性的主体如何彼此协作以实现更大的目标。"这一点放在再生医学的背景下可以进一步明确推论：细胞如何聚集在一起，并同意构建一个更大的结构，比如一个器官，或者整个身体？它还可能有助于我们了解，细胞为何以及在何种情况下会选择以一种"人各为己"的方式癌变。

他说："我实验室的一切工作都围绕'多如何合而为一'的理念开展。众多活性小个体是如何聚集，形成一个具有目标状态的统一认知系统的？"如果我们了解了这一原理，那么重建器官、重新编程肿瘤、修复先天缺陷和逆转衰老就真的只是编程问题了。他又说:"一切都可以归结为说服细胞放下手头正在做的任何活动,而去专门构建一件事物。"

所以他决定看看这些细胞在没有信号的情况下会做什么。他与合作者从一只青蛙胚胎上刮下了几千个细胞。然后,研究人员将它们放到一个完全不同的中性环境中,等着观察它们如何利用自己新获得的独立状态。细胞有很多选择。它们可能就这样直接死亡。所有的细胞都有可能自行其是。它们也可能让自己形成单层的"皮肤",就像体外培养的细胞一样平面生长。

但它们并没有采取以上任何一种行为。

相反,几千个细胞聚集在一起,创造了一种新事物。不知怎的,它们之间达成了共识,聚集并形成了一种新的结构——一个个离散的小球。然后,每个小球都长出了纤毛,这本身并不稀奇。这些细小的毛发会长在正常发育的胚胎的外表面,用来刮除身体周围的黏液并保持清洁——不同寻常的是它们如何利用这些纤毛。莱文说:"这些细胞基本上重新利用了基因编码的硬件。"现在,它们不再用纤毛来刮除黏液,而是用纤毛来移动自己——尽管它们没有任何神经系统来产生意图或根据意图采取行动。有了新设备后,它们开始四处游弋。"我们拍下了这些小团块四处移动的神奇视频。有时,它们会组成小团体,以各种形式互动,甚至还会穿过迷宫。"

即使只是没有大脑或神经系统的细胞团块,它们似乎也有自己的偏好。当莱文把它们切成两半时,它们会再生,而且它们似乎总是喜欢把自己重新组装成最初假设的小球形。要我们说一个由 2 000 个青蛙细胞组成的球会更"喜欢"某种东西似乎不合常理,但异种机器人确实有其偏好。"它们既不是传统意义上的机器人,也不是已知的动物物种。这是一种新的人工制品:一种活的可编程的有机体。"团队中的机器人专家乔舒亚·邦加德如此说道。

到目前为止，唯一可加以严格编程的是它们的形状和寿命。异种机器人没有消化系统，因此它们的细胞由一个含有固定数量的燃料的小卵黄囊来供能。当燃料耗尽时，它们就会死亡。这似乎是将活体系统用作机器人制造的主要优势——活体系统会死亡，这就排除了异种机器人统治世界的恐怖场景。

不过对这一点也许还不能打包票。2021年年底，它们已经被编程为可繁殖物种。[31]它们并没有为自己制造新奇的性器官，而是把细胞含到自己和吃豆人一样的嘴里，形成与自己大小差不多的细胞群，然后这些细胞又自行聚集成新的生命形态。它们借此制造出和自己一样的新生物。这种繁殖方式在地球的进化史上是全新的。在研究这些生物近5年后，莱文明确表示，"根据任何合理的生命定义"，它们都是有生命的。难怪伦理学家开始忧心忡忡了。"这听起来不就像潘多拉魔盒吗？"在这项异种机器人能实现自我繁殖的研究发表后不久，其中两人这样写道。他们提出了一系列这一发明可能导致的不良后果，并想知道科学界是否需要对该研究施加更多的限制以避免这些后果。[32]他们写道："虽然异种机器人目前还不是由人类胚胎或干细胞制造的，但可以想象它们有可能是。"

安德鲁·阿达马茨基认为生物材料是植入物不可避免的未来方向，但当其他人在研究青蛙和鱿鱼时，他却将目光投向了真菌。阿达马茨基是西英格兰大学的非传统计算教授，他创建了一个菌丝体电活动计算机模型，并将锋电位编码为逻辑函数，有点像传统计算中晶体管能够创建的"AND/OR"函数。[33]既然这些材料可以施用于我们的身体，那为何不能施用于环境呢？

我们未来要做的也许不是潜入珊瑚礁底部，为你骨折的臀部采集珊瑚支架。我们将要做的是了解生物材料的特性，使其成为良好的接口，然后根据最适合人体的接口特性稳定供应这些材料（合成珊瑚、合成鱿鱼骨），并确保这些材料的质量就像如今制造半导体晶片的硅晶体一样精准无偏。

在我们对新的离子通道药物、新的临床试验和新的生物植入物问世（这些都不能保证在10年内出现）翘首以盼的同时，电子药物还有另一个选择：可以在皮肤外实现所有功能的非侵入式可穿戴设备。

第 10 章

我们将借助电化学获得全新的
大脑和身体

迈克·韦森德从泡沫保护套里取出了两个定制的电极：这些电极呈菊花状的大圆盘形，可以将电流导入我的大脑。他让我把其中一个放在右太阳穴上，用纱布把它绑在我的头上。然后，他将一大团绿色液体喷入电极开孔。他解释说，我太阳穴上的菊花盘和我手臂上的另一个会让无害的电流穿过我的头骨。

我们走进一间没有窗户的灰色办公室，实验室的装修人员尽了最大努力把它装点成了一个军事行动区的样子。房间一端是一堆沙袋，大约齐肩高。靠在沙袋上的是一支大号 M4 步枪：这是一种经常用于近战的型号。我把它提起来扛在肩上。在沙袋前方大约 10 英尺的墙上，有一个名为"DARWARS Ambush！"的模拟训练的投影。

我之所以前往那里，是为了尝试一种叫作经颅直流电刺激（tDCS）的实验技术。我是在 DARPA 举办的一次军事会议上第一次接触到这项技术的，DARPA 是美国军方的一个部门，那里曾诞生了阿帕网、全球定位系统和激光等改变世界的突破性技术。（他们的会议后来停办了，可能是因为像我这样爱管闲事的记者借助这些会议联络上了通过电刺激士兵大脑以加速他们学习的科学家。）在那里，我了解到他们正在使用一种新技术来加快狙击手的训练速度，这种技术使用的是对头盖骨的电刺激。他们对这个项目守口如瓶，以至于我花了4年时间向DARPA求情后，他们才同意给我打20分钟的跟进电话。从他们取得的成果来看，也难怪他们会是这种态度。项目经理在电话中告诉我："对于正在学习射击的士兵来说，将他们从新手变成专家所需的时间缩短了一半。"他们在语言和物理学习方面也取得了类似的成果。

对于他们口中这些了不起的成果，难道我就该信以为真吗？我真正需要的是一个亲历者，他能告诉我这种经历是什么感觉，可他们却不让我见任何一个参加试验的士兵。"那我能试试吗？"我大胆地试探。

短暂的停顿之后，他深吸了一口气，好像要说话似的。"我将签署你们需要我签署的任何弃权书。"我抢先说道，已然陶醉于自己通过电介导而获得精湛枪法的幻觉之中。

他又停顿了一下，这次停顿时间更长，而且肯定是把扬声器静音了。"你需要到加州来——"

"没问题！"没等他说完，我就抢先答应下来。

大约一个月后，我开启了前往美国西海岸的旅程。在这次实验的快速筹备过程中，由于过度兴奋，我做了一些错误的判断。首先，我把会面安排在从伦敦飞往加利福尼亚的长达11个小时的航班后的第二天早上，时间和飞行方向*都不对，不利于睡眠。其次是开车上下山，因为我决定住在山上的一个朋友家，以便为《科技新闻》节省

---

* 人们普遍认为自西向东的飞行导致的时差问题会比自东向西飞行时更严重。——译者注

100美元的酒店房费。事实证明，洛杉矶的山比你想象的要高得多。由于时差和高原反应，我从上飞机开始就没有睡过超过30分钟的觉。在大量咖啡的刺激下，我在黎明前的黑夜中在令人作呕的下山路上行驶，我哭了一会儿，嘴里嘶哑地重复着一句咒骂："太好了，我想这就是我的死法！"而这还是我遇到堵车之前。

当我到达现场与团队会合时，我正忙于自责，还无暇顾及如何应对摆在面前的挑战。4年来，我做了两份工作，经历了一次横跨大西洋和大陆的飞行，一直在追逐这个故事，而我却没有花一点时间让我的大脑为神经科学实验做好准备？如果我舒舒服服地坐在伦敦的办公椅上，把对DARPA的采访抄一遍，也许还会得到一个更好的故事。这种想法让我愤怒得发抖。

迈克尔·韦森德那一头齐腰的花白长发并没有让我对实验更有信心。韦森德是一位神经科学家，当时就职于新墨西哥大学，那天早上他特意飞到加利福尼亚来演示他的电子仪器。他将我带进一个小房间，在那里我看到了一个笨重的手提箱，里面用泡沫塑料垫着各种各样的电线，一个装满了某种不祥的霓虹绿色液体的挤压瓶，还有一个装有开关和刻度盘的米色盒子，里面放着一节9伏电池。韦森德一边摊开各种组件，一边笑着说："你能想象这东西如何通过机场安检吗？"

在韦森德把电极贴到我的身体上后，他又把这个笨重的装置塞到了我胸罩的后面。"你准备就绪了。"他说。是时候开战了。

训练开始时很容易，只是进行一些不施加电的打靶练习，在此期间我熟悉了这把改装枪的重量和手感。我发现自己置身于一个模拟的沙漠环境中，除了呼啸的风声，没有任何其他声音，面对着一排大致呈人形的金属靶。每当我击中一个目标，子弹就会弹飞出去，发出逼真的"呼呼"声。一系列这样的场景接踵而至。尽管很疲劳，但我做得还不错。

韦森德又进来了。他一边摆弄着我身后的盒子，一边说道："好了,现在我们来看看能不能把这个实验做得尽可能逼真。"他的意思是,他要试着模拟临床试验中的对照组和假实验。这就要求我不知道设备是否通电,这样我就不会被安慰剂效应困扰。"我会来很多次,但我不会告诉你我什么时候给你通电。"这种做法不会通过审查,但我实际上并没有参与临床试验。这只是一件逸事,而我只是个访客。

他离开了,寂静的沙丘和靶子也随之消失了。我成了一名潜伏在检查站中的狙击手。更具体地说:我成了一名糟糕的狙击手。在无事发生时,我就紧张得要命。我的目光疯狂地在大楼和驶来的汽车之间来回逡巡。现在随时都可能有事发生,但我不知道是什么事。

炸弹爆炸时,我简直感到如释重负。当爆炸扬起的白色烟雾渐渐消失时,一个穿着自爆背心的男人朝我跑过来。至于之后的游戏场景,你可以回忆一下本书引言中的内容。你被击中后,这些模拟场景便会在灰色的薄雾中消散。

技术人员进来重置了我的步枪,我再次重生并进入了检查站。这一次,我知道会发生什么,对第一枚炸弹的爆炸有所准备。我也成功击退了屋顶上的狙击手,但在第二名投弹手向我袭来后,突然有几十名投弹手从多个方向以难以置信的速度同时朝我跑来。于是灰雾再度笼罩。

我不记得自己又经历了多少次重生,3次?20次?我所知道的是,每一次模拟的袭击都似乎没完没了,当最后一次灯光亮起时,我只想让它停下来。

我也开始怀疑整件事是一个骗局。最近公布的实验表明,tDCS增强训练可将狙击手侦查威胁的能力提高2.3倍,但我并没有切身感受到这些结果。毕竟,美国的国防承包商为急切的政府采购官员过度解读——有时甚至是彻头彻尾的伪造——其研究成果的做法由来已久。我的怨气越来越大,开始担忧自己在回程时可能遭遇拥挤车流,整个人疲惫不堪。

韦森德走了进来，又摆弄了一下那台设备。突然我嘴里尝到了金属的味道，有点像我刚舔过铝罐上的标签。这就是了——尽管我不应该分辨出实验的真假，但我的永久性牙齿固定器还是泄露了这个秘密。尽管我之前对此持怀疑态度，但此刻我突然兴奋起来。我等待着我的"矩阵"时刻（电影《黑客帝国》的情景）到来。我期待着有一刻，全新信息就像这部20世纪90年代的影片中那些意义不明的代码一样涌入我的脑海，让我瞬间对射击的物理原理大彻大悟。但这一切还是没有发生。只有金属的味道。我重重地叹了口气，屈服于另一次羞辱的游戏死亡。

"一会儿见。"韦森德说完就离开了。灯光又暗了下来。这一次，我毫无波澜地打发了所有的袭击者，整个过程感觉只花了3分钟，但韦森德（以及技术人员和几个挂钟）向我保证，我总共花了20分钟。

"我干掉了几个？"当灯光亮起时，我问技术人员。剩下的故事你都知道了。

从那时起，我就开始问自己一系列问题，而这些问题也一直驱使着我去探寻：点亮笔记本电脑的电流怎么可能操纵让人体运转的微妙自然电流，产生如此惊人的效果？我什么时候才能拥有自己的设备？我们每个人都能做到这种程度吗？

实验结束后，我对上述第二个问题尤为着迷。我记得几个月后在一次工作应酬中，我向一位同事讲述这段经历时，竟然忍不住流下了眼泪。这经历甚至不限于实验室中。从实验室开车回来的路上，我在车流中从容穿梭，驾驶的感觉非常惬意，而对我来说，这往往是一件让我紧张到咬紧牙关的考验。在接下来的3天里，我完全像对待那些虚拟袭击者一样，镇定而又不慌不忙地处理着接踵而至的问题，而不是像以前那样，在处理问题时首先把自己一生的失败清单翻出来，在自己的一无是处面前卑躬屈膝。那个内心的无底洞突然干涸了。这意味着生活一下子变得简单多了。谁能想到，你可以直接去做事情，而不需要先在心里跳上一段精心编排的自责之舞呢？

而一个"该死的"（请原谅我的措辞）小小电击是如何做到这一切的？

有一种理论认为，这是一种增强 α 振荡波的非侵入性方法。你可能还记得，第 5 章提到过汉斯·贝格尔发现了这些振荡波。在一个世纪的大部分时间里，他发现的振荡一直被认为是附带现象，只是大脑的"废气"：它们能告诉你一些简单的事情，比如这台引擎是否在运转，有时甚至能提供有关引擎状况的有限信息。例如，在 20 世纪 30 年代，对脑电图振荡的研究帮助阿尔弗雷德·卢米斯推进了睡眠科学的研究。现在人们普遍认为，睡眠分为快速眼动（REM）和非快速眼动（Non-REM）等阶段，如果没有不同的波形来区分它们，那将是不可想象的。

一些动物实验表明，从技术上讲，你可以改变脑电波，但如果没有穿透性植入物提供的侵入性精确度，你就无法靶向特定功能，而且即使你能获得批准，也没有在人类身上这样做的用例。

这一切在 2000 年都改变了，当时德国哥廷根大学的两位神经学家沃尔特·保卢斯和迈克尔·尼切发表了一篇论文，介绍了一种名为 tDCS 的新技术。有了 tDCS，就可以在不进行脑部手术的情况下改变脑波振荡的节律，并观察这一节律的改变是否会改变一个人的行为或精神状态。这种方法相对简单、安全：在志愿者的头部绑上两个电极，将其置于感兴趣的脑区上方，并设置非常温和的电流（1～2 毫安）。2003 年，保卢斯的团队公布了一项实验，该实验似乎表明 tDCS 可以提高认知能力，加速人们学习电脑键盘上随机按键序列的能力。[1] 他的一位合著者告诉《科技新闻》："这就像给你大脑中相对集中的区域倒一小杯咖啡。"[2]

自那时起，tDCS 开始大行其道。现在，每个人都在寻找用这种简单的新工具改善大脑的方法。一年后，吕贝克大学的莉萨·马歇尔在人们熟睡时，用短脉冲直流电刺激来扩展睡眠纺锤波，从而增强了人们的记忆力。[3]第二天早上，他们能比那些大脑没有进行睡眠刺激的人更好地回忆起前一天学到的单词对。其他研究人员也跃跃欲试，希望对这一结果和其他智力提升方法加以复制。在牛津大学、哈佛大学和柏林夏里特医学院，相关研究发现，少量电刺激能增强对象的记忆力、数学能力、注意力和创造力。到 2010 年，已经有数千篇论文发表，声称对大脑进行电化可对其记忆和认知产生影响。

问题在于，并不是每个人都能做到这一点。对我来说，它甚至不能可靠地做到这一点。正如我在引言中提到的，虽然 tDCS 对提高我的射击精确度很有效，但它并没有弥补我的数学缺陷。

非凡的主张也需要非凡的证明。人们开始发现，许多被广泛报道的有着夸张结果的研究甚至没有一般证据支撑。这些研究的受试对象人数极少，仅为个位数，令人难以尽信。有些研究根本没有对照组，这对科学界来说是弥天大罪。给 tDCS 带来问题的不仅仅是那些糟糕的科学研究。即使是出色的研究也受到了围攻，因为对于 tDCS 究竟是如何产生所有这些效果的，人们并没有达成明确的共识。与此同时，许多购买了新型家用 tDCS 套件的人开始抱怨这些套件没有任何效果。

随后公布的几项研究提出了 tDCS 是不是一个巨大骗局的问题。在一项令人毛骨悚然的实验中，纽约大学的研究人员在一具尸体上测试了标准 tDCS 剂量的效果，也就是我在加州体验过的 2 毫安电流。他们说，在这个剂量下，甚至没有足够的电流通过颅骨进入大脑：90% 的电流流入身体其他部位，包括头皮。这样的东西怎么会对认知产生影响呢？就连对我制定 DARPA 方案的研究员也对质疑者表示支持。他对我说："每有一项好的研究，都会有同样多的拙劣模仿者试图东施效颦。"

事实上，到 2016 年，这种最初只是为了探究振荡功能性作用的方法，已经变成了一种公认的灵丹妙药。只要你想到的效果，都有人获得了资助并找人施加电击。在一次 tDCS 峰会上，伦敦大学学院认知神经科学研究所的文森特·沃尔什宣称："这里列出了 tDCS 适用的所有病症。"然后他列举了一份清单，包括精神分裂症、进食障碍、抑郁症、偏头痛、癫痫、疼痛、多发性硬化、成瘾行为、推理能力差和孤独症，其数量达到了两位数。[4] "所以能不能帮我治一下……"他调侃道，语调里透着英国式的尖酸刻薄。显然，他不是唯一一个回想起后伽伐尼时代涌现的电疗骗术的人。

出现这种情况的原因是，人们没过多久就把注意力从振荡转移到了操纵这种振荡的工具上——在这个过程中，振荡本身就在混乱中迷失了。硅谷也对大脑"超频"产生了兴趣，并为 α 波增强技术的开发提供了资金——此类家用设备涌现，但似乎没有一个真正有效。过度关注 tDCS（它有用吗？它改变了大脑吗？是否产生了动作电位？）模糊了使用该工具的初衷，即观察是否可以借此改变全脑范围内的振荡（而非单个脑区的单个动作电位），从而产生行为后果。

随着围绕 tDCS 的争议渐渐平息，其他促进 α 振荡的方法再次引起人们对振荡及其是否具有功能性的关注。经颅磁刺激（被一块巨大的磁铁施加冲击）、深部脑刺激和经颅交流电刺激（这不是直流电，而是一连串从负电流快速切换到正电流的脉冲）描绘了一幅关于振荡的广阔新图景：它们不仅能告诉你大脑中正在发生的深层次现实，还能对其加以改变，从而改变相关行为。

尽管沃尔什言辞尖刻，但他其实不是一个下意识的 tDCS 怀疑论者，他甚至还为这一理论贡献了自己的研究成果。让他（以及基普·路德维希和其他许多人）对 tDCS 如此不忿的原因是，媒体报告的那些小规模研究是多么不足为信。其中一些研究甚至还不如我的（完全不可靠的）怪诞特技可信。然而，人们没有读到这样一个事实——研究没有适当的对照，只有 5 个受试对象。他们读到的是研究展示的前景，看到设备是非侵入性的，认为这相当于没有任何风险。所以，他们中的许多人决定自己动手给自己做一个。Reddit（红迪网）上有一个专门讨论大脑超频的版块，他们在版块上提供了电路图和其他说明。我对此深有同感。坦白说，我最后自己买了一个大脑刺激器（我没有动手做这个的天赋）。我仍然不能确定它是不是安慰剂。我只在大脑向我发送"清单"时才使用它。

我还算幸运，但是一些自制设备的人遭受了可怕的后果。为了复制能够有效刺激大脑的精确参数，有人弄瞎了自己的眼睛，还有人烧伤了自己，以至于一群神经科学家发表了一封公开信，恳求人们停止这种做法。[5]

一切都似曾相识

在过去几年里，更多的 tDCS 研究如雨后春笋般涌现。与所有生物电疗法一样，它是否有效取决于最微小、最难以预测的因素。在设计实验时，有几十个变量需要考虑，甚至还要考虑颅骨厚度的变化！（在此插入一个笑话。）有些人很幸运，碰巧拥有与他们接受的电刺激相匹配的参数。

我的情况似乎就是这样，几年后，我与一位研究 tDCS 对抑郁症影响的研究人员偶然交谈后推断出了这一点。当我告诉她，我脑海中消极的自我对话就像旧金山的晨雾一样被电流驱散时，她眼前一亮。她说，她已经发现了一群抑郁症患者，他们的症状正是表现为这种谴责性的自我对话，他们将所有的精力都花在了拖累自己上。通过干预，他们的症状得到了显著缓解。但就像第5章中海伦·迈贝格对深部脑刺激的探索一样,这位研究人员仍在摸索如何区分有反应者和无反应者。

对大脑刺激的研究并没有中断——它只是真的非常困难,就像科学在大体上非常困难一样。[6]科学界并不存在让糟糕的结果通过同行评审的阴谋,任何一项研究都可能遇到大量问题,如没有足够的资金支持足够数量的试验参与者、研究者的偏见、非标准化的设备、有关刺激强度的过多的参数选择,你几乎不知道从何入手。

但是,临床试验总是要从少量患者开始(这样才能利用较少的资源,而节省下来的资源应该留给最后的大型试验)。这就是业界标准。不过,小规模试验更容易产生偏差。美国国立卫生研究院前院长基普·路德维希解释说,这并不意味着小规模试验的早期数据毫无价值——这些数据最终会被用于大型的权威研究,从而给你带来一个明确的结果。

问题在于,我们已经忘记了早期研究并不足以成为证据。我上面提到的这类研究的所有缺点都会导致一种统计结果,即你很可能得到一个"假阳性"结果——你认为你的干预措施非常有效,但实际上并没有。不幸的是,这就是伊维菌素和羟氯喹治疗新型冠状病毒感染的结果。那些不是科学家的人对早期的一两项研究投入了太多的精力,但患者太少,实验设计也有缺陷。后来进行的更明确、更耗费资源的研究发现,这些早期结果只是侥幸。但那时,错误的信息已经传开了。

我们可能很快又要经历新一轮"承诺与指责"的游戏。与tDCS一样,电子药物也已经成为非侵入性的。这种疗法现在被称为"迷走神经刺激技术",简称VNS。硅谷为其注入了大量资金,社交媒体上到处是它的身影,但它并没有采取10年前人们预测的形式。大多数投资者并不支持穿透性植入物,而是支持非侵入性可穿戴技术,这些技术试图从未破损皮肤上影响神经。例如,当迷走神经从身体深处爬升到耳朵内侧的皮肤表面时，一个小耳塞就能刺激到它们。再一次，这项技术被讨论能否用于帮助集中注意力、缓解焦虑和抑郁……剩下的你已经知道了。与 tDCS 类似，每当有研究表明它对少数患者有一丝效果时（其中一些研究做得并不好），就会有另一项研究表明它不起作用。[7]

如果我们想要充分了解身体的电子组，以便用非侵入性设备精确地操纵它，第一步便是利用侵入性技术进行大规模试验，从而令人信服地证明该技术如何与我们的生物电相互作用。

这就提出了一个问题：谁会让你打开他们的大脑以获取这些数据？从凯瑟琳娜·塞拉芬裸露在外的跳动的心脏，到马特·内格尔与"大脑之门"的合作，再到试用 VNS 的先驱，我们迄今为止收集到的有关人体电学维度的每一种工具、每一块知识碎片，都是由这些人提供的——他们将参加这些研究视为别无他法的选择。癌症治疗、肢体再生、先天缺陷逆转、神经升级、免疫调节，这些健康人未来想要加以利用从而实现自我提升的技术完善皆有赖于下一代参与试验的"试飞员"。

试飞员

就在珍妮弗·弗伦奇努力引导 FDA 将振荡场刺激器引入正轨的时候，她创立了神经技术倡导组织 Neurotech Network，以帮助神经损伤患者找到符合他们具体情况的辅助技术。她说："技术可以真正实现人人平等。它给人们提供了选择。"

然而，设计神经技术的人往往会专注于那些让热衷此类技术者热泪盈眶的证据，而忽视了那些能够为真正需要这项技术者带去帮助的东西。弗伦奇理解他们这样做的原因。她说："让人们重新行走是一件很吸引人的事。"而在幕后，当媒体的关注度渐渐降低之后，研究人员才会悄悄地为某些研究申请研究基金，而这些研究对那些脊髓损伤患者来说才是真正重要的优先事项（如疼痛、大小便控制）。"满足这一人群的真正需求并不能抓住媒体的眼球。"

相反，公共信息仍然停留在残疾研究学者斯特拉·扬所说的"励志低俗作品"的层面上，并因此产生了广泛的影响。[8]

例如，那些关于瘫痪者行走的研究视频在社交媒体和传统媒体上流传。你知道互联网是如何运作的——这些视频往往都被剔除了前后情景，让人们对受伤后可能发生的事情产生了极大的误解。

弗伦奇说："每次有新闻报道'嘿，我们已经治愈了脊髓损伤，我们已经让人站起来走路了！'，都会给人留下错误的印象。然后，倡导组织就会接到大量患者的电话，询问'我什么时候能得到治愈？'"这当然不是一种治愈方法，像她所在的组织有责任将人们从媒体炒作中解救出来，而媒体炒作的破坏性远不仅这些。

它带来的误解也使人们难以清楚地了解这些技术的实际能力。我们因此很难客观地评估是否应参加试验。

当初菲尔·肯尼迪自愿接受风险极高（而且可能违反伦理）的手术时，他被科技媒体广泛誉为一位自我牺牲的科学英雄。然而，除了少数例外，对临床试验志愿者的报道却很少有这种崇敬之情。弗伦奇说："测试神经技术的人和查克·叶格或巴兹·奥尔德林*一样，都是试飞员。"就像这些人冒着生命危险拓展了科学界对声障和太空飞行的理解一样，志愿测试新神经技术的人也应被视为不畏艰险的勇士，他们冒着巨大风险将科学带入前沿。

---

* 查克·叶格是美国二战时期的王牌飞行员、美国空军与 NASA 试飞员，他突破了声障。巴兹·奥尔德林是美国飞行员、NASA 宇航员，是继阿姆斯特朗之后第二个登上月球的人。——译者注

叶格和奥尔德林（以及肯尼迪）在进行试验性飞行（手术）之前就对其面临的风险了如指掌。但是，对临床医生应该如何向自愿参加试验者传达期望，目前尚无标准可循。很多人参加新的侵入性、实验性神经技术试验是出于利他主义，他们也希望这项试验最终能治愈疾病或提供帮助。有时，志愿者会以孤注一掷的心态参加试验，他们的脑子里充满了来自"励志低俗作品"的误导性想法。弗伦奇对此感到非常气愤，因为参加临床试验的人不是小白鼠，不应该屈尊俯就，或是被虚假的希望诱惑。

如果你想让某个人成为"试飞员"，只有让他全面了解可能出错的所有状况，并对该项技术能做什么和不能做什么有一个精确预期管理，这种做法才是符合道德规范的。而现在，许多操作并没有达到这种透明度。弗伦奇说："我们需要让人们真正清楚地知道这项技术能为他们带来什么。"但临床医生在向试验志愿者提供建议时，并没有什么必须遵守的标准。

首先，任何设计生物电接口的人都应该了解医疗植入物的伦理发展历史。我们知道有人在违背自己意愿的情况下被放置植入物的惨痛历史，那么，关于植入物的取出又如何呢？在制造植入物的公司破产后，一些人同样在违背自己意愿的情况下被移除了实验装置。几年前，我在一次神经科学会议上花了几个小时与塔斯马尼亚大学研究植入物取出的神经科学家兼哲学家弗雷德里克·吉尔伯特讨论了这些问题。

吉尔伯特着重指出了一个重大的伦理问题——潜在的试验参与者往往并未被告知有关其植入设备未来的全部情况。莱斯大学和贝勒医学院的一项研究发现，关于试验结束后他们的植入物会发生什么变化的问题，潜在的研究参与者一般都答不上来。

一个典型的例子是，一个人得了难治性疾病，其生活质量受到影响。也许她再也不能开车或工作了。在万不得已的情况下，她会参加一种植入物的临床试验,这种植入物有望改变这一切。植入物会发挥作用。很快,她就能开车、制订计划,重新过上我们大多数人认为理所当然的、可预见的生活。

但她的植入物是一种实验装置,当为她植入这个植入物的神经科技初创公司发现它的设备并不适用于试验中的所有人时,该公司破产了。这家资不抵债的公司无法再支持它的设备,所以需要把这些设备收回。这意味着要再做一次脑部手术来移除实验装置。她当然不愿意恢复到植入前的生活。她不同意移除设备,也不同意接受脑部手术。"你应该如何回收这些设备?你会追捕这些人吗?就像《银翼杀手》里的情节那样?"吉尔伯特问我。[9]

当激进的新医疗技术取得成功时,科技媒体就会竞相报道瘫痪的病人终于可以自己吃葡萄了,或是聚焦于试验结果所揭示的大脑植入物可以改善的其他问题。但试验结束后会发生什么呢?这样的问题就很难在科技媒体上找到答案了。

你可能会问:为什么不让这些设备继续留在体内呢?这通常是因为它们需要长期的技术支持,而破产的初创公司无法提供这种支持。刺激器的电池需要更换,刺激频率需要调整。需要有专人负责对脑灰质中有植入物的患者进行体检。在极少数情况下,这种后期维护是可能做到的——如果负责你的临床试验的人恰好是海伦·迈贝格的话。迈贝格可以称得上是DBS领域的女中豪杰。在埃默里大学度过了漫长并享有盛誉的职业生涯后,她管理了一个高级电回路治疗中心,这是由纽约西奈山伊坎医学院为了请她管理而专门成立的。她说:"当你为病人进行植入手术时,你就拥有了他们。这并不是说你可以对他们为所欲为,而是恰恰相反。你现在对他们负有终身责任。"迈贝格对此充满热情,并在试验结束后想方设法地让她的参与者保留为他们抑制抑郁的DBS植入物。在神经科学领域,她是一个举足轻重的人物，她有很多资历作为后盾，有机构的支持，还有大学的资助。别的人就没这么多资源了。

斯坦福大学法学教授、生物科学伦理学专家汉克·格里利认为，这一问题的答案是，在任何神经工程或生物电研究人员进行任何类型的试验之前，应强制其背后的公司或大学投资债券。他说："我们应该建立某种共同基金，让人们可以保存、维护和维修自己的设备，可以更换电池。这些人不是小白鼠。你不能对他们进行植入，获取你的数据后就取出植入物。"

如今，弗伦奇为多个神经伦理小组和患者权益保护小组提供专业知识，包括美国国立卫生研究院、美国脑计划及电气电子工程师学会，该学会正围绕医疗设备和神经技术设备制定一个神经伦理框架。所有的新标准都旨在确保向正在试用深部脑刺激、脊髓刺激器和其他下一代神经技术的志愿者全面披露信息。这是更大范畴的神经权利倡议的一部分，该倡议正日益受到重视，已于2021年被智利写入法律。[10]

不要肆意摆弄电

更多知情的志愿者将加快我们对神经植入、电子药物和其他类型的电干预的理解。但是，电刺激并不是我们影响正常生物电功能的唯一方式。

我们开始从几十年来一直使用的离子通道药物中寻找未来的电子药物。它们是离子通道操纵器，能够阻断、撬开离子通道或以其他方式干扰它们的状态。正如我们在第7章和第8章看到的，如今人们对它们在生物电信号传递中的重要性有了更全面的了解，这推动了对如何将这些药物重新用于癌症治疗和再生医学的新研究。但这也提出了一个更令人不安的问题：如果我们已经服用了这么多此类药物，那么我们是否完全了解它们对我们的电子组产生了什么影响？我们是否应该着手弄清楚这一点呢？

早在我们真正了解离子通道之前，我们就开始使用作用于离子通道的药物了。我们使用它们是因为它们有效——至于它们为何有效，我们后来才弄清楚。

在某些药物中，生物电引发的副作用已为人们所熟知。例如，人们公认大多数癫痫药物都不能在孕期服用，否则会导致一系列先天异常。事实证明，这是因为它们会干扰我们的生物电。其中许多药物会抑制过度活跃的钠离子通道或钙离子通道，虽然这有助于平复相关神经元并阻止癫痫发作，但越来越多的证据表明，这也可能会破坏正确塑造胎儿结构所必需的离子通道通信。在一种药物中，其潜在后果的严重性——极有可能导致终身学习和认知障碍及身体异常——已导致相关措施出台，限制适育人群在最佳生育期使用该药物。

癫痫药物远非唯一对离子通道有广泛影响的药物，然而对其他药物如何干扰离子通道参与发育的复杂方式，我们却鲜有研究。与基普·路德维希一样，埃米莉·贝茨也致力于研究生物电的细节，但她是以科罗拉多大学医学院的发育生物学家的身份进行研究的。贝茨一直想知道，还有哪些药物会破坏离子通道，从而导致先天缺陷。

在我继续叙述之前，有一点要提醒各位。这些研究还处于非常早期的阶段。谈论医疗对发育的影响时，我们往往会带着一种特殊的威权主义色彩。当你怀孕时，如果没有严厉的权威人士发话，你就不能"被允许"做任何事情。如果我的书因此被用作羞辱孕期妇女的又一个工具，我会感到非常羞愧，因为她们生活中遭遇的一切已经足以让她们抓狂了。这就是为什么资助相关研究是如此重要，它让我们知道什么对发育中的胎儿是安全的。

贝茨决定将重点放在已经有大量研究的药物上，以证明它们对妊娠的不良影响。例如,据美国疾病控制中心证实,吸烟已被广泛证明"会增加婴儿发育过程中出现健康问题的风险,包括早产和出生体重不足",而且与腭裂等先天性口唇缺陷密切相关。但是我们很难找出香烟7 000种成分中的哪一种才是罪魁祸首,因为它们含有包括氨和铅在内的各种各样的化学物质,其中许多与癌症有关。这就是电子烟作为一种减少吸烟危害的方式被悄然接受的部分原因——它只有尼古丁,而没有过多有害的其他物质。[11]也许这种形式的尼古丁仍然不太好,医生也不太会推荐,但烟民在怀孕后往往会转而吸电子烟的做法也并不令人惊讶。如果她们已经在吸电子烟了,当她们发现自己怀孕时可能也不会尝试戒烟。不管怎样,吸电子烟通常会导致更高的尼古丁摄入剂量。[12]

胎儿接触尼古丁会导致先天缺陷吗?贝茨将怀孕的小鼠置于一个烟雾室中(实质上是一个巨大的沉浸式烟枪),让它们接触纯尼古丁,结果发现幼崽仍然会出现几个特征性的发育问题:它们的骨骼较短,尤其是肱骨和股骨(与人类的身材矮小相关),接触尼古丁改变了它们的肺部发育。[13]尼古丁在这里不是无辜的旁观者,因为它显然是造成这些缺陷的原因。因此,含尼古丁的电子烟对发育中的婴儿同样有害。

目前还无法将这些外在效应与某种生理机制联系起来。不过,在这方面还有许多其他研究,它们提供的拼图碎片可以与这些新数据非常吻合,从而组成一幅更有说服力的全景图画。例如,尼古丁能结合并阻断一种被称为"内向整流"的钾离子通道,也就是说,尼古丁能使细胞内的钾离子浓度保持在细胞的"快乐水平",这种钾离子通道的作用是让更多的钾离子进入细胞,而不是离开细胞。贝茨的职业生涯便一直致力于对这一离子通道的研究。从她实验室的早期证据来看,酒精也可能影响钾离子通道,这可能正是与胎儿酒精综合征相关的先天缺陷的罪魁祸首。

麻醉也会以我们尚未完全了解的方式对离子通道产生奇怪的影响。药物对生物电信号的影响未必只在怀孕期间。如果你曾经接受全身麻醉,那么你日后罹患癌症或出现记忆力问题的风险可能会更高。[14-15]甚至在有些病例中,人们看似处于麻醉状态,实则不然,或者出现类似创伤后应激障碍的挥之不去的神秘症状。[16]但我们对此并不了解,因为我们实际上不知道麻醉是如何起作用的。不过,我们确实知道一些事情。哈佛大学麻醉学教授帕特里克·珀登说:"我们知道麻醉对神经元的作用。"它使神经元以完全不同于正常生理过程的方式放电,在某些情况下,神经元的所有放电活动会在几秒钟内完全停止。其结果就是病人完全失去意识,比任何睡眠都要彻底。我们可能知道神经元会因麻醉停止运作,但无法从分子上解释它们是如何停止的。

或者我们可以更坦率地问,它们是如何重新启动的。迈克尔·莱文说:"全身麻醉的神奇之处在于,我们中的任何一个人从麻醉状态中恢复过来时,都和麻醉前是同一个人。"但并不是每个人都是这样。有些人会产生幻觉。那些不死的小虫——三角涡虫,当你对它们进行麻醉(并砍掉它们的头)时,它们会重新长出另一个迥然不同的头。即使是细菌也会对麻醉产生反应。

不只是药物会让我们的离子通道一时间措手不及。2019年,一名54岁的建筑工人倒地身亡,尽管报道称他的健康状况非常好。一年后,《新英格兰医学杂志》发表了对这一离奇病例的调查报告。[17]在死亡前的三周内,这名男子每天都要吃一两大包甘草糖。在马萨诸塞州综合医院,医生们在他晕倒后花了24个小时进行抢救,试图挽救他的生命,结果发现他的心律已经发生了不可逆转的不稳定。原来,甘草的活性成分甘草甜素能模拟人体在保留钠离子和排出钾离子时所需的过程。他的钾离子通道急需离子,但没有离子可用。没有这些离子来调节心脏细胞的钠钾平衡，他的心脏就无法发出正常的动作电位。他并不是第一个有这种经历的人。到 2012 年，类似事件已经堆积，以至于出现了一篇题为《甘草滥用》的评论文章，其作者生气地警告，甘草"不仅仅是一种糖果"。他们敦促 FDA 对这种"物质"进行监管，并围绕甘草对健康的危害发布公共健康信息。[18] 5 年后，FDA 履行了部分职责，及时在万圣节前夜发布了关于甘草危害的严正警告。难道万圣节的小鬼会问："给我黑甘草糖，不给糖就捣蛋？"

我在这几段文字里集合了一些相当离题的杂烩内容。但我正试图描绘一幅图景，即我们在无意中影响电子组的所有意想不到的方式。我之所以举这些例子，是希望能更全面地了解我们的生物电维度。不幸的是，到目前为止，这方面还有很多阻力。人们对贝茨研究的反应就是一个很好的例子。

学科筒仓

贝茨的这篇论文本不应该引起争议。这只是一篇综述，而且是一篇相当枯燥的综述。综述指出生物电似乎在发育过程中发挥着重要作用，关于这一点并没有什么争议，尽管其作用机制尚不清楚。因此，贝茨及其合著者概述了各种机制和理论，以解释生物电参与胎儿发育的原因。他们将这篇论文的草稿寄给了一家杂志社，杂志社又将它分发给了其他几位科学家，这是同行评审的标准做法，要在权威科学杂志上发表任何论文都需如此。杂志编辑将反馈意见转交给贝茨，并轻描淡写地指示她"处理"一下。贝茨犯了一个错误，在临睡前阅读了这份文件。

一些回复措辞严厉，且似乎与他们评论的论文格格不入。没有人谈论方法论上的缺陷，也没有人指责她伪造数据。他们只是在抨击整个领域。像"膜电压的谬论"之类的讽刺性短语在评论中随处可见。贝茨提到的生物电密码似乎成了惹怒这些评论者的关键一击。

这并不是我第一次听到这种不屑一顾、痛心疾首状的评论——安·拉杰尼切克（她曾与博根斯共事）曾告诉我，她有一份基金申请被干脆利落地拒绝了，只留下一句质问："真的还有人相信这些吗？"作为一名科学记者，我知道令人不快的同行评审只是学术界博弈的一部分。然而，当我与更多的研究人员交谈时，我注意到一个模式。[19] 这些人并不"相信"劳拉·欣克尔让细胞展示了趋电性。他们也不相信丹妮·亚当斯或者曾爱新。"没有人说他们不相信我们的数据，"另一位生物电领域研究人员告诉我，"他们只是不想听而已。"此时，贝茨经历的是同一主题的另一个变体。其共同点似乎在于，批评者并没有对任何细节提出异议。相反，他们发表的是一概而论的笼统声明，是充满情感和信仰色彩的轻蔑驳斥。虽然批评者往往无法指出出版物中的科学或程序存在的具体问题，但他们一直在使用"我不相信"这样的短语。一位同事在一次会议上对迈克尔·莱文说："我没有读过这些论文，也不需要读。我不相信。"

但他们不相信的是什么呢？这要看是谁在不相信了。莱文经常受邀在各个学科发表演讲，从发育生物学系到全球最大的人工智能会议——神经信息处理系统大会。"总有人会生气，"他对我说，"至于他们为什么生气，会根据我在哪个系演讲而有所不同。"神经科学家认为显而易见的论点，对分子遗传学家来说却是亵渎。不过，对生物电在神经系统之外的相关性持怀疑态度并不涉及什么大阴谋。这只是一个教育问题。

美国国家科学基金会的何塞·洛佩斯认为，我们需要新的方法，以在这些不断彼此分隔的学科之间开启交流。"我们需要一个新的系，我们需要博学的多面手，不是我们过去曾有的那种——那个时代已经过去了。在亚历山大·冯·洪堡和伽伐尼等人生活的时代，一个人仍然有可能对科学的一切领域都了如指掌。而现在，一个科学家可以把整个职业生涯都花在一个导致罕见疾病变异的基因突变的研究上。"斯蒂芬·巴迪拉克也认为，在医学领域，许多人仍在坐井观天。

现在我们有了一个诱人的新选择，麻省理工学院的生物工程系就是一个例子，在那里你可以获得"博学者"的博士学位：这个系的学生经过专门的训练，能够跨学科交流，并专注于弥合学科间鸿沟所需的词汇和概念。他们被鼓励以系统生物学的方式思考信息是如何流动的，而不是将信息视为彼此离散的小块。

我们正处于"生物电世纪"

埃米莉·贝茨在犹他大学学习了 4 年的发育生物学本科课程，但从未听说过"离子通道"这个词。后来，她在哈佛大学攻读神经科学博士学位，虽然离子通道那时已经进入了她的词汇表，但她从未听说它们在神经系统之外还有任何其他功能。她说："我当然知道它们对肌肉功能和胰腺 β 细胞功能起作用。"但在她多年的本科和研究生教育中，"我一直认为离子通道只在神经科学中被研究过，而在其他组织中并没有真正地被研究"。当她偶然得知离子通道疾病会导致发育缺陷，从而影响身体的形状和形态时，她大吃一惊。她说："这让我有点震惊。我们竟然没有教过这个，这太奇怪了。"

她对这个想法非常着迷，于是开始研究发育过程中的离子通道。但她没有任何研究方向。她所在的系没有人指导她。"我甚至曾以为只有我一个人在研究这个无人问津的奇怪领域。"她甚至不知道应该在文献检索中输入什么术语。"我就像在一个黑盒子里一样。"

论文发表后，她收到了迈克尔·莱文的一封电子邮件，莱文给她寄了他的一些研究成果，并把她介绍给了其他从事类似研究的人。莱文成了一个枢纽。贝茨开始参加各种会议，并很快融入了其他研究人员的人际网络，他们也在关注她的离子通道研究。"在迈克尔·莱文伸出援手之前，我觉得自己只是一个从事这项研究的异类。"

所以难怪她的审稿人会感到被冒犯。公平地说，他们可能也从未了解过离子通道。2018年，在创办新期刊《生物电》的编辑们举行的一次圆桌会议上，莱文说："实际上，要找到具有相应专业知识且有共识的审稿人相当困难。试图让审稿人越过各自的学科筒仓而看到全局，无疑是一个挑战。"这份新期刊是一场运动的一部分，旨在使生物电成为一门独立的总括性学科，涵盖从发育生物学到人工智能等广泛的相关生物现象。生物电的研究要想取得成功，就必须开始效法伽伐尼做出重大发现时的自然哲学。"大自然什么时候开始有不同的系了？"莱文喜欢这样告诉人们。然而，除了将科学划分为不同的学科和院系，我想不出其他直接的替代方案。

这种分门别类是现代生物学观念的一部分，但矛盾的是，这种观念可能也让生物学画地为牢、作茧自缚。富兰克林·哈罗德在其2017年出版的《让世界明白易懂》一书中写道："当今生物学的关注重点是生命分子，尤其是那些指明生命结构和功能的基因。"

但这限制了我们对生命的理解。生物电机制一直如此难以被发现的原因之一便是，对这些稍纵即逝的过程加以观察的工具直到几十年前才面世，这无疑使人们将生物电与江湖骗术进行了不公平的关联。

在此之前，甚至直到现在，观察活细胞都是例外做法，而不是常规操作。有关我们生物学的大多数科学发现都来自对死亡组织的解剖。在一种"先开枪，后提问"的方法论支配下，大多数生物研究都是先杀死细胞，然后在剩下的一堆黏性物中寻找相关特征。虽然这是一种对细胞的所有不同部分进行分类的绝佳方法，但死细胞不会发出任何电信号，这使得人们几乎不可能了解活细胞和组织中的任何电过程。反过来，这也使得人们很难弄清电是如何影响其他东西的。保罗·戴维斯写道，以这种方式研究细胞，就好比"试图只通过研究计算机内部的电子元件来理解其如何运作"，却不研究这些元件如何交换信息。[20] 伽伐尼和阿尔迪尼等人很幸运，因为一些生物电现象在动物死后一两天内仍然可以进行研究，但在活体动物身上，实时观察电流流动和电压变化是非常困难的。

而这正是为什么我对我们正处于一个"生物电世纪"的判断如此自信。让我们能观察活细胞的工具正在以惊人的速度发展。丹妮·亚当斯使用的电压染料就是一个例子，这种染料在 21 世纪初才被开发出来。但是今天，许多不同的实验室都在使用各不相同的方法来研究使生物电参数肉眼可观察的技术，而且新的发现还在与日俱增。2019 年，哈佛大学的亚当·科恩使用一种荧光染料解答了一个一直困扰他的问题，即细胞和组织如何从零电压的干细胞身份转变为其最终的电身份。科恩很好奇：在胚胎发育的过程中，它的电压是像滑块一样从 0 平稳地滑到 70，并滑过中间所有数字，还是直接从 0 跳到 70？

事实证明，答案是后一个，这意味着整个组织也是像这样形成它们的身份的：它们从干细胞直接变成骨骼细胞，途中不会在其他位置停留。所有这些通过缝隙连接彼此相连的细胞，从干细胞的 0 电位过渡到最终状态的过程，就像冰从水中结晶一样。[21]

现在有许多新工具正在开发中，它们将使我们能够从整体角度审视生物系统的所有电复杂性，而不是陷于保罗·戴维斯在其书中抨击的"还原论狂热"以致裹足不前。[22]

这些工具和发现将使我们得以开始构建我们的"电子组"全貌。2016 年，荷兰生物学家阿诺德·德洛夫定义了这一术语，他将其描述为"任何生命体的所有离子流，从细胞到生物体层面的总和"。我们需要绘制所有的离子通道和缝隙连接图谱，并弄清细胞电压的变化是如何影响细胞和组织的。我们需要一个内脏神经图谱，以了解神经系统是如何控制器官功能的。我在本书中描述了这方面的很多研究，但受限于篇幅，我还没来得及介绍更多其他研究。生物物理学家亚历克西斯·彼得克已经着手开发一种工具，该工具可以揭示细胞电压如何导致细胞身份的惊人复杂性：一个名为 BETSE（生物电组织模拟引擎）的软件包可以让迈克尔·莱文这样的研究者模拟生物电信号在虚拟组织中的传递方式。[23] 我们的梦想是，所有这些工具和它们带来的洞见将开创一个属于接口的未来，这些接口能按照自身的方式与生物学协同工作，并可能对后者加以改善。

在过去的半个世纪里，这份如先知洞彻未来所得的殊荣一直归于机械和工程师们，他们承诺未来将出现无所不知的人工智能，出现"赛博格"半机械人，也就是对我们的低劣"肉身"（一些人就是这么认为的）进行升级后的版本，甚至还会出现所有生物物质都升级为硅形态的超人类主义的深远未来。但最近，随着我们意识到硅智能技术的局限性，人工智能的光芒开始闪耀。现有的材料连能使用 10 年以上的髋关节植入物都做不出来——那么，我们如何才能在大脑里装入一个永久的心灵感应神经装置呢？目前正在开展的生物电研究表明，人类要实现一个自我升级的未来，答案可能蕴藏于生物自身，而不是试图用硅和电子来越俎代庖。

许多早期的生物电先驱在最初被忽视或嘲笑之后都得以平反。不仅伽伐尼如此，哈罗德·萨克斯顿·伯尔也是如此，他对癌症和发育的预测随着时间的推移得到了验证，正如伽伐尼对生命火花的预测是正确的一样。伯尔的个别观点似乎在大体上是正确的，但在其 1974 年出版的书中，他还将这些实验与一个更大的假设联系起来。他假定，当生物学开始研究"力"而不只是研究"粒子"时，它将经历一次概念上的飞跃，其重要性可与物理学中原子分裂的提出相媲美。

但还有最后一个问题。然后呢？

当我们了解微生物组时，我们便知道可以通过吃泡菜和大量的绿色蔬菜改善肠道微生物。而现在，我们还不能通过了解电子组获得类似的自助方法。

侵入我们的记忆，或者通过超频使自己达到无限的生产力仍然是遥不可及的目标，我希望我的书已经充分解释了为何如此。我也希望我已经让你明白，这其实并非正道。

不妨从我个人的角度想一想。tDCS 是否帮助我克服了一个心理障碍即不断自责，还是说，经常使用这种技术会形成一种不公平的优势？我相信，这种责备内心的声音并不是我大脑的独有特征。

很多人都在问，医疗干预和整容改善之间的界限在哪里？人们经常就各种认知强化（和其他外貌改善）手段提出这个问题，但似乎没有人能够给出一个很好的答案。这可能是因为这个问题越是深入探讨就越令人不安。当然，采用某种特定强化方法的人越多，他们对周围的人包括他们自己施加的压力也越大，这让他们必须亦步亦趋，否则就会被甩在身后。在这种惯性的作用下，未经强化的正常状态就会变成一种缺陷。这不是某个人的责任，而是典型的公地悲剧。

在体育运动中，这种对话尤其具有现实意义。在与《户外》杂志讨论体育运动中的 tDCS 时，黑斯廷斯中心生物伦理学研究所名誉所长托马斯·默里对记者亚历克斯·哈钦森说："一旦一项有效的技术在体育运动中被采用，它就会变得专横霸道。你将不得不使用它。"哈钦森提出了一个可悲而又完全正确的看法："如果职业运动员开始电击自己的大脑，不要自欺欺人地认为这股风潮不会蔓延到大学、高中甚至周末才打打球的业余运动者中。"你一旦开始这种游戏，就永远无法停止。

所以，对一直坚持读到本书结尾的读者，我给你的最后忠告是：当你看到有人试图向你推销这些东西时，问问谁会从中受益。为什么有人想把它卖给你？它真的适合你吗？除了秉持"这些试验有什么好处？"的怀疑态度，还要问问接下来会发生什么。这能减轻你的痛苦吗？或者它只是在拖延问题？因为最终你的新常态将成为新的不合格标准，只能等待下一个增强套件的推出。这种干预措施是一种治疗癌症的方法，还是一种让你在职场上更加起早贪黑、任劳任怨的手段？针对不同的情景，这个问题的答案自然大不相同。

事实上，我曾经很愿意接受一整套这样的想法——我们的躯体只是一个低劣的肉身傀儡，亟待用金属机械来强化，然后人类就能升级了。控制论一直在兜售一种诱人的幻想，让我们相信在一个赛博格式的未来世界中，我们可以超越人类皮囊的卑微与弱小——只需通过对几个相关神经末端的电子控制，就能诱导我们采取正确的行动，保持身体健康（当然还有最大的生产力）。

电子组的研究不应该为这些"机械大师"服务。在我为写本书所做的调研过程中，我的看法发生了180度的转变。生物不是劣等肉体的集合，你了解得越多，它会越使你惊叹，它也会变得更加错综复杂，因为你了解得越多，你就越是意识到自己所不了解的。我们自己就是电子机器，其全部维度之包罗万象，甚至连我们自己都不曾想象。

但正如麻省理工学院的项目所昭示的，学术界正在觉醒并意识到学科之间存在的联系，不同的领域开始更多地相互交流，以探索这个属于电的未来。在此基础上，我们将有幸见证生物电领域的下一个飞跃。

这一领域的真正令人兴奋之处是它更接近于宇宙学——能够帮助我们更好地理解自己在宇宙和自然界中所处的位置。一些研究发现已经颠覆了部分传统智慧。说实话，对于未来10年我们还会发现什么，我早就迫不及待地想要一探究竟了。

致　谢

有个笑话说，第一次出书的作者会感谢他遇到的每一个人，我也不例外。首先，感谢西蒙·索罗古德在这个选题上冒险！感谢莫莉·维森菲尔德和乔治娅·弗朗西丝·金，她们给了我最大的信任。感谢卡罗琳·普利特，她甚至在我之前就勾勒出了本书的轮廓。

科学家和研究人员慷慨地回复了我在电子邮件、电话，还有Zoom上的询问，他们的热情让我难以忘怀。在疫情封控和选举混乱时期，他们会花上几个小时与我一起探讨，向我解释晦涩难懂的概念，向我讲述有争议的历史，帮助我保持注意力。以下感谢对象按英文名字母顺序排列。丹妮·亚当斯耐心地读了我的一稿又一稿，还给我发送了图表和标注，消除了我的误解。非常感谢德布拉·博纳特与我进行精彩对话，我希望这个故事对得起他。罗伯特·坎佩诺特优雅而不失幽默地回答了我第一个惶恐不安的问题。感谢爱德华·法默阅读了许多被删掉的章节草稿，我保证他会再看到它们的！弗拉维奥·弗罗里希与我的谈话解开了一整章的谜团。感谢富兰克林·哈罗德给了我最精彩的一段引用，而这段话却不得不从本书中删去（"伍兹霍尔的振动探针"总是会让我发笑，对此我并不感到抱歉）。感谢安德鲁·杰克逊让我开始认真思考离子问题。感谢南希·科佩尔给了我一次难忘的对话。感谢迈克尔·莱文四年来不知疲倦地回答问题，发送论文，阅读草稿，发送更多论文，阅读更多草稿，诸如此类，不胜枚举。感谢李建明让我理解了难得令人发指的顶梢枯死机制，也感谢他在电话中和我交谈无数个小时。感谢基普·路德维希寄来的论文，这些论文比一个人一辈子能读到的还多，也感谢他长达数页的"快速邮件回复"。感谢马尔科·皮科利诺帮我找到了开始的方向，并确保我走到了正确的终点，尤其要感谢他寄给我那本令人惊叹的书。感谢安·拉杰尼切克给我口述莱昂内尔·贾菲实验室的历史，但最重要的是告诉我理查德·博根斯的事迹。肯·鲁宾逊花了很长时间跟我通电话，向我解释脊髓刺激器是如何工作的。感谢奈杰尔·沃尔布里奇花了那么多时间解释生物电 CANBuS 系统。感谢哈罗德·扎肯和赵敏分别解释了离子通道基序和趋电性。

打电话不能解决所有问题。为了理解神经科学如何整合电学的复杂历史，我还艰难地阅读了一些晦涩难懂的书。一些书成了我手中解开这些论文和历史文件的钥匙。在这些书中，有三本书因其清晰的思路和有力的解释脱颖而出：马修·科布的《大脑传》是非常宝贵的资料，罗伯特·坎佩诺特的《动物电》和弗朗西丝·阿什克罗夫特的《生命的火花》也是如此。对于那些因我的书而对大脑和神经系统科学史产生好奇心的人，我建议他们放下手头的一切，读一读这些书。

对于那些读过我早期草稿的人，我永远感激不尽。感谢理查德·帕内克在我第一次尝试编写"科学史"时给予的不可估量的帮助。感谢劳里·丹尼尔斯和米歇尔·科贡确保我所叙述的是事实。感谢戴维·罗布森、克莱尔·威尔逊、理查德·费希尔耐心倾听我吐沫横飞的演讲。感谢达里尔·兰博、洛里·勒瓦斯和乔伊丝·翁在动荡的岁月里为我带来庇护。感谢素密·保罗-乔杜里、哈尔·霍德森和威尔·希文组成的"合体守护神"拯救了我的生命，也感谢他们忍受了我无休止的唠叨而没有退出聊天（好吧，感谢他们中的两位能这样）。

感谢萨里塔·巴特理解了我的潜台词。在疫情期间，我无法从美国网站或图书馆查阅 GDPR 相关文章，感谢克里斯蒂娜·卡洛塔不停地代我查阅，真是感激不尽。苏林、凯西、埃琳、迈克是苍穹中闪耀的星座。安是我的北极星。

我的父亲让我对世界上所有的事情都充满了好奇，不过俗话说好心未必有好报，所以现在他必须读完本书。我的母亲使我每次在探究未知领域时都能保持一颗怀疑的头脑。还有尼克、黛西和查利，感谢他们忍受了我的熬夜、咖啡因带来的焦虑，随意写在纸上（有时也写在重要邮件上）的关于神经密码的难以辨认的笔记，以及过山车般起起伏伏的情绪。感谢他们的鼓励、宽容、耐心和爱。

注 释

引言

1. Condliffe, Jamie. 'Glaxo and Verily Join Forces to Treat Disease By Hacking Your Nervous System', *MIT Technology Review*, 1 August 2016.<https://www.technologyreview.com/2016/08/01/158574/glaxo-and-verily-join-forces-to-treat-disease-by-hacking-your-nervous-system/https://www.technologyreview.com/2016/08/01/158574/glaxo-and-verily-join-forces-to-treat-disease-by-hacking-your-nervous-system/>
2. Hutchinson, Alex. 'For the Golden State Warriors, Brain Zapping Could Provide an Edge', *The New Yorker*, 15 June 2016. <https://www.newyorker.com/tech/annals-of-technology/for-the-golden-state-warriors-brain-zapping-could-provide-an-edge>
3. Reardon, Sarah. ' "Brain doping" may improve athletes' performance'. *Nature* 531 (2016), pp. 283–4
4. Blackiston, Douglas J., and Micheal Levin. 'Ectopic eyes outside the head in Xenopus tadpoles provide sensory data for light-mediated learning'. *Journal of Experimental Biology* 216 (2013), pp. 1031–40; Durant, Fallon, Junji Morokuma, Christopher Fields, Katherine Williams, Dany Spencer Adams, and Michael Levin. 'Long-Term, Stochastic Editing of Regenerative Anatomy via Targeting Endogenous Bioelectric Gradients'. *Biophysical Journal*, vol. 112, no. 10 (2017), pp. 2231–43

第1部分
第1章

1. Pancaldi, Giuliano. *Volta: Science and Culture in the Age of Enlightenment*. Princeton, NJ: Princeton University Press, 2005, p. 111

2. Galvani, Luigi. *Commentary on the Effects of Electricity on Muscular Motion*. Trans. Margaret Glover Foley. Norwalk, CN: Burndy Library, 1953, p. 79
3. Pancaldi, *Volta*, p. 54; and Morus, Iwan Rhys. *Frankenstein's Children: Electricity, Exhibition, and Experiment in Early-Nineteenth-Century London*. Princeton, NJ: Princeton University Press, 1998, p. 232
4. Needham, Dorothy. *Machina Carnis: The Biochemistry of Muscular Contraction in its Historical Development*. Cambridge: Cambridge University Press, 1971, pp. 1–26
5. Needham, *Machina Carnis*, p. 7
6. Kinneir, David. 'A New Essay on the Nerves, and the Doctrine of the Animal Spirits Rationally Considered'. London, 1738, pp. 21 and 66–7 <https://archive.org/details/b30525068/page/n5/mode/2up>
7. O'Reilly, Michael Francis, and James J. Walsh. *Makers of Electricity*. New York: Fordham University Press, 1909, p. 81
8. Cohen, I. Bernard. *Benjamin Franklin's Science*. Cambridge, MA: Harvard University Press, 1990, p. 42
9. Finger, Stanley, and Marco Piccolino. *The Shocking History of Electric Fishes*. Oxford: Oxford University Press, 2011, pp. 282–5
10. Bresadola, Marco, and Marco Piccolino. *Shocking Frogs: Galvani, Volta, and the Electric Origins of Neuroscience*. Oxford: Oxford University Press, 2013, p. 27
11. Bergin, William. 'Aloisio (Luigi) Galvani (1737–1798) and Some Other Catholic Electricians'. In: Sir Bertram Windle (ed.), *Twelve Catholic Men of Science*. London: Catholic Truth Society, 1912, pp. 69–87
12. Bresadola & Piccolino, *Shocking Frogs*, p. 27
13. O'Reilly & Walsh, *Makers of Electricity*, p. 152; and Bergin, 'Aloisio (Luigi) Galvani', p. 75
14. Cavazza, Marta. 'Laura Bassi and Giuseppe Veratti: an electric couple during the Enlightenment'. *Institut d'Estudis Catalans*, Vol. 5, no. 1 (2009), pp. 115–24 (pp. 119–21)
15. Messbarger, R. M. *The Lady Anatomist: The Life and Work of Anna Morandi Manzolini*. Chicago: University of Chicago Press, 2010, p. 157
16. Frize, Monique. *Laura Bassi and Science in 18th-Century Europe*. Berlin/Heidelberg: Springer, 2013; see also Messbarger, *The Lady Anatomist*, pp. 171–3
17. Foccaccia, Miriam, and Raffaella Simili. 'Luigi Galvani, Physician, Surgeon, Physicist: From Animal Electricity to Electro-Physiology'. In: Harry Whitaker, C. U. M. Smith and Stanley Finger (eds), *Brain, Mind and Medicine: Essays in Eighteenth-Century Neuroscience* Boston: Springer, 2007, pp. 145–58 (p. 154)
18. Bresadola & Piccolino, *Shocking Frogs*, p. 76
19. Bresadola & Piccolino, *Shocking Frogs*, p. 89
20. Bresadola & Piccolino, *Shocking Frogs*, p. 122

21. O'Reilly & Walsh, *Makers of Electricity*, p. 133 3
22. See Bernardi, W. 'The controversy on animal electricity in eighteenth-century Italy. Galvani, Volta and others'. In: F. Bevilacqua and L. Fregonese (eds), *Nuova Voltiana: Studies on Volta and His Times Vol. 1*. Milan: Hoepli, 2000, pp. 101–12 (p. 102). A translation is available at <http://www.edumed.org.br/cursos/neurociencia/controversy-bernardi.pdf>; and Bresadola & Piccolino, *Shocking Frogs*, p. 143, among others
23. Pancaldi, *Volta*, pp. 14–15
24. Pancaldi, *Volta*, p. 20
25. Pancaldi, *Volta*, p. 31
26. Pancaldi, *Volta*, p. 91
27. Pancaldi, *Volta*, p. 111
28. Pancaldi, *Volta*, p. 111
29. Bresadola & Piccolino, *Shocking Frogs*, p. 152
30. Bresadola & Piccolino, *Shocking Frogs*, pp. 143–4
31. Bernardi, 'The controversy', pp. 104–5
32. 有关法国委员会的材料由 Blondel 和 Christine 提供。'Animal Electricity in Paris: From Initial Support, to Its Discredit and Eventual Rehabilitation'. In: Marco Bresadola and Giuliano Pancaldi (eds), *Luigi Galvani International Workshop*, 1998, pp. 187–204
33. Blondel, 'Animal Electricity', p. 189
34. Volta, Alessandro. 'Memoria seconda sull'elettricita animale' (14 May 1792). Quoted in: Pera, Marcello. *The Ambiguous Frog*. Trans. Jonathan Mandelbaum. Princeton, NJ: Princeton University Press, 1992, p. 106
35. 除非另有引用，否则本节引用的学术论文均摘自 Bresadola 和 Piccolino 的著作 *Shocking Frogs* 以及 Pera 的著作 *The Ambiguous Frog*。
36. Ashcroft, Frances. *The Spark of Life*. London: Penguin, 2013, p. 24
37. Blondel, 'Animal Electricity', p. 190
38. Bernardi, 'The controversy', p. 107 (fn. 26)
39. Robert Campenot provides a clear and straightforward description of this experiment. Campenot, Robert. *Animal Electricity*. Cambridge, MA: Harvard University Press, 2016, p. 40
40. Bernardi, 'The controversy', p. 103
41. Bernardi, 'The controversy', p. 107

第 2 章

1. Aldini, Giovanni. *Essai théorique et expérimental sur le galvanisme, avec une série d'expériences. Faites en présence des commissaires de l'Institut National de France, et en divers amphithéâtres Anatomiques de Londres*. Paris: Fournier Fils, 1804. Available

via the Smithsonian Libraries archive at <https://library.si.edu/digital-library/book/essaithey-orique00aldi>

2. 有消息称，夏洛特王后和她的儿子威尔士亲王出席了这一活动，但后者也有可能是更年幼的王子奥古斯都·弗雷德里克，阿尔迪尼后来将一部著作献给了他。很明显，至少有一位王室成员出席。

3. Tarlow, Sarah, and Emma Battell Lowman. *Harnessing the Power of the Criminal Corpse*. London: Palgrave Macmillan, 2018, pp. 87–114

4. McDonald, Helen. 'Galvanising George Foster, 1803', The university of Melbourne Archives and Special Collections. <https://library.unimelb.edu.au/asc/whats-on/exhibitions/dark-imaginings/gothicresearch/galvanising-george-foster,-1803>

5. Morus, Iwan Rhys. *Frankenstein's Children: Electricity, Exhibition, and Experiment in Early-Nineteenth-Century London*. Princeton, NJ: Princeton university Press,1998, p. 128

6. Sleigh, Charlotte. 'Life, Death and Galvanism'. *Studies in History and Philosophy of Science Part C: Studies in History and Philosophy of Biological and Biomedical Sciences*, vol. 29, no. 2 (1998), pp. 219–48 (p. 223)

7. 关于这个实验有很多说法，我采用的说法主要来自莫鲁斯和伊万·里斯。*Shocking Bodies: Life, Death & Electricity in Victorian England*. Stroud: The History Press, 2011, pp. 34–7. 其他信息来源是阿尔迪尼的个人说法及 *Newgate Calendar*, 22 January 1803, p. 3。

8. Sleigh, 'Life, Death and Galvanism', p. 224

9. Parent, André. 'Giovanni Aldini: From Animal Electricity to Human Brain Stimulation', *Canadian Journal of Neurological Sciences / Journal Canadien des Sciences Neurologiques*, vol. 31, no. 4 (2004), pp. 576–84 (p. 578)

10. Blondel, Christine. 'Animal Electricity in Paris: From Initial Support, to Its Discredit and Eventual Rehabilitation'. In: Marco Bresadola and Giuliano Pancaldi (eds), *Luigi Galvani International Workshop*, 1998, pp. 187–204 (pp. 194–5)

11. Aldini, 'Essai Théorique', p. vi

12. Aldini's most detailed account of such a treatment concerns Luigi Lanzarini.

13. Carpue, Joseph. 'An Introduction to Electricity and Galvanism; with Cases, Shewing Their Effects in the Cure of Diseases'. London: A. Phillips, 1803, p. 86 <https://wellcomecollection.org/works/bzaj37cs/items?canvas=100>

14. Blondel, 'Animal Electricity', p. 197

15. Aldini, John [sic]. 'General Views on the Application of Galvanism to Medical Purposes, Principally in Cases of Suspended Animation'. London: Royal Society, 1819, p. 37. 在国外出版作品时，阿尔迪尼有了改名的习惯。

16. Parent, 'Giovanni Aldini', p. 581

17. Vassalli-Eandi said in August 1802 that Aldini 'has been obliged to acknowledge that he

had not been able to get any contractions from the heart using the electro motor of Volta'.
18. Aldini, 'Essai Théorique', p. 195
19. Giulio, C. 'Report presented to the Class of the Exact Sciences of the Academy of Turin, 15th August 1802, in Regard to the Galvanic Experiments Made by C. Vassali-Eandi, Giulio and Rossi on the 10th and 14th of the same Month, on the Head and Trunk of three Men a short Time after their Decapitation'. *The Philosophical Magazine*, vol. 15, no. 57 (1803), pp. 39–41
20. Morus, Iwan. 'The Victorians Bequeathed Us Their Idea of an Electric Future'. *Aeon*, 8 August 2016
21. Aldini, 'Essai Théorique', p. 143-4
22. 本节大量借鉴自：Bertucci, Paola. 'Therapeutic Attractions: Early Applications of Electricity to the Art of Healing'. In: Harry Whitaker, C. U. M. Smith, and Stanley Finger (eds), *Brain, Mind, and Medicine: Essays in Eighteenth-Century Neuroscience*. Boston: Springer, 2007, pp. 271–83; Pera, Marcello, *The Ambiguous Frog*. Trans. Jonathan Mandelbaum. Princeton, NJ: Princeton University Press, 1992; and several unbeatable details from Iwan Rhys Morus's *Frankenstein's Children*。
23. Pera, *The Ambiguous Frog*, pp. 18–25
24. Pera, *The Ambiguous Frog*, p. 22
25. Ashcroft, Frances. *The Spark of Life*. London: Penguin, 2013, pp. 290–1
26. Bertucci, 'Therapeutic Attractions', p. 281
27. Calculated on 23 May 2022 using the CPI Inflation Calculator. <https://www.officialdata.org/uk/inflation>
28. Bertucci, 'Therapeutic Attractions', p. 281
29. Shepherd, Francis John. 'Medical Quacks and Quackeries', *Popular Science Monthly*, vol. 23 (June 1883), p. 152
30. Morus, *Shocking Bodies*, p. 35
31. Ochs, Sidney. *A History of Nerve Functions: From Animal Spirits to Molecular Mechanisms*. Cambridge: Cambridge University Press, 2004, p. 117
32. Miller, William Snow. 'Elisha Perkins and His Metallic Tractors'. *Yale Journal of Biology and Medicine*, vol. 8, no. 1 (1935), pp. 41–57 (p. 44)
33. Lord Byron. 'English Bards and Scotch Reviewers'. Quoted in: Miller, 'Elisha Perkins', p. 52
34. Finger, Stanley, Marco Piccolino, and Frank W. Stahnisch. 'Alexander von Humboldt: Galvanism, Animal Electricity, and Self-Experimentation Part 2: The Electric Eel, Animal Electricity, and Later Years'. *Journal of the History of the Neurosciences*, vol. 22, no. 4 (2013), pp. 327–52 (p. 343)
35. Finger, Stanley, and Marco Piccolino. *The Shocking History of Electric Fishes*. Oxford: Oxford University Press, 2011, p. 11

36. Finger et al., 'Alexander von Humboldt', p. 343
37. Otis, Laura. *Müller's Lab*. Oxford: Oxford University Press, 2007, p. 11; see also Finger et al., 'Alexander von Humboldt', p. 345
38. "诺比利的大型无稳态电流计"的图片可见于伽利略博物馆虚拟博物馆 <https://catalogue.museogalileo.it/object/NobilisLargeAstaticGalvanometer.html>
39. Verkhratsky, Alexei, and Parpura, Vladimir. 'History of Electrophysiology and the Patch Clamp'. In: Marzia Martina and Stefano Taverna (eds), *Methods in Molecular Biology*. New York: Humana Press, 2014, pp. 1–19 (p.7). However, much of the detail about Nobili and Matteucci's experiments comes from Otis's *Müller's Lab*.
40. Cobb, Matthew. *The Idea of the Brain: A History*. London: Profile Books, 2020, p. 71
41. Finger et al., 'Alexander von Humboldt', p. 347 and Otis, p. 90
42. Emil du Bois-Reymond in an 1849 letter to fellow experimental physiologist Carl Ludwig, reproduced on p. 347 of: Finger et al., 'Alexander von Humboldt'.
43. Finger & Piccolino, *The Shocking History of Electric Fishes*, p. 369
44. Bresadola, Marco, and Marco Piccolino. *Shocking Frogs: Galvani, Volta, and the Electric Origins of Neuroscience*. Oxford: Oxford University Press, 2013, p. 21
45. Finkelstein, Gabriel. 'Emil du Bois-Reymond vs Ludimar Hermann'. *Comptes rendus biologies*, vol. 329, 5-6 (2006), pp. 340-7 doi:10.1016/j.crvi.2006.03.005

第 2 部分

1. Bresadola, Marco, and Marco Piccolino. *Shocking Frogs: Galvani, Volta, and the Electric Origins of Neuroscience*. Oxford: Oxford University Press, 2013, p. 13

第 3 章

1. 2016年，比利时生物学家阿诺德·德·洛夫在一篇晦涩的论文('The cell's self-generated "electrome": The biophysical essence of the immaterial dimension of Life?', *Communicative & Integrative Biology*, vol. 9,5, e1197446)中首次提到了"电子组"这个词。这一定义并没有得到更广泛的传播。不过，在该定义发表之前，包括迈克尔·莱文和赵敏在内的其他生物电研究人员就已经开始使用这个词。赵敏特别指出，他审阅了一些使用该词的手稿，不过对此"没有（一致的）定义和说明。这是一种不断发展的理解"。本书的目的就是将这个词像蝴蝶标本一样就此固定下来。
2. Valenstein, Elliot. *The War of the Soups and the Sparks: The Discovery of Neurotransmitters and the Dispute over how Nerves Communicate*. New York: Columbia University Press, 2005, pp. 121–34
3. James, Frank. 'Davy, Faraday, and Italian Science'. Report presented at the IX National

Conference of 'History and Foundations of Chemistry' (Modena, 25–27 October 2001), pp. 149–58 <https://media.accademiaxl.it/memorie/S5-VXXV-P1-2-2001/James149-158.pdf> Accessed 22 February 2021

4. Faraday, Michael. *Experimental Researches in Electricity-Volume 1* [1832]. London: Richard and John Edward Taylor, 1849. Available at <https://www.gutenberg.org/files/14986/14986-h/14986-h.htm>

5. Ringer, Sydney, and E. A. Morshead. 'The Influence on the Afferent Nerves of the Frog's Leg from the Local Application of the Chlorides, Bromides, and Iodides of Potassium, Ammonium, and Sodium'. *Journal of Anatomy and Physiology* 12 (October 1877), pp. 58–72

6. Campenot, Robert, *Animal Electricity*. Cambridge, MA: Harvard University Press, 2016, p. 114

7. McCormick, David A. 'Membrane Potential and Action Potential'. In: Larry Squire et al. (eds), *Fundamental Neuroscience*. Oxford: Academic Press, 2013, pp. 93–116 (p. 93)

8. Hodgkin, Alan, and Andrew F. Huxley. 'A quantitative description of membrane current and its application to conduction and excitation in nerve'. *The Journal of Physiology*, vol. 117, no. 4 (1952), pp. 500–44

9. Bresadola, Marco, and Marco Piccolino. *Shocking Frogs: Galvani, Volta, and the Electric Origins of Neuroscience*. Oxford: Oxford University Press, 2013, p. 294

10. Ramachandran, Vilayanur S. 'The Astonishing Francis Crick'. Francis Crick memorial lecture delivered at the Centre for the Philosophical Foundations of Science in New Delhi, India, 17 October 2004. <http://cbc.ucsd.edu/The_Astonishing_Francis_Crick.htm>

11. Schuetze, Stephen. 'The Discovery of the Action Potential'. *Trends in Neurosciences* 6 (1983), pp. 164–8. See also Lombard, Jonathan, 'Once upon a time the cell membranes: 175 years of cell boundary research'. *Biology Direct*, vol. 9, no. 32, pp. 1–35; and Finger, Stanley, and Marco Piccolino. *The Shocking History of Electric Fishes*. Oxford: Oxford University Press, 2011, p. 402

12. Campenot, *Animal Electricity*, pp. 210–11

13. Agnew, William, et al. 'Purification of the Tetrodotoxin-Binding Component Associated with the Voltage-Sensitive Sodium Channel from Electrophorus Electricus Electroplax Membranes'. *Proceedings of the National Academy of Sciences*, vol. 75, no. 6 (1978), pp. 2606–10.

14. Noda, Masaharu, et al. 'Expression of Functional Sodium Channels from Cloned CDNA'. *Nature*, vol. 322, no. 6082 (1986), pp. 826–8.

15. Brenowitz, Stephan, et al. 'Ion Channels: History, Diversity, and Impact'. *Cold Spring Harbor Protocols* 7 (2017), loc. pdb.top092288 <http://cshprotocols.cshlp.org/content/2017/7/pdb.top092288.long#sec-3>

16. McCormick, 'Membrane Potential and Action Potential', p. 103

17. Ashcroft, Frances. *The Spark of Life*. London: Penguin, 2013, p. 69
18. McCormick, David A. 'Membrane Potential and Action Potential'. In: John H. Byrne, and James L. Roberts (eds), *From Molecules to Networks: An Introduction to Cellular and Molecular Neuroscience*. Amsterdam/Boston: Academic Press, 2nd edition, 2009, pp. 133–58 (p. 151)
19. Ashcroft, *The Spark of Life*, p. 49 and pp. 87–9
20. Barhanin, Jacques, et al. 'New scorpion toxins with a very high affinity for Na+ channels. Biochemical characterization and use for the purification of Na+ channels'. *Journal de Physiologie*, vol. 79, no. 4 (1984), pp. 304–8
21. Kullmann, Dimitri M. 'The Neuronal Channelopathies'. *Brain*, vol. 125, no. 6 (2002), pp. 1177–95
22. Fozzard, Harry. 'Cardiac Sodium and Calcium Channels: A History of Excitatory Currents'. *Cardiovascular Research*, vol. 55, no. 1 (2002), pp. 1–8
23. Sherman, Harry G., et al. 'Mechanistic insight into heterogeneity of trans-plasma membrane electron transport in cancer cell types'. *Biochimica et Biophysica Acta-Bioenergetics*, 1860/8 (2019), pp. 628–39
24. Lund, Elmer. *Bioelectric Fields and Growth*. Austin: university of Texas Press, 1947
25. Prindle A, Liu J, Asally M, Ly S, Garcia-Ojalvo J, Süel GM. 'Ion channels enable electrical communication in bacterial communities'.*Nature*.(2015)Nov 5;527(7576):59-63. doi:10.1038/ nature15709. Epub 2015 Oct 21. PMID: 26503040; PMCID: PMC4890463
26. Brand, Alexandra et al. 'Hyphal Orientation of Candida albicans Is Regulated by a Calcium-Dependent Mechanism'. *Current Biology*, 17, (2007), pp. 347–352
27. Davies, Paul. *The Demon in the Machine*. London: Allen Lane, 2019, p. 110
28. Anderson, Paul A., and Robert M. Greenberg. 'Phylogeny of ion channels: clues to structure and function'. *Comparative Biochemistry and Physiology Part B: Biochemistry and Molecular Biology*, vol. 129, no. 1 (2001), pp. 17–28. doi: 10.1016/s1096-4959(01)00376-1
29. Liebeskind, B. J., D. M. Hillis, and H. H. Zakon. 'Convergence of ion channel genome content in early animal evolution'. *Proceedings of the National Academies of Science* 112 (2015), E846–E851

第 3 部分
第 4 章

1. Besterman, Edwin, and Creese, Richard. 'Waller-pioneer of electrocardiography'. *British Heart Journal*, vol. 42, no. 1 (1979), pp. 61–4 (p. 63)

2. Acierno, Louis. 'Augustus Desire Waller'. *Clinical Cardiology*, vol. 23, no. 4 (2000), pp. 307–9 (p. 308)
3. Harrington, Kat. 'Heavy browed savants unbend'. Royal Society blogs, 14 July 2016. Retrieved from the Internet Archive 21 September 2021 <https://web.archive.org/web/20191024235429/http://blogs.royalsociety.org/history-of-science/2016/07/04/heavy-browed/>
4. Waller, Augustus D. 'A Demonstration on Man of Electromotive Changes accompanying the Heart's Beat'. *The Journal of Physiology*, vol. 8 (1887), pp. 229–34
5. Campenot, Robert. *Animal Electricity*. Cambridge, MA: Harvard University Press, 2016, p. 269
6. Burchell, Howard. 'A Centennial Note on Waller and the First Human Electrocardiogram'. *The American Journal of Cardiology*, vol. 59, no. 9 (1987), pp. 979–83 (p. 979)
7. AlGhatrif, Majd, and Joseph Lindsay. 'A Brief Review: History to understand Fundamentals of Electrocardiography'. *Journal of Community Hospital Internal Medicine Perspectives*, vol. 2 no. 1 (2012), loc. 14383
8. Ashcroft, Frances. *The Spark of Life*. London: Penguin, 2013, p. 146
9. Campenot, *Animal Electricity*, pp. 272–4
10. Aquilina, Oscar. 'A brief history of cardiac pacing'. *Images in Paediatric Cardiology*, vol. 8, no. 2 (April 2006), pp. 17–81 (Fig. 16)
11. Rowbottom, Margaret, and Charles Susskind. *Electricity and Medicine: History of Their Interaction*. London: Macmillan, 1984, p. 248
12. Rowbottom & Susskind, *Electricity and Medicine*, p. 249
13. Rowbottom & Susskind, *Electricity and Medicine*, p. 249
14. Emery, Gene. 'Nuclear pacemaker still energized after 34 years', Reuters, 19 December 2007 <https://www.reuters.com/article/us-heart-pacemaker-iduSN1960427320071219>
15. Norman, J. C. et al. 'Implantable nuclear-powered cardiac pacemakers'. *New England Journal of Medicine*, vol. 283, no. 22 (1970), pp. 1203–6. doi: 10.1056/NEJM197011262832206
16. Roy, O. Z., and R. W. Wehnert. 'Keeping the heart alive with a biological battery'. *Electronics*, vol. 39, no. 6 (1966), pp. 105–7. Also see: <https://link.springer.com/article/10.1007/BF02629834>
17. Greatbatch, Wilson. *The Making of the Pacemaker: Celebrating a Lifesaving Invention*. Amherst: Prometheus Books, 2000, p. 23
18. Tashiro, Hiroyuki, et al. 'Direct Neural Interface'. In: Marko B. Popovic (ed.), *Biomechatronics*. Oxford: Academic Press, 2019, pp. 139–74
19. Greatbatch, *The Making of the Pacemaker*, p. 23

第 5 章

1. Hamzelou, Jessica. '$100 million project to make intelligence-boosting brain implant', *New Scientist*, 20 October 2016 <https://www.newscientist.com/article/2109868-100-million-project-to- make-intelligence-boosting-brain-implant/>
2. McKelvey, Cynthia. 'The Neuroscientist Who's Building a Better Memory for Humans', *Wired*, 1 December 2016 <https://www.wired.com/2016/12/neuroscientist-whos-building-better-memory- humans/>
3. Johnson, Bryan. 'The urgency of Cognitive Improvement', *Medium*, 14 June 2017 <https://medium.com/future-literacy/the-urgency-of-cognitive-improvement-72f5043ca1fc>
4. Campenot, Robert, *Animal Electricity*. Cambridge, MA: Harvard University Press, 2016, pp. 110–11
5. Finger, Stanley. *Minds Behind the Brain*. Oxford: Oxford University Press, 2005, pp 243–7. See also Ashcroft, Frances. *The Spark of Life*. London: Penguin, 2013, ch. 3
6. Garson, Justin. 'The Birth of Information in the Brain: Edgar Adrian and the Vacuum Tube'. *Science in Context*, vol. 28, no. 1 (2015), pp. 31–52 (pp. 40–2)
7. Finger, *Minds*, p. 249
8. Finger, *Minds*, p. 250
9. Finger, *Minds*, p. 250
10. Garson, 'The Birth', p. 46
11. Finger, *Minds*, p. 250
12. Adrian, E. D. *The Physical Background of Perception*. Quoted in Cobb, Matthew. *The Idea of the Brain: A History*. London: Profile Books, 2020, p. 186
13. Borck, Cornelius. 'Recording the Brain at Work: The Visible, the Readable, and the Invisible in Electroencephalography'. *Journal of the History of the Neurosciences* 17 (2008), pp. 367–79 (p. 371)
14. Millett, David. 'Hans Berger: From Psychic Energy to the EEG'. *Perspectives in Biology and Medicine*, vol. 44, no. 4 (2001), pp. 522–42 (p. 523)
15. Ginzberg, quoted in Millet, 'Hans Berger', p. 524
16. Millet, 'Hans Berger', p. 537
17. Cobb, *The Idea of the Brain*, p. 170
18. Millet, 'Hans Berger', p. 539
19. Borck, 'Recording', p. 369
20. Borck, 'Recording', p. 368
21. Borck, Cornelius, and Ann M. Hentschel. *Brainwaves: A Cultural History of Electroencephalography*. London: Routledge, 2018, p. 110
22. Borck & Hentschel, *Brainwaves*, p. 109

23. Borck & Hentschel, *Brainwaves*, p. 115
24. Collura, Thomas. 'History and Evolution of Electroencephalo-graphic Instruments and Techniques'. *Journal of Clinical Neurophysiology*, vol. 10, no. 4 (1993), pp. 476–504 (p. 498)
25. Marsh, Allison. 'Meet the Roomba's Ancestor: The Cybernetic Tortoise', IEEE Spectrum, 28 February 2020 <https://spectrum.ieee.org/meet-roombas-ancestor-cybernetic-tortoise>
26. Cobb, *The Idea of the Brain*, p. 190
27. Hodgkin, Alan. 'Edgar Douglas Adrian, Baron Adrian of Cambridge. 30 November 1889–4 August 1977'. *Biographical Memoirs of Fellows of the Royal Society* 25 (1979), pp. 1–73 (p. 19)
28. Tatu, Laurent. 'Edgar Adrian (1889–1977) and Shell Shock Electrotherapy: A Forgotten History?'. *European Neurology*, vol. 79, nos 1–2 (2018), pp. 106–7
29. underwood, Emil. 'A Sense of Self'. *Science*, vol. 372, no. 6547 (2021), pp. 1142–5 (pp. 1142–3)
30. Olds, James. 'Pleasure Centers in the Brain'. *Scientific American*, vol. 195 (1956), pp. 105–17; Olds, James. 'Self-Stimulation of the Brain'. *Science* 127 (1958), pp. 315–24
31. Moan, Charles, and Robert G. Heath. 'Septal Stimulation for the Initiation of Heterosexual Behavior in a Homosexual Male'. In: Wolpe, Joseph, and Leo J. Reyna (eds), *Behavior Therapy in Psychiatric Practice*. New York: Pergamon Press, 1976, pp. 109–16
32. Giordano, James (ed.). *Neurotechnology*. Boca Raton: CRC Press, 2012, p. 151
33. Frank, Lone. 'Maverick or monster? The controversial pioneer of brain zapping', *New Scientist*, 27 March 2018 <https://www.newscientist.com/article/mg23731710-700-maverick-or-monster-the-controversial-pioneer-of-brain-zapping/>
34. Blackwell, Barry. 'José Manuel Rodriguez Delgado'. *Neuropsychopharmacology*, vol. 37, no. 13 (2012), pp. 2883–4
35. 这张照片被广泛转载,可在马尔祖洛、蒂莫西的著作中找到。'The Missing Manuscript of Dr. José Delgado's Radio Controlled Bulls'. *JUNE*, vol. 15, no. 2 (Spring 2017), pp. 29–35。
36. Osmundsen, John. 'Matador with a radio stops wired bull: modified behavior in animals subject of brain study', *New York Times*, 17 May 1965
37. Horgan, John. 'Tribute to José Delgado, Legendary and Slightly Scary Pioneer of Mind Control'. *Scientific American*, 25 September 2017
38. Gardner, John. 'A History of Deep Brain Stimulation: Technological Innovation and the Role of Clinical Assessment Tools'. *Social Studies of Science*, vol. 43, no. 5 (2013), pp. 707–28 (p. 710)
39. Schwalb, Jason M., and Clement Hamani. 'The History and Future of Deep Brain Stimulation'. *Neurotherapeutics*, vol. 5, no. 1 (2008), pp. 3–13
40. Gardner, 'A History', p. 719
41. Lozano, A. M., N. Lipsman, H. Bergman, et al. 'Deep brain stimulation: current challenges and future directions'. *Nature Reviews Neurology* 15 (2019), pp. 148–60 <https://www.nature.com/articles/s41582-018-0128-2>

42. Nuttin, Bart et al. 'Electrical Stimulation in Anterior Limbs of Internal Capsules in Patients with Obsessive-Compulsive Disorder'. *The Lancet*, vol. 354, no. 9189 (1999), p. 1526

43. Ridgway, Andy. 'Deep brain stimulation: A wonder treatment pushed too far?', *New Scientist*, 21 October 2015 <https://www.newscientist.com/article/mg22830440-500-deep-brain-stimulation-a-wonder-treatment-pushed-too-far/>

44. Sturm, V., et al. 'DBS in the basolateral amygdala improves symptoms of autism and related self-injurious behavior: a case report and hypothesis on the pathogenesis of the disorder'. *Frontiers in Neuroscience*, vol. 6, no. 341 (2013), doi: 10.3389/ fnhum.2012.00341

45. Formolo, D. A., et al. 'Deep Brain Stimulation for Obesity: A Review and Future Directions'. *Frontiers in Neuroscience*, vol. 13, no. 323 (2019), doi: 10.3389/fnins.2019.00323; Wu, H., et al. 'Deep-brain stimulation for anorexia nervosa'. *World Neurosurgery* 80 (2013), doi: 10.1016/j.wneu.2012.06.039

46. Baguley, David, et al. 'Tinnitus'. *The Lancet*, vol. 382, no. 9904 (2013), pp. 1600–7; Luigjes, J., van den Brink, W., Feenstra, M., et al. 'Deep brain stimulation in addiction: a review of potential brain targets'. *Molecular Psychiatry* 17 (2012), pp. 572–83 <https://doi.org/10.1038/mp.2011.114>; Fuss, J., et al. 'Deep brain stimulation to reduce sexual drive'. *Journal of Psychiatry and Neuroscience*, vol. 40, no. 6 (2015) pp. 429–31

47. 神经科学学会卫星会议，圣地亚哥，2018 年。迈贝格也在大脑与行为研究基金会上发表的报告中谈到了这一点：'Deep Brain Stimulation for Treatment-Resistant Depression: A Progress Report', Brain & Behaviour Research Foundation YouTube channel, 16 October 2019 <https://www. youtube.com/watch?v=X86wBj1tjiA>。

48. Mayberg, Helen, et al. 'Deep Brain Stimulation for Treatment-Resistant Depression'. *Neuron*, vol. 45, no. 5 (2005), pp. 651–60

49. Dobbs, David. 'Why Deep-Brain Stimulation for Depression Didn't Pass Clinical Trials', *The Atlantic*, 17 April 2018 <https://www.theatlantic.com/science/archive/2018/04/zapping-peoples-brains-didnt-cure-their-depression-until-it-did/558032/>

50. 'BROADEN Trial of DBS for Treatment-Resistant Depression No Better than Sham', The Neurocritic blog, 10 October 2017 <https://neurocritic.blogspot.com/2017/10/broaden-trial-of-dbs-for-treatment.html>

51. 'The Remote Control Brain', *Invisibilia*, NPR, first broadcast 29 March 2019 <https://www.npr.org/2019/03/28/707639854/the-remote-control-brain>

52. Cyron, Donatus. 'Mental Side Effects of Deep Brain Stimulation (DBS) for Movement Disorders: The Futility of Denial'. *Frontiers in Integrative Neuroscience* 10 (2016), pp. 1–4 <https://www.fron-tiersin.org/articles/10.3389/fnint.2016.00017/full>

53. Mantione, Mariska, et al. 'A Case of Musical Preference for Johnny Cash Following Deep Brain Stimulation of the Nucleus Accumbens'. *Frontiers in Behavioral Neuroscience*, vol. 8, no. 152 (2014), doi: 10.3389/ fnbeh.2014.00152

54. Florin, Esther, et al. 'Subthalamic Stimulation Modulates Self-Estimation of Patients with Parkinson's Disease and Induces Risk-Seeking Behaviour'. *Brain*, vol. 136, no. 11 (2013), pp. 3271–81.

55. Shen, Helen H., 'Can Deep Brain Stimulation Find Success beyond Parkinson's Disease?'. *Proceedings of the National Academy of Sciences*, vol. 116, no. 11 (2019), pp. 4764–6

56. Müller, Eli J., and Peter A. Robinson. 'Quantitative Theory of Deep Brain Stimulation of the Subthalamic Nucleus for the Suppression of Pathological Rhythms in Parkinson's Disease', ed. by Saad Jbabdi, *PLOS Computational Biology*, vol. 14, no. 5 (2018), e1006217. See also Kisely, Steve, et al. 'A Systematic Review and Meta-Analysis of Deep Brain Stimulation for Depression'. *Depression and Anxiety*, vol. 35, no. 5 (2018), pp. 468–80

57. Crick, Francis. *The Astonishing Hypothesis: The Scientific Search for the Soul*. New York: Scribner; London: Maxwell Macmillan International, 1994, p. 10, see also pp. 182-4

58. Crick, *The Astonishing Hypothesis*, p. 3. For more on consciousness, a wonderful resource is Chapter 15 of Matthew Cobb's *The Idea of the Brain*

59. Gerstner, Wulfram, et al. 'Neural Codes: Firing Rates and Beyond'. *Proceedings of the National Academy of Sciences*, vol. 94, no. 24 (1997), pp. 12740–1 <https://www.pnas.org/doi/epdf/10.1073/pnas.94.24.12740>

60. See Buzsöki, Gyárgy. *Rhythms of the Brain*, New York: Oxford University Press, 2011

61. Kellis, Spencer, et al. 'Decoding Spoken Words Using Local Field Potentials Recorded from the Cortical Surface'. *Journal of Neural Engineering*, vol. 7, no. 5 (2010), 056007

62. Martin, Richard. 'Mind Control', *Wired*, 1 March 2005 <https://www.wired.com/2005/03/brain-3/>

63. Martin, 'Mind Control', 2005

64. Bouton, Chad. 'Reconnecting a paralyzed man's brain to his body through technology', TEDx Talks YouTube channel, 25 November 2014 <https://www.youtube.com/watch?v=BPI7XWPSbS4>

65. Bouton, C., Shaikhouni, A., Annetta, N., et al. 'Restoring cortical control of functional movement in a human with quadriplegia'. *Nature* 533 (2016), pp. 247–50 <https://doi.org/10.1038/nature17435>

66. Geddes, Linda. 'First paralysed person to be "reanimated" offers neuroscience insights', *Nature*, 13 April 2016 <https://doi.org/10.1038/nature.2016.19749>

67. Geddes, Linda. 'Pioneering brain implant restores paralysed man's sense of touch', *Nature*, 13 October 2016 <https://doi.org/10.1038/nature.2016>

68. Flesher, S. N., et al. 'Intracortical microstimulation of human somatosensory cortex'. *Science Translational Medicine*. vol. 8, no. 361 (2016), doi: 10.1126/scitranslmed.aaf8083

69. Berger, T. W., et al. 'A cortical neural prosthesis for restoring and enhancing memory'. *Journal of Neural Engineering*, vol. 8, no. 4 (2011), doi: 10.1088/1741-2560/8/4/046017

70. Frank, Loren. 'How to Make an Implant That Improves the Brain', *MIT Technology Review*, 9 May 2013 <https://www.technologyre-view.com/2013/05/09/178498/how-to-make-a-cognitive-neuroprosthetic/>

71. Hampson, Robert E., et al. 'Facilitation and Restoration of Cognitive Function in Primate Prefrontal Cortex by a Neuroprosthesis That utilizes Minicolumn-Specific Neural Firing'. *Journal of Neural Engineering*, vol. 9, no. 5 (2012), 056012

72. Strickland, Eliza. 'DARPA Project Starts Building Human Memory Prosthetics', IEEE Spectrum, 27 August 2014 <https://spectrum.ieee.org/darpa-project-starts-building-human-memory-prosthetics>

73. McKelvey, 'The Neuroscientist', 2016

74. Ganzer, Patrick, et al. 'Restoring the Sense of Touch using a Sensorimotor Demultiplexing Neural Interface'. *Cell*, vol. 181, no. 4 (2020) pp. 763–73

75. 'Reconnecting the Brain After Paralysis using Machine Learning', *Medium*, 21 September 2020 <https://medium.com/mathworks/reconnecting-the-brain-after-paralysis-using-machine-learning-1a134c622c5d>

76. Bryan, Carla, and Ivan Rios (eds). *Brain–machine Interfaces: Uses and Developments*. New York: Novinka, 2018

77. 查德·布顿正在研究将设备"带回家"问题的解决方案。Bouton, Chad. 'Brain Implants and Wearables Let Paralyzed People Move Again', IEEE Spectrum, 26 January 2021 <https://spectrum.ieee.org/brain-implants-and-wearables-let-paralyzed-people-move-again>。

78. Engber, Daniel. 'The Neurologist Who Hacked His Brain – And Almost Lost His Mind'. *Wired*, 26 January 2016

79. Jun, James J., et al. 'Fully Integrated Silicon Probes for High-Density Recording of Neural Activity'. *Nature*, vol. 551, no. 7679 (2017), pp. 232–6

80. Strickland, Eliza. '4 Steps to Turn "Neural Dust" Into a Medical Reality', IEEE Spectrum, 21 October 2016 <https://spectrum.ieee.org/4-steps-to-turn-neural-dust-into-a-medical-reality>

81. Lee, Jihun, et al. 'Neural Recording and Stimulation using Wireless Networks of Microimplants'. *Nature Electronics*, vol. 4, no. 8 (2021), pp. 604–14

82. 'Brain chips will become "more common than pacemakers", says investor, as startup raises $10m', The Stack, 19 May 2021 <https://thestack.technology/blackrock-neurotech-brain-machine-interfaces-peter-thiel/>

83. Ghose, Carrie. 'Ohio State researcher says Battelle brain-computer interface for paralysis could save $7B in annual home-care costs', *Columbus Business First*, 10 October 2019 <https://www.bizjournals.com/columbus/news/2019/10/10/ohio-state-researcher- saysbattelle-brain-computer.html>

84. Regalado, Antonio. 'Thought Experiment', *MIT Technology Review*, 17 June 2014 <https://www.technologyreview.com/2014/06/17/172276/the-thought-experiment/>

第 6 章

1. Bowen, Chuck. 'Nerve Repair Innovation Gives Man Hope', Spinal Cord Injury Information Pages, 4 July 2007 <https://www.sci-info-pages.com/news/2007/07/nerve-repair-innovation-gives-man-hope/>
2. Wallack, Todd. 'Sense of urgency for spinal device', *Boston Globe*. 18 September 2007 <http://archive.boston.com/business/globe/articles/2007/09/18/sense_of_urgency_for_spinal_device/>
3. Per Debra Bohnert, Richard Borgens' lab assistant from 1986 to 2019, in a telephone interview with the author.
4. Jaffe, L. F., and M.-m. Poo. 'Neurites grow faster towards the cathode than the anode in a steady field'. *Journal of Experimental Zoology* 209 (1979), pp. 115–28
5. Ingvar, Sven. 'Reaction of cells to the galvanic current in tissue cultures'. *Experimental Biology and Medicine*, vol. 17, issue 8 (1920)
6. Bishop, Chris. 'The Briks of Denton and Dallas TX', Garage Hangover, 18 October 2007 <https://garagehangover.com/briks-denton-dallas/>
7. Pithoud, Kelsey. 'Ex-rocker turns to research', *The Purdue Exponent*, 17 Septe-mber 2003 <https://web.archive.org/web/20151216205707/ https://www.purdueex-ponent.org/campus/article_73f34375-9059-5273-b6a8-8d9577c74b5d.html>
8. Bishop, 'The Briks', 2007
9. Comment by Johnny Young on Bishop, 'The Briks', 2007. 25 January 2019 at 11.33 a.m.
10. Kolsti, Nancy. 'This is . . . Spinal Research', The North Texan Online, Fall 2001 <https://northtexan.unt.edu/archives/f01/spinal.htm>
11. Hinkle, Laura, et al. 'The direction of growth of differentiating neurones and myoblasts from frog embryos in an applied electric field'. *The Journal of Physiology*, 314 (1981), pp. 121–35
12. McCaig, Colin. 'Epithelial Physiology, Ovarian Follicles, Nerve Growth Cones, Vibrating Probes, Wound Healing, and Cluster Headache: Staggering Steps on a Route Map to Bioelectricity'. *Bioelectricity*, vol. 2, no. 4 (2020), pp. 411–17 (p. 412)
13. Borgens, Richard, et al. 'Bioelectricity and Regeneration'. *BioScience*, vol. 29, no. 8 (1979), pp. 468–74
14. Borgens, Richard, et al. 'Large and persistent electrical currents enter the transected lamprey spinal cord'. *Proceedings of the National Academy of Sciences*, vol. 77, no. 2 (1980), pp. 1209–13

15. Borgens, Richard B., Andrew R. Blight and M. E. McGinnis. 'Behavioral Recovery Induced by Applied Electric Fields After Spinal Cord Hemisection in Guinea Pig'. *Science*, vol. 238, no. 4825 (1987), pp. 366–9
16. Kleitman, Naomi. 'under one roof: the Miami Project to Cure Paralysis model for spinal cord injury research'. *Neuroscientist*, vol. 7, no. 3 (2001), pp. 192–201
17. Borgens, Richard B., et al. 'Effects of Applied Electric Fields on Clinical Cases of Complete Paraplegia in Dogs'. *Restorative Neurology and Neuroscience*, vol. 5, no.5-6 (1993), pp. 305–22
18. 'Electrical stimulation helps dogs with spinal injuries', *Purdue News*, 21 July 1993 <https://www.purdue.edu/uns/html3month/1990-95/930721.Borgens.dogstudy.html>
19. Orr, Richard. 'Research On Dogs' Spinal Cord Injuries May Lead To Help For Humans', *Chicago Tribune*, 20 November 1995 <https://www.chicagotribune.com/news/ct-xpm-1995-11-20-9511200137-story.html>
20. 'Purdue/Iu partnership in paralysis research', Purdue News Service, 28 July 1999 <https://www.purdue.edu/uns/ html4ever/1999/990730.Borgens.institute.html>
21. 'Human Trial for Spinal Injury Treatment Launched by Purdue, Iu', Purdue News Service, December 2000 <https://www.purdue.edu/uns/html4ever/001120.Borgens.SpinalTrial.html>
22. Callahan, Rick. 'Two universities launch clinical trial for paralysis patients', *Middletown Press*, 12 December 2000 <https://www.middletownpress.com/news/article/Two-universities-launch-clinical-trial-for-11940807.php>
23. 这句话摘自作者所见的普渡大学兽医学院自行出版的一期简报：'Tales from the Vet Clinic: Yukon overcomes his chilling ordeal!', *Synapses*, Fall 2020。
24. 'Device to Aid Paralysis Victims to Get Test', *Los Angeles Times*, 13 December 2000
25. Bowen, C. 'Nerve Repair Innovation Gives Man Hope', *Indianapolis Star*, 4 July 2007 <http://www.indystar.com/apps/pbcs.dll/article?AID=/20070703/BuSINESS/707030350/1003/BuSINESS>
26. Ravn, Karen. 'In spinal research, pets lead the way', *Los Angeles Times*, 9 April 2007 <https://www.latimes.com/archives/la-xpm-2007-apr-09-he-labside9-story.html>
27. 'Implanted device offers new sensation', *The Engineer*, 11 January 2005 <https://www.theengineer.co.uk/implanted-device-offers-new-sensation/>
28. 'Cyberkinetics to acquire Andara Life Science for $4.5M', *Boston Business Journal*, 13 February 2006 <https://www.bizjournals.com/boston/blog/mass-high-tech/2006/02/cyberkinetics-to-acquire- andara-life-science.html>
29. Cyberkinetics press release, 28 September 2006 <https://www.purdue.edu/uns/html3month/2006/060928CyberkineticsAward.pdf>
30. Robinson, Kenneth, and Peter Cormie. 'Electric Field Effects on Human Spinal Injury:

Is There a Basis in the In Vitro Studies?'. *Developmental Neurobiology*, vol. 68, no. 2 (2008), pp. 274–80

31. Wallack, 'Sense of urgency', 2007
32. Shapiro, Scott. 'A Review of Oscillating Field Stimulation to Treat Human Spinal Cord Injury'. *World Neurosurgery*, vol. 81/5–6 (2014), pp. 830–5
33. Bowman, Lee. 'Study on dogs yields hope in human paralysis treatment', *Seattle Post-Intelligencer*, 3 August 2004
34. Li, Jianming. 'Oscillating Field Electrical Stimulator (OFS) for Regeneration of the Spinal Cord', 2017 entry to the Create the Future Design Contest <https://contest.techbriefs.com/2017/entries/medical/8251>
35. Li, Jianming. 'Weak Direct Current (DC) Electric Fields as a Therapy for Spinal Cord Injuries: Review and Advancement of the Oscillating Field Stimulator (OFS)'. *Neurosurgical Review*, vol. 42, no. 4 (2019), pp. 825–34
36. Willyard, Cassandra. 'How a Revolutionary Technique Got People with Spinal-Cord Injuries Back on Their Feet'. *Nature*, vol. 572, no. 7767 (2019), pp. 20–5
37. 甚至还有化学和物理因素，如接触抑制释放和种群压力。
38. McCaig, Colin D., et al. 'Controlling Cell Behavior Electrically: Current Views and Future Potential'. *Physiological Reviews*, vol. 85, no. 3 (2005), pp. 943–78
39. 'Direct-current (DC) electric fields are present in all developing and regenerating animal tissues, yet their existence and potential impact on tissue repair and development are largely ignored,' they wrote in 'Controlling Cell Behavior Electrically'.
40. Reid, Brian, et al. 'Wound Healing in Rat Cornea: The Role of Electric Currents'. *The FASEB Journal*, vol. 19, no. 3 (2005), pp. 379–86
41. Hagins, W.A., et al. 'Dark Current and Photocurrent in Retinal Rods'. *Biophysical Journal*, vol. 10, no. 5 (1970), pp. 380–412
42. Song, Bing, et al. 'Electrical Cues Regulate the Orientation and Frequency of Cell Division and the Rate of Wound Healing in Vivo'. *Proceedings of the National Academy of Sciences*, vol. 99, no. 21 (2002), pp. 13577–82
43. Leppik, Liudmila, et al. 'Electrical Stimulation in Bone Tissue Engineering Treatments'. *European Journal of Trauma and Emergency Surgery*, vol. 46, no. 2 (2020), pp. 231–44
44. Zhao, Min, et al. 'Electrical Signals Control Wound Healing through Phosph-atidylinositol-3-OH Kinase-γ and PTEN'. *Nature*, vol. 442, no. 7101 (2006), pp. 457–60.
45. 见美国国立卫生研究院，'A Clinical Trial of Dermacorder for Detecting Malignant Skin Lesions', 17 November 2009 <https://clinicaltrials.gov/ct2/show/NCT01014819>。
46. Nuccitelli, R., et al. 'The electric field near human skin wounds declines with age and provides a noninvasive indicator of wound healing'. *Wound Repair and Regeneration*, vol. 19, no. 5 (2011), pp. 645–55

47. Stephens, Tim. 'Bioelectronic device achieves unprecedented control of cell membrane voltage', UC Santa Cruz News Center, 24 September 2020 <https://news.ucsc.edu/2020/09/bioelectronics.html>
48. Ershad, F., A. Thukral., J. Yue, et al. 'Ultra-conformal drawn-on-skin electronics for multifunctional motion artifact-free sensing and point-of-care treatment'. *Nature Communications*, vol. 11, no. 3823 (2020), doi: https://doi.org/10.1038/s41467-020-17619-1

第 4 部分
第 7 章

1. Levin, Michael. 'What Bodies Think About: Bioelectric Computation Beyond the Nervous System as Inspiration for New Machine Learning Platforms'. The Thirty-second Annual Conference on Neural Information Processing Systems (NIPS). Palais des Congrès de Montréal, Montréal, Canada. 4 December 2018, slide 49 <https://media.neurips.cc/Conferences/NIPS2018/Slides/Levin_bioelectric_computation.pdf >; see also Pullar, Christine E. (ed.). *The Physiology of Bioelectricity in Development, Tissue Regeneration and Cancer*. Boca Raton: CRC Press, 2011, p. 69
2. Sampogna, Gianluca, et al. 'Regenerative Medicine: Historical Roots and Potential Strategies in Modern Medicine'. *Journal of Microscopy and Ultrastructure*, vol. 3, no. 3 (2015), pp. 101–7 (p. 101)
3. Power, Carl, and John E. J. Rasko. 'The stem cell revolution isn't what you think it is', *New Scientist*, 29 September 2021 <https://www.newscientist.com/article/mg25133542-600-the-stem-cell-revolution-isnt-what-you-think-it-is>
4. Burr, Harold Saxton, et al. 'A Vacuum Tube Micro-Voltmeter for the Measurement of Bio-Electric Phenomena'. *The Yale Journal of Biology and Medicine*, vol. 9, no. 1 (1936), pp. 65–76. It is pictured on the journal's website alongside the article: <https://www.ncbi.nlm.nih.gov/pmc/articles/PMC2601500/figure/F1/>
5. Burr, Harold Saxton. *Blueprint for Immortality: The Electric Patterns of Life*. Essex: Neville Spearman Publishers, 1972, p. 48
6. Burr, Harold Saxton, L. K. Musselman, Dorothy Barton, and Naomi B. Kelly. 'Bio-Electric Correlates of Human Ovulation'. *The Yale Journal of Biology and Medicine*, vol. 10, no. 2 (1937), pp. 155–60
7. Burr, Harold Saxton, R. T. Hill, and E. Allen. 'Detection of Ovulation in the Intact Rabbit'. *Proceedings of the Society for Experimental Biology and Medicine*, vol. 33, no. 1 (1935), pp. 109–11
8. Burr, *Blueprint*, p. 50
9. Burr, *Blueprint*, p. 51

10. Langman, Louis, and H. S. Burr. 'Electrometric Timing of Human Ovulation'. *American Journal of Obstetrics and Gynecology*, vol. 44, no. 2 (1942), pp. 223–9
11. 'Medicine: Yale Proof ', *Time*, 11 October 1937 <http://content.time.com/time/subscriber/article/0,33009,770949-1,00.html>
12. 伯尔等人著作的第 156 页上有一张图，'Bio-Electric Correlates'. <https://www.ncbi.nlm.nih.gov/pmc/articles/PMC2601785/?page=2>。
13. Altmann, Margaret. 'Interrelations of the Sex Cycle and the Behavior of the Sow'. *Journal of Comparative Psychology*, vol. 31, no. 3 (1941), pp. 481–98
14. 'Dr. John Rock (1890–1984)', PBS American Experience <https://www.pbs.org/wgbh/americanexperience/features/pill-dr-john-rock-1890-1984/>
15. Snodgrass, James, et al. 'The Validity Of "Ovulation Potentials" '. *American Journal of Physiology–Legacy Content*, vol. 140, no. 3 (1943), pp. 394–415
16. Su, Hsiu-Wei, et al. 'Detection of Ovulation, a Review of Currently Available Methods'. *Bioengineering & Translational Medicine*, vol. 2, no. 3 (2017), pp. 238–46
17. Herzberg, M., et al. 'The Cyclic Variation of Sodium Chloride Content in the Mucus of the Cervix uteri'. *Fertility and Sterility*, vol. 15, no. 6 (1964), pp. 684–94
18. Burr, Harold Saxton, and L. K. Musselman. 'Bio-Electric Phenomena Associated with Menstruation'. *The Yale Journal of Biology and Medicine*, vol. 9, no. 2 (1936), pp. 155–8
19. Tosti, Elisabetta. 'Electrical Events during Gamete Maturation and Fertilization in Animals and Humans'. *Human Reproduction Update*, vol. 10, no. 1 (2004), pp. 53–65
20. Van Blerkom, J. 'Domains of High-Polarized and Low-Polarized Mitochondria May Occur in Mouse and Human Oocytes and Early Embryos'. *Human Reproduction*, vol. 17, no. 2 (2002), pp. 393–406
21. Trebichalská, Zuzana and Zuzana Holubcová. 'Perfect Date—the Review of Current Research into Molecular Bases of Mammalian Fertilization'. *Journal of Assisted Reproduction and Genetics*, vol. 37, no. 2 (2020), pp. 243–56
22. Stein, Paula, et al. 'Modulators of Calcium Signalling at Fertilization'. *Open Biology*, vol. 10, no. 7 (2020), loc. 200118
23. Campbell, Keith H., et al. 'Sheep cloned by nuclear transfer from a cultured cell line'. *Nature*, vol. 380, article 6569 (1996), pp. 64–6 (p. 64)
24. Zimmer, Carl. 'Growing Left, Growing Right', *The New York Times*, 3 June 2013 <https://www.nytimes.com/2013/06/04/science/growing-left-growing-right-how-a-body-breaks-symmetry.html>
25. 有些人在正常呼吸和生育方面存在问题。
26. See Nuccitelli, Richard, *Ionic Currents In Development*. New York: International Society of Developmental Biologists, 1986
27. Tosti, E., R. Boni, and A. Gallo. 'Ion currents in embryo development'. *Birth Defects*

Research Part C 108 (2016), pp. 6–18, doi: 10.1002/bdrc.21125

28. Adams, Dany S., and Michael Levin. 'General Principles for Measuring Resting Membrane Potential and Ion Concentration using Fluorescent Bioelectricity Reporters'. *Cold Spring Harbor Protocols*, 2012/4 (2012)

29. Cone, Clarence, and Charlotte M. Cone. 'Induction of Mitosis in Mature Neurons in Central Nervous System by Sustained Depolarization'. *Science*, vol. 192, no. 4235 (1976), pp. 155–8

30. Knight, Kalimah Redd, and Patrick Collins, 'The Face of a Frog: Time-lapse Video Reveals Never-Before-Seen Bioelectric Pattern', Tufts university press release, 18 July 2011 <https://now.tufts.edu/2011/07/18/face-frog-time-lapse-video-reveals-never- seen-bioelectric-pattern>

31. Vandenberg, Laura N., et al. 'V-ATPase-Dependent Ectodermal Voltage and Ph Regionalization Are Required for Craniofacial Morphogenesis'. *Developmental Dynamics*, vol. 240, no. 8 (2011), pp. 1889–904

32. Adams, Dany Spencer, et al. 'Bioelectric Signalling via Potassium Channels: A Mechanism for Craniofacial Dysmorphogenesis in KCNJ2-Associated Andersen-Tawil Syndrome: K + -Channels in Craniofacial Development'. *The Journal of Physiology*, vol. 594, no. 12 (2016), pp. 3245–70

33. Moody, William J., et al. 'Development of ion channels in early embryos'. *Journal of Neurobiology* 22 (1991) pp. 674–84

34. Rovner, Sophie. 'Recipes for Limb Renewal', *Chemical & Engineering News*, 2 August 2010 <https://pubsapp.acs.org/cen/science/88/8831sci1.html>

35. Pai, Vaibhav P., et al. 'Transmembrane Voltage Potential Controls Embryonic Eye Patterning in Xenopus Laevis'. *Development*, vol. 139, no. 2 (2012), pp. 313–23

36. Malinowski, Paul T., et al. 'Mechanics dictate where and how freshwater planarians fission'. *PNAS*, vol. 114, no. 41 (2017), pp. 10888–93 <www.pnas.org/cgi/doi/10.1073/pnas.1700762114>

37. Hall, Danielle. 'Brittle Star Splits', Smithsonian Ocean, January 2020 <https://ocean.si.edu/ocean-life/invertebrates/brittle-star-splits>

38. Levin, Michael. 'Reading and Writing the Morphogenetic Code: Foundational White Paper of the Allen Discovery Center at Tufts university', p. 2 <https://allencenter.tufts.edu/wp-content/uploads/Whitepaper.pdf>

39. Kolata, Gina. 'Surgery on Fetuses Reveals They Heal Without Scars', *The New York Times*, 16 August 1988 <https://www.nytimes.com/1988/08/16/science/surgery-on-fetuses-reveals-they-heal-without-scars.html>

40. Barbuzano, Javier. 'Understanding How the Intestine Replaces and Repairs Itself ', *Harvard Gazette*, 14 July 2017 <https://news.harvard.edu/gazette/story/2017/07/understanding-how-the-intestine-replaces-and-repairs-itself/>

41. Vanable, Joseph. 'A history of bioelectricity in development and regeneration'. In: Charles

E. Dinsmore (ed.), *A History of Regeneration Research*. New York: Cambridge University Press, 1991, pp. 151–78 (p. 163)
42. Sisken, Betty. 'Enhancement of Nerve Regeneration by Selected Electromagnetic Signals'. In: Marko Markov (ed.), *Dosimetry in Bioelectromagnetics*, Boca Raton: CRC Press, 2017, pp. 383–98
43. Tseng A.-S., et al. 'Induction of Vertebrate Regeneration by a Transient Sodium Current'. *Journal of Neuroscience*, vol. 30, no. 39 (2010), pp. 13192–13200
44. Tseng, Ai-sun, and Michael Levin. 'Cracking the bioelectric code: Probing endogenous ionic controls of pattern formation'. *Communicative & Integrative Biology*, vol. 6,1 (2013): e22595
45. Eskova, Anastasia, et al. 'Gain-of-Function Mutations of Mau / DrAqp3a Influence Zebrafish Pigment Pattern Formation through the Tissue Environment'. *Development* 144 (2017), doi:10.1242/ dev.143495
46. Dlouhy, Brian J., et al. 'Autograft-Derived Spinal Cord Mass Following Olfactory Mucosal Cell Transplantation in a Spinal Cord Injury Patient: Case Report'. *Journal of Neurosurgery: Spine*, vol. 21, no. 4 (2014), pp. 618–22
47. Jabr, Ferris. 'In the Flesh: The Embedded Dangers of Untested Stem Cell Cosmetics', *Scientific American*, 17 December 2012 <https://www.scientificamerican.com/article/stem-cell-cosmetics/>
48. Aldhous, Peter. 'An Experiment That Blinded Three Women Unearths the Murky World of Stem Cell Clinics', BuzzFeed News, 21 March 2017 <https://www.buzzfeednews.com/article/peter-aldhous/stem-cell-tragedy-in-florida>
49. Coghlan, Andy. 'How "stem cell" clinics became a Wild West for dodgy treatments', *New Scientist*, 17 January 2018 <https://www.newscientist.com/article/mg23731610-100-how-stem-cell-clinics- became-a-wild-west-for-dodgy-treatments/>
50. Feng J. F., et al. 'Electrical Guidance of Human Stem Cells in the Rat Brain'. *Stem Cell Reports*, vol. 9, no. 1 (2017), pp. 177–89

第 8 章

1. Rose, Sylvan Meryl, and H. M. Wallingford. 'Transformation of renal tumors of frogs to normal tissues in regenerating limbs of salamanders'. *Science*, vol. 107, no. 2784 (1948), p. 457
2. Oviedo, Néstor J., and Wendy S. Beane. 'Regeneration: The origin of cancer or a possible cure?'. *Seminars in Cell & Developmental Biology*, vol. 20, no. 5 (2009), pp. 557–64
3. Fatima, Iqra, et al. 'Skin Aging in Long-Lived Naked Mole-Rats is Accompanied by Increased Expression of Longevity-Associated and Tumor Suppressor Genes'. *Journal of Investigative Dermatology*, 9 June 2022, doi: 10.1016/j.jid.2022.04.028

4. Ruby, J. Graham, et al. 'Naked mole-rat mortality rates defy Gompertzian laws by not increasing with age'. *eLife* 7:e31157 (2018), doi: 10.7554/eLife.31157
5. Burr, Harold Saxton. *Blueprint for Immortality: The Electric Patterns of Life*. Essex: Neville Spearman Publishers, 1972, p. 53
6. Burr, Harold Saxton. *Blueprint for Immortality: The Electric Patterns of Life*. Essex: Neville Spearman Publishers, 1972, p. 54
7. Langman, Louis, and Burr, H. S. 'Electrometric Studies in Women with Malignancy of Cervix uteri'. *Science*, vol. 105, no. 2721 (1947), pp. 209–10
8. Langman, Louis, and Burr, H.S. 'A technique to aid in the detection of malignancy of the female genital tract'. *Journal of the American Journal of Obstetrics and Gynecology*, vol. 57, issue 2 (1949), pp. 274–281
9. Langman & Burr, 'Electrometric', p. 210
10. Stratton, M. R. (2009). 'The cancer genome'. *Nature*, vol. 458, article 7239 (2009), pp. 719–24, doi: 10.1038/nature07943
11. Nordenström, Björn 'Biologically closed electric circuits: Activation of vascularinterstitial closed electric circuits for treatment of inoperable cancers'. *Journal of Bioelectricity* 3 (1984), pp. 137–53
12. Nordenström, Björn. *Biologically Closed Electric Circuits: Clinical, Experimental, and Theoretical Evidence for an Additional Circulatory System*. Stockholm: Nordic Medical Publications, 1983
13. Nordenström, *Biologically closed*
14. Nordenström, *Biologically closed*, p. vii
15. Parachini, Allan. 'Cancer-Treatment Theory an Enigma to Scientific World', *Los Angeles Times*, 30 September 1986 <https://www.latimes.com/archives/la-xpm-1986-09-30-vw-10015-story.html>
16. Parachini, 'Cancer-Treatment', 1986
17. Nordenström, 'Biologically closed'
18. Parachini, 'Cancer-Treatment', 1986
19. 'Björn Nordenström', *20/20*, ABC News, first broadcast 21 October 1988. Available on YouTube: <https://www.youtube.com/watch?v=OmqTKh-CP88>
20. Moss, Ralph W. 'Bjorn E. W. Nordenström, MD'. Townsend Letter, *The Examiner of Alternative Medicine* 285 (2007), p. 156 <link.gale.com/apps/doc/A162234818/AONE?u=anon ~ 51ee-a7d2&sid=bookmark-AONE&xid=8719a268>. Accessed 5 August 2021
21. Lois, Carlos, and Arturo Alvarez-Buylla. 'Long-distance neuronal migration in the adult mammalian brain'. *Science* 264 (1994), pp. 1145–8, doi: 10.1126/science.8178174
22. Grimes, J. A., et al. 'Differential expression of voltage-activated Na + currents in two prostatic tumour cell lines: contribution to invasiveness in vitro'. *FEBS Letters* 369 (1995), pp. 290–4

<https://febs.onlinelibrary.wiley.com/doi/epdf/10.1016/0014-5793%2895%2900772-2>

23. 得到了广泛报道，包括 Pullar, Christine E. (ed.). *The Physiology of Bioelectricity in Development, Tissue Regeneration and Cancer*. Boca Raton: CRC Press, 2011, p. 271

24. Arcangeli, Annarosa, and Andrea Becchetti. 'New Trends in Cancer Therapy: Targeting Ion Channels and Transporters'. *Pharmaceuticals*, vol. 3, no. 4 (2010), pp. 1202–24

25. Bianchi, Laura, et al. 'hERG Encodes a K+ Current Highly Conserved in Tumors of Different Histogenesis: A Selective Advantage for Cancer Cells?'. *Cancer Research*, vol. 58, no. 4 (1998), pp. 815–22

26. Kunzelmann, 2005; Fiske, et al, 2006; Stuhmer, et al, 2006; Prevarskaya, et al, 2010; Becchetti, 2011; Brackenbury, 2012, collected in Yang Ming and William Brackenbury. 'Membrane potential and cancer progression'. *Frontiers in Physiology*, vol. 4, article 185 (2013), doi: https://doi.org/10.3389/fphys.2013.00185

27. Santos, Rita, et al. 'A comprehensive map of molecular drug targets'. *Nature Reviews Drug Discovery*, vol. 16, no. 1 (2017), pp. 19–34

28. McKie, Robin. 'For 30 years I've been obsessed by why children get leukaemia. Now we have an answer', *The Guardian*, 30 December 2018 <https://www.theguardian.com/science/2018/dec/30/children-leukaemia-mel-greaves-microbes-protection-against-disease>

29. Djamgoz, Mustafa, S. P. Fraser, and W. J. Brackenbury. (2019). 'In Vivo Evidence for Voltage-Gated Sodium Channel Expression in Carcinomas and Potentiation of Metastasis'. *Cancers*, vol. 11, no. 11 (2019), p. 1675

30. Leanza, Luigi, Antonella Managò, Mario Zoratti, Erich Gulbins, and Ildiko Szabo. 'Pharmacological targeting of ion channels for cancer therapy: In vivo evidences'. *Biochimica et Biophysica Acta (BBA)–Molecular Cell Research*, vol. 1863, no. 6, Part B (2016), pp. 1385–97

31. 2019年，中国的一项多中心临床前试验在小鼠体内测试了一种对迪加哥兹变异体有效的抗体。研究人员声称这种抗体能够抑制癌细胞转移。Gao, R., et al. 'Nav1.5-E3 antibody inhibits cancer progression'. *Translational Cancer Research*, vol. 8, no. 1 (2019), pp. 44-50, doi: 10.21037/tcr.2018.12.23。

32. Lang, F., and C. Stournaras. 'Ion channels in cancer: future perspectives and clinical potential'. *Philosophical Transactions of the Royal Society of London. Series B, Biological sciences*, vol. 369, article 1638 (2014), 20130108 <https://www.ncbi.nlm.nih.gov/pmc/articles/PMC3917362/pdf/rstb20130108.pdf>

33. 'An interview with Professor Mustafa Djamgoz', External Speaker Series presentation, Metrion BioSciences, Cambridge 2018

34. 'The Bioelectricity Revolution: A Discussion Among the Founding Associate Editors'. *Bioelectricity*, vol. 1, no. 1 (2019), pp. 8–15

35. Greaves, Mel. 'Nothing in cancer makes sense except…'. *BMC Biology*, vol. 16, no. 22 (2018)

36. Wilson, Clare. 'The secret to killing cancer may lie in its deadly power to evolve', *New

Scientist, 4 March 2020 <https://www.newscientist.com/article/mg24532720-800-the-secret-to-killing-cancer-may-lie-in-its-deadly-power-to-evolve/>

37. Hope, Tyna, and Siân Iles. 'Technology review: The use of electrical impedance scanning in the detection of breast cancer'. *Breast Cancer Research*, vol. 6, no. 69 (2004), pp. 69–74

38. Wilke, Lee, et al. 'Repeat surgery after breast conservation for the treatment of stage 0 to II breast carcinoma: a report from the National Cancer Data Base, 2004–2010'. *JAMA Surgery*, vol. 149, no. 12 (2014), pp. 1296–305.

39. Dixon, J. Michael, et al. 'Intra-operative assessment of excised breast tumour margins using ClearEdge imaging device'. *European Journal of Surgical Oncology* 42 (2016), pp. 1834–40, doi: 10.1016/j.ejso.2016.07.141

40. Djamgoz, Mustafa. 'In vivo evidence for expression of volt age-gated sodium channels in cancer and potentiation of metastasis', Sophion Bioscience YouTube channel, 18 July 2019 <https://www.youtube.com/watch?v=bkKewfmCW6A>. The relevant section of the lecture begins around sixteen minutes in

41. Dokken, Kaylinn, and Patrick Fairley. 'Sodium Channel Blocker Toxicity' [updated 30 April 2022]. In: StatPearls [Internet]. Treasure Island, FL: StatPearls Publishing, 2022 <https://www.ncbi.nlm.nih.gov/books/NBK534844/>

42. Reddy, Jay P., et al. 'Antiepileptic drug use improves overall survival in breast cancer patients with brain metastases in the setting of whole brain radiotherapy'. *Radiotherapy and Oncology*, vol. 117, no. 2 (2015), pp. 308–14, doi: 10.1016/j.radonc.2015.10.009

43. Takada, Mitsutaka, et al. 'Inverse Association between Sodium Channel-Blocking Antiepileptic Drug use and Cancer: Data Mining of Spontaneous Reporting and Claims Databases'. *International Journal of Medical Sciences*, vol. 13, no. 1 (2016), pp. 48–59, doi: 10.7150/ijms.13834

44. 'An interview with Professor Mustafa Djamgoz', External Speaker Series presentation, Metrion BioSciences, Cambridge 2018

45. Quail, Daniela F., and Johanna A. Joyce. 'Microenvironmental regulation of tumor progression and metastasis'. *Nature Medicine*, vol. 19, no. 11 (2013), pp. 1423–37, doi: 10.1038/nm.3394

46. Zhu, Kan, et al. 'Electric Fields at Breast Cancer and Cancer Cell Collective Galvanotaxis'. *Scientific Reports*, vol. 10, no. 1 (2020), article 8712

47. Wapner, Jessica. 'A New Theory on Cancer: What We Know About How It Starts Could All Be Wrong', *Newsweek*, 17 July 2017 <https://www.newsweek.com/2017/07/28/cancer-evolution-cells-637632.html>; see also Davies, Paul. 'A new theory of cancer', *The Monthly*, November 2018 <https://www.themonthly.com.au/issue/2018/november/1540990800/paul-davies/new-theory-cancer#mtr>

48. Silver, Brian, and Celeste Nelson. 'The Bioelectric Code: Reprogramming Cancer and

Aging From the Interface of Mechanical and Chemical Microenvironments'. *Frontiers in Cell and Developmental Biology*, vol. 6, no. 21 (2018).

49. Lobikin, Maria, Brook Chernet, Daniel Lobo, and Michael Levin. 'Resting potential, oncogene-induced tumorigenesis, and meta-stasis: the bioelectric basis of cancer in vivo'. *Physical Biology*, vol. 9, no. 6 (2012), loc. 065002. doi: 10.1088/1478-3975/9/6/065002

50. Chernet, Brook, and Michael Levin. 'Endogenous Voltage Potentials and the Microenvironment: Bioelectric Signals that Reveal, Induce and Normalize Cancer'. *Journal of Clinical and Experimental Oncology*, Suppl. 1:S1-002 (2013), doi: 10.4172/2324-9110

51. Chernet & Levin, 'Endogenous'

52. Gruber, Ben. 'Battling cancer with light', Reuters, 26 April 2016 <https://www.reuters.com/article/us-science-cancer-optogenet-ics-iduSKCN0XN1u9>

53. Chernet, Brook, and Michael Levin. 'Transmembrane voltage potential is an essential cellular parameter for the detection and control of tumor development in a Xenopus model'. *Disease Models & Mechanisms*, vol. 6, no. 3 (2013), pp. 595–607, doi: 10.1242/dmm.010835

54. Silver & Nelson, 'The Bioelectric Code'

55. Tuszynski, Jack, Tatiana Tilli, and Michael Levin. 'Ion Channel and Neurotransmitter Modulators as Electroceutical Approaches to the Control of Cancer'. *Current Pharmaceutical Design*, vol. 23, no. 32 (2017), pp. 4827–41

56. Schlegel, Jürgen, et al. 'Plasma in cancer treatment', *Clinical Plasma Medicine*, vol. 1, no. 2 (2013), pp. 2–7

第 5 部分
第 9 章

1. Brown, Joshua. 'Team Builds the First Living Robots', The University of Vermont, 13 January 2020 <https://www.uvm.edu/news/story/team-builds-first-living-robots>

2. Lee, Y., et al. 'Hydrogel soft robotics'. *Materials Today Physics* 15 (2020) <https://doi.org/10.1016/j.mtphys.2020.100258>

3. Thubagere, Anupama, et al. 'A Cargo-Sorting DNA Robot'. *Science*, vol. 357, article 6356 (2017), eaan6558

4. Solon, Olivia. 'Electroceuticals: swapping drugs for devices', *Wired*, 28 May 2013 <https://www.wired.co.uk/article/electroceuticals>

5. Geddes, Linda. 'Healing spark: Hack body electricity to replace drugs', *New Scientist*, 19 February 2014 <https://www.newscientist.com/article/mg22129570-500-healing-spark-hack-body-electricity-to-replace-drugs/>

6. Behar, Michael. 'Can the nervous system be hacked?', *The New York Times*, 23 May 2014 <https://www.nytimes.com/2014/05/25/magazine/can-the-nervous-system-be-hacked.html>

7. Mullard, Asher. 'Electroceuticals jolt into the clinic, sparking autoimmune opportunities'. *Nature Reviews Drug Discovery* 21 (2022), pp. 330–1

8. Hoffman, Henry, and Harold Norman Schnitzlein. 'The Numbers of Nerve Fibers in the Vagus Nerve of Man'. *The Anatomical Record*, vol. 139, no. 3 (1961), pp. 429–35

9. Davies, Dave. 'Are Implanted Medical Devices Creating a "Danger Within Us"?', NPR, 17 January 2018 <https://www.npr.org/2018/01/17/578562873/are-implanted-medical-devices-creating-a-danger-within-us>

10. Golabchi, Asiyeh, et al. 'Zwitterionic Polymer/Polydopamine Coating Reduce Acute Inflammatory Tissue Responses to Neural Implants'. *Biomaterials* 225 (2019), 119519 <https://doi.org/10.10 16/j.biomaterials.2019.119519>

11. Leber, Moritz, et al. 'Advances in Penetrating Multichannel Microelectrodes Based on the Utah Array Platform'. In: Xiaoxiang Zheng (ed.), *Neural Interface: Frontiers and Applications*. Singapore: Springer, 2019, pp. 1–40

12. Yin, Pengfei, et al. 'Advanced Metallic and Polymeric Coatings for Neural Interfacing: Structures, Properties and Tissue Responses'. *Polymers*, vol. 13, no. 16 (2021), article 2834 <https://www.ncbi.nlm.nih.gov/pmc/articles/PMC8401399/pdf/polymers-13-02834.pdf>

13. Aregueta-Robles, U. A., et al. 'Organic electrode coatings for next-generation neural interfaces'. *Frontiers in Neuroengineering*, 27 May 2014 <https://doi.org/10.3389/fneng.2014.0001>

14. 'The Nobel Prize in Chemistry 2000', NobelPrize.org <https://www.nobelprize.org/prizes/chemistry/2000/summary/>

15. Cuthbertson, Anthony. 'Material Found by Scientists "Could Merge AI with Human Brain"', *The Independent*, 17 August 2020 <https://www.independent.co.uk/tech/artificial-intelligence-brain-computer-cyborg-elon-musk-neuralink-a9673261.html>

16. Chen, Angela. 'Why It's so Hard to Develop the Right Material for Brain Implants', *The Verge*, 30 May 2018 <https://www. theverge.com/2018/5/30/17408852/brain-implant-materials-neuroscience-health-chris-bettinger>

17. 从技术上讲，也有抑制动作电位的方法，但那只意味着刺激抑制性神经元，也就是那种使其他神经元不放电的神经元。但这仍然是相同的机制。

18. 一些公司试图通过植入更多电极聆听随之而来的信号，从而了解身体是如何解读动作电位的。但这种做法会带来额外的手术风险，而且肯定不会应用于人类。

19. Casella, Alena, et al. 'Endogenous Electric Signaling as a Blueprint for Conductive Materials in Tissue Engineering'. *Bioelectricity*, vol. 3, no. 1 (2021), pp. 27–41

20. Demers, Caroline, et al. 'Natural Coral Exoskeleton as a Bone Graft Substitute: A Review'. *Bio-Medical Materials and Engineering*, vol. 12, no. 1 (2002), pp. 15–35

21. Israel-based OkCoral and CoreBone grow coral on a special diet to make it especially suitable to grafting.
22. Wan, Mei-chen, et al. 'Biomaterials from the Sea: Future Building Blocks for Biomedical Applications'. *Bioactive Materials*, vol. 6, no. 12 (2021), pp. 4255–85
23. DeCoursey, Thomas. 'Voltage-Gated Proton Channels and Other Proton Transfer Pathways'. *Physiological Reviews*, vol. 83, no. 2 (2003) pp. 475–579, doi: 10.1152/physrev. 00028.2002
24. Lane, Nick. 'Why Are Cells Powered by Proton Gradients?'. *Nature Education*, vol. 3, no. 9 (2010), p. 18
25. Kautz, Rylan, et al. 'Cephalopod-Derived Biopolymers for Ionic and Protonic Transistors'. *Advanced Materials*, vol. 30, no. 19 (2018), loc. 1704917
26. Ordinario, David, et al. 'Bulk protonic conductivity in a cephalopod structural protein'. *Nature Chemistry*, vol. 6, no. 7 (2014), pp. 596–602
27. Strakosas, Xenofon, et al. 'Taking Electrons out of Bioelectronics: From Bioprotonic Transistors to Ion Channels'. *Advanced Science*, vol. 4, no. 7 (2017), loc. 1600527
28. Kim, Young Jo, et al. 'Self-Deployable Current Sources Fabricated from Edible Materials'. *Journal of Materials Chemistry B* 31 (2013), p. 3781, doi: 10.1039/C3TB20183J
29. Ordinario, David, et al. 'Protochromic Devices from a Cephalopod Structural Protein'. *Advanced Optical Materials*, vol. 5, no. 20 (2017), loc. 1600751
30. Sheehan, Paul. 'Bioelectronics for Tissue Regeneration'. Defense Advanced Projects Research Agency <https://www.darpa.mil/program/bioelectronics-for-tissue-regeneration>. Accessed 31 May 2022
31. Kriegman, Sam, et al, 'Kinematic Self-Replication in Reconfigurable Organisms'. *Proceedings of the National Academy of Sciences*, vol. 118, no. 49 (2021), loc. e2112672118 <https://doi.org/10.1073/ pnas.2112672118>
32. Coghlan, Simon and Kobi Leins. 'Will self-replicating "xenobots" cure diseases, yield new bioweapons, or simply turn the whole world into grey goo?', The Conversation, 9 December 2021 <https://theconversation.com/will-self-replicating-xenobots-cure-diseases-yield-new-bioweapons-or-simply-turn-the-whole-world-into-grey-goo-173244>
33. Adamatzky, Andrew, et al. 'Fungal Electronics'. *Biosystems* 212 (2021), loc. 104588, doi: 10.1016/j.biosystems.2021.104588

第 10 章

1. Nitsche, Michael A., et al. 'Facilitation of Implicit Motor Learning by Weak Transcranial Direct Current Stimulation of the Primary Motor Cortex in the Human'. *Journal of Cognitive Neuroscience*, vol. 15, no. 4 (2003), pp. 619–26, doi: https://doi.org/10.1162/

089892 903321662994

2. Trivedi, Bijal. 'Electrify your mind-literally', *New Scientist*, 11 April 2006 < https://www. newscientist.com/article/mg19025471-100-electrify-your-mind-literally/>

3. Marshall, L, M. Mölle, M. Hallschmid, and J. Born. 'Transcranial direct current stimulation during sleep improves declarative memory'. *The Journal of Neuroscience* vol. 24, no. 44 (2004), pp. 9985–92, doi: 10.1523/Jneurosci.2725-04.2004

4. Walsh, Professor Vincent. 'Cognitive Effects of TDC at Summit on Transcranial Direct Current Stimulation (tDCS) at the UC-Davis Center for Mind & Brain', UC Davis YouTube channel, 8 October 2013 <https://www.youtube.com/watch?v=9fz7r8VDV4o>. The relevant section of the lecture begins around fourteen minutes in

5. Wurzman, Rachel et al. 'An open letter concerning do-it-yourself users of transcranial direct current stimulation'. *Annals of Neurology*, vol 80, Issue 1. July 2016

6. Aschwanden, Christie. 'Science isn't broken: It's just a hell of a lot harder than we give it credit for', Five Thirty-Eight, 19 August 2015 <https://fivethirtyeight.com/features/science-isnt-broken/>

7. Verma, N., et al. 'Auricular Vagus Neuromodulation–A Systematic Review on Quality of Evidence and Clinical Effects'. *Frontiers in Neuroscience* 15 (2021), article 664740 <https://doi.org/10.3389/fnins.2021.664740>

8. Young, Stella. 'I'm not your inspiration, thank you very much.' TED, June 2014, www.ted.com/talks/stella_young_i_m_not_your_inspiration_thank_you_very_much/

9. 资料来源于作者在2018年11月2日国际神经伦理学会会议上接受的采访。德鲁和利亚姆也探讨了这些问题，见'The ethics of brain-computer interfaces'. *Nature*. 24 July 2019 <https://www.nature.com/articles/d41586-019-02214-2>。

10. Strickland, Eliza. 'Worldwide Campaign For Neurorights Notches Its First Win', *IEEE Spectrum*, 18 December 2021 <https://spec-trum.ieee.org/neurotech-neurorights>

11. Coghlan, Andy. 'Vaping really isn't as harmful for your cells as smoking', *New Scientist*, 4 January 2016 <https://www.newscientist. com/article/dn28723-vaping-really-isnt-as-harmful-for-your-cells-as-smoking/>

12. 'Committee on the Review of the Health Effects of Electronic Nicotine Delivery Systems and Others'. In: Kathleen Stratton, Leslie Y. Kwan, and David L. Eaton (eds), *Public Health Consequences of E-Cigarettes*, Washington, DC: 2018, 24952 <https://www.nap.edu/catalog/24952>

13. Moehn, Kayla, Yunus Ozekin, and Emily Bates. 'Investigating the Effects of Vaping and Nicotine's Block of Kir2.1 on Humerus and Digital Development in Embryonic Mice'. *FASEB Journal*, vol. 36, no. S1 (2022) <https://doi.org/10.1096/fasebj.2022.36.S1. R2578>

14. Benzonana, Laura, et al. 'Isoflurane, a Commonly used Volatile Anesthetic, Enhances Renal Cancer Growth and Malignant Potential via the Hypoxia-Inducible Factor Cellular

Signaling Pathway In Vitro'. *Anesthesiology*, vol. 119, no. 3 (2013), pp. 593–605

15. Jiang, Jue, and Hong Jiang. 'Effect of the Inhaled Anesthetics Isoflurane, Sevoflurane and Desflurane on the Neuropathogenesis of Alzheimer's Disease (Review)'. *Molecular Medicine Reports*, vol. 12, no. 1 (2015), pp. 3–12
16. Robson, David. 'This is what it's like waking up during surgery', Mosaic, 12 March 2019< https://mosaicscience.com/story/anaesthesia-anesthesia-awake-awareness-surgery-operation-or-paralysed/>
17. Edelman, Elazer, et al. 'Case 30-2020: A 54-Year-Old Man with Sudden Cardiac Arrest'. *New England Journal of Medicine*, vol. 383, no. 13 (2020), pp. 1263–75
18. Hesham, R. Omar, et al. 'Licorice Abuse: Time to Send a Warning Message'. *Therapeutic Advances in Endocrinology and Metabolism*, vol. 3, no. 4 (2012), pp. 125–38
19. 实际上，我发现了两个规律：受到最严厉批评的大多数是女科学家，而男性有时根本不记得有任何麻烦。
20. Davies, Paul. *The Demon in the Machine*. London: Allen Lane, 2019, p. 86
21. McNamara, H. M., et al. 'Bioelectrical domain walls in homoge neous tissues'. *Nature Physics* 16 (2020), pp. 357–64 <https://doi.org/10.1038/s41567-019-0765-4>
22. Davies, *The Demon in the Machine*, pp. 82–3
23. Pietak, A., and Levin, M. 'Exploring Instructive Physiological Signaling with the Bioelectric Tissue Simulation Engine'. *Frontiers in Bioengineering and Biotechnology*, vol. 4, article 55 (2016), doi: 10.3389/ fbioe.2016.00055